有机合成原理与应用

孔祥文 编著

中国石化出版社

内 容 提 要

全书共分9章，分别为缩合反应、取代反应、还原反应、氧化反应、加成反应、环合反应、开环反应、消除技术、重排反应等反应原理及其在染料、农药、药物、有机合成中间体等精细化工产品生产中的应用。

本书既可作为普通高等学校和高等职业技术院校化学、应用化学、化工、轻工、药学、生物、制药等专业的教材，也可作为其他相关专业的教学用书或参考书，亦可作为相关领域工程技术人员、科研人员和管理人员的参考用书。

图书在版编目(CIP)数据

有机合成原理与应用/孔祥文编著.—北京：中国石化出版社，2019.11
ISBN 978-7-5114-5591-8

Ⅰ.①有… Ⅱ.①孔… Ⅲ.①有机合成 Ⅳ.
①O621.3

中国版本图书馆 CIP 数据核字(2019)第 248366 号

未经本社书面授权,本书任何部分不得被复制、抄袭,或者以任何形式或任何方式传播。版权所有,侵权必究。

中国石化出版社出版发行

地址：北京市东城区安定门外大街 58 号
邮编：100011 电话：(010)57512500
发行部电话：(010)57512575
http://www.sinopec-press.com
E-mail:press@ sinopec.com
北京科信印刷有限公司印刷
全国各地新华书店经销

*

787×1092 毫米 16 开本 11.75 印张 286 千字
2019 年 12 月第 1 版　2019 年 12 月第 1 次印刷
定价：36.00 元

前 言

保护人类生存环境、实施可持续发展战略已成为国际"和平与发展"永恒主题的主要内容之一。目前化学化工面临人类可持续发展要求的巨大挑战,而绿色合成技术是在绿色合成化学基础上开发的从源头上阻止环境污染的合成技术,近年来的研究与开发主要是围绕"原子经济"反应、无毒无害原料、催化剂、溶剂和环境友好产品开展的,以实现化学工业的可持续发展。

作者结合多年来的有机化学课程教学和有机合成化学科研、生产工作经验编写了本书,具有很强的针对性,通过论述有机合成原理与应用之间的辩证关系,以突破有机合成方法论与制备技术的瓶颈,促进化学工业的可持续发展。本书是辽宁省普通高等教育本科教学改革研究项目立项课题(辽教函[2018]471号)、辽宁省教育科学"十二五"规划立项课题(JG14DB334)的研究成果之一,是辽宁省级精品课程《有机化学》的配套系列教材之一。

全书共分9章,分别为缩合反应、取代反应、还原反应、氧化反应、加成反应、环合反应、开环反应、消除技术、重排反应。各章节首先对主题反应和机理展开详细论述,然后分别论述其在染料、农药、药物、有机合成中间体等精细化工产品合成中的重点应用,包括产品生产技术、新方法、新技术等。产品实例由"概述""产品性能""应用领域""合成路线设计、评价与选择""合成方法""生产工艺与技术""参考文献"等部分组成。

本书具有创新性,富于特色和时代感,最具特色的是选取了典型的、重要的、工业应用广泛的有机合成反应,将合成方法、反应机理研究等应用于精细化工产品的生产技术实践中,构建理论与实践相互反哺的研究方法,建构起一个包括知识创新体系和生产技术创新体系等内容的较为完备的理论与实践体系。在这些变革性理论和实践教育影响下,突现教育与实践的创新性辩证关系,指导并促进相关领域的科研单位、生产企业及高等学校的科研、教学、生产和管理方面的工作。

本书既可作为普通高等学校和高等职业技术院校化学、应用化学、化工、轻工、药学、生物、制药等专业的教材,也可作为其他相关专业的教学用书或参考书,亦可作为相关领域工程技术人员、科研人员和管理人员的参考用书。

本书由孔祥文教授(沈阳化工大学)编著。参加编写的人员有:王欣、姚慧、秦威、陶一凡(沈阳化工大学,按姓氏笔画排序);张林楠(沈阳工业大学);朱珮珣(辽宁科技大学)。

在本书编写过程中,作者参阅了国内外的专著和教材,中国石化出版社编审人员对本书的出版给予了大力支持和帮助,在此特致以衷心的感谢。

限于编者的水平,错误和不妥之处在所难免,衷心希望各位专家和读者予以批评指正,在此致以最真诚的感谢。

编　者

2019 年 6 月

目　　录

第1章　缩合反应 (1)

1.1　Claisen-Schmidt 反应 (1)
1.1.1　原理 (1)
1.1.2　燕麦枯制备技术 (2)

1.2　Hantzsch 二氢吡啶合成法 (4)
1.2.1　原理 (4)
1.2.2　尼群地平制备技术 (7)

1.3　Mannnich 缩合反应 (9)
1.3.1　原理 (9)
1.3.2　脑脉宁制备技术 (10)

1.4　胺解反应技术 (12)
1.4.1　氨或胺的烷基化和酰基化反应 (12)
1.4.2　丙谷胺制备技术 (15)
1.4.3　哌仑西平制备技术 (16)

1.5　嘧啶衍生物合成技术 (17)
1.5.1　嘧啶制备技术 (17)
1.5.2　乐可安制备技术 (20)

1.6　酰胺合成反应 (22)
1.6.1　DCC 法 (22)
1.6.2　硝基安定制备技术 (24)

第2章　取代反应 (27)

2.1　Blanc 氯甲基化反应 (27)
2.1.1　原理 (27)
2.1.2　脑益嗪制备技术 (28)

2.2　Friedel-Crafts 反应技术 (30)

2.2.1　原理 …………………………………………………………（30）
　　2.2.2　泰舒制备技术 …………………………………………………（31）
　　2.2.3　α-萘乙酮肟制备技术 …………………………………………（33）
2.3　Hell-Volhard-Zelinsky 反应 ……………………………………………（34）
　　2.3.1　原理 …………………………………………………………（34）
　　2.3.2　溴米索伐制备技术 ……………………………………………（35）
2.4　Vilsmeier 反应技术 ……………………………………………………（36）
　　2.4.1　原理 …………………………………………………………（36）
　　2.4.2　三甲氧苄嗪制备技术 …………………………………………（37）
2.5　丙二酸酯烷基化 ………………………………………………………（39）
　　2.5.1　原理 …………………………………………………………（39）
　　2.5.2　抗癫灵制备技术 ………………………………………………（41）
2.6　活泼亚甲基化合物的烷基化反应 ……………………………………（42）
　　2.6.1　原理 …………………………………………………………（42）
　　2.6.2　丙缬草酰胺制备技术 …………………………………………（44）
2.7　羰基化合物的 α-卤化反应 ……………………………………………（45）
　　2.7.1　羰基化合物的 α-卤化反应 ……………………………………（45）
　　2.7.2　丁胺苯丙酮制备技术 …………………………………………（47）
2.8　亚硫酰氯反应 …………………………………………………………（48）
　　2.8.1　醇酸与亚硫酰氯反应 …………………………………………（48）
　　2.8.2　曲美托嗪制备技术 ……………………………………………（50）
　　2.8.3　加贝酯甲磺酸盐制备技术 ……………………………………（51）
　　2.8.4　烟浪丁制备技术 ………………………………………………（52）

第3章　还原反应 …………………………………………………………（54）

3.1　催化加氢反应 …………………………………………………………（54）
　　3.1.1　原理 …………………………………………………………（54）
　　3.1.2　美多心安制备技术 ……………………………………………（63）
　　3.1.3　水杨酸双乙丙胺制备技术 ……………………………………（64）
　　3.1.4　凝血酸制备技术 ………………………………………………（65）
3.2　金属氢化还原反应技术 ………………………………………………（66）
　　3.2.1　金属氢化物 ……………………………………………………（66）
　　3.2.2　多巴酚丁胺制备技术 …………………………………………（69）

  3.2.3 益康唑制备技术 ……………………………………………………（70）

第4章 氧化反应

4.1 高锰酸钾氧化 ……………………………………………………………（72）
  4.1.1 高锰酸钾 ………………………………………………………（72）
  4.1.2 高锰酸钾的应用 ………………………………………………（74）
  4.1.3 肼屈嗪制备技术 ………………………………………………（76）
4.2 过硼酸钠氧化 ……………………………………………………………（78）
  4.2.1 硼氢化-氧化法 …………………………………………………（78）
  4.2.2 环己醇制备技术 ………………………………………………（80）
4.3 过酸氧化反应 ……………………………………………………………（82）
  4.3.1 原理 ……………………………………………………………（82）
  4.3.2 泮托拉唑钠制备技术 …………………………………………（84）
4.4 硝酸银氧化反应 …………………………………………………………（86）
  4.4.1 氧化银、碳酸银 ………………………………………………（86）
  4.4.2 Darzens 反应 …………………………………………………（87）
  4.4.3 布洛芬制备技术 ………………………………………………（88）
4.5 乙酸铜催化氧化反应 ……………………………………………………（91）
  4.5.1 2-吲哚酮氧化技术 ……………………………………………（91）
  4.5.2 苯基苄基酮氧化技术 …………………………………………（92）
4.6 重铬酸钠氧化反应技术 …………………………………………………（92）
  4.6.1 铬酸、重铬酸盐 ………………………………………………（92）
  4.6.2 Collins 氧化 ……………………………………………………（95）
  4.6.3 Jones 氧化 ……………………………………………………（95）
  4.6.4 PCC 氧化反应 …………………………………………………（96）
  4.6.5 PDC 氧化反应 …………………………………………………（97）
  4.6.6 Sarett 氧化反应 ………………………………………………（97）
  4.6.7 盐酸普鲁卡因制备技术 ………………………………………（98）

第5章 加成反应

5.1 氯化加成反应 ……………………………………………………………（102）
5.2 金属有机试剂的加成反应 ………………………………………………（103）
  5.2.1 金属有机试剂与羰基化合物反应 ……………………………（103）
  5.2.2 金属有机试剂与 CO_2 反应 …………………………………（104）

  5.2.3 金属有机试剂与羧酸衍生物反应 ……………………………………… (105)
  5.2.4 金属有机试剂与腈反应 …………………………………………………… (106)
  5.2.5 去甲安定酸双钾制备技术 ……………………………………………… (106)
 5.3 醛、酮与氨及其衍生物的加成反应 ……………………………………………… (108)
  5.3.1 醛酮与氨或胺的加成 ……………………………………………………… (108)
  5.3.2 醛酮与氨的衍生物加成 …………………………………………………… (109)
  5.3.3 N,N-二羟甲基特丁胺制备技术 ………………………………………… (110)
 5.4 异氰酸加成反应 ……………………………………………………………………… (111)

第6章 环合反应 ………………………………………………………………………… (113)

 6.1 Haworth 反应 ………………………………………………………………………… (113)
  6.1.1 原理 …………………………………………………………………………… (113)
  6.1.2 阿米替林盐酸盐制备技术 ……………………………………………… (114)
 6.2 噁唑环合成反应 ……………………………………………………………………… (117)
  6.2.1 Robinson-Gabriel 合成法 ………………………………………………… (117)
  6.2.2 4-甲基-5-乙氧基噁唑制备技术 ………………………………………… (120)
 6.3 喹啉环合成技术 ……………………………………………………………………… (122)
  6.3.1 Skraup 喹啉合成法 ……………………………………………………… (122)
  6.3.2 Friedlander 喹啉合成法 ………………………………………………… (123)
  6.3.3 Combes 喹啉合成法 ……………………………………………………… (123)
  6.3.4 Conrad-Limpach 喹啉合成法 …………………………………………… (124)
  6.3.5 Doebner 喹啉合成法 …………………………………………………… (125)
  6.3.6 Doebner-von Miller 喹啉合成法 ……………………………………… (126)
  6.3.7 环丙沙星制备技术 ……………………………………………………… (127)
 6.4 咪唑环合成反应 ……………………………………………………………………… (130)
 6.5 2-咪唑啉合成反应 …………………………………………………………………… (131)
  6.5.1 2-咪唑啉合成方法 ………………………………………………………… (131)
  6.5.2 妥拉唑啉制备技术 ……………………………………………………… (132)
 6.6 香豆素衍生物合成反应 …………………………………………………………… (133)
  6.6.1 Delépine 胺合成反应 …………………………………………………… (133)
  6.6.2 Sommelet 反应 …………………………………………………………… (134)
  6.6.3 6-甲酰基香豆素制备技术 ……………………………………………… (135)
 6.7 吲哚醌合成反应 ……………………………………………………………………… (136)

  6.7.1 Baeyer 合成法 ……………………………………………………… (136)
  6.7.2 Claisen 合成法 ……………………………………………………… (136)
  6.7.3 Sandmeyer 合成法 …………………………………………………… (136)
  6.7.4 Martinet 合成法 ……………………………………………………… (137)
  6.7.5 Stoll 合成法 …………………………………………………………… (137)
  6.7.6 过渡金属催化合成法 ………………………………………………… (137)
  6.7.7 Gassman 合成法 ……………………………………………………… (137)
  6.7.8 靛红制备技术 ………………………………………………………… (138)
 6.8 吲哚酮合成反应 ……………………………………………………………… (139)
  6.8.1 Uber 合成法 …………………………………………………………… (139)
  6.8.2 Wolff-Kishner-黄鸣龙还原法 ……………………………………… (140)
  6.8.3 硝基还原直接关环法 ………………………………………………… (140)
  6.8.4 吲哚直接氧化法 ……………………………………………………… (141)
  6.8.5 Gassman 合成法 ……………………………………………………… (141)
  6.8.6 Wolff 重排 …………………………………………………………… (141)
  6.8.7 2-吲哚酮制备技术 …………………………………………………… (141)

第 7 章 开环反应 ……………………………………………………………… (144)

 7.1 环氧开环反应 ………………………………………………………………… (144)
  7.1.1 环氧开环加成 ………………………………………………………… (144)
  7.1.2 舒胆灵制备技术 ……………………………………………………… (145)
  7.1.3 心得平制备技术 ……………………………………………………… (146)
 7.2 水解开环技术(双氯芬酸钠制备技术) ……………………………………… (147)
 7.3 吲哚醌开环反应 ……………………………………………………………… (149)
  7.3.1 4-氨基喹啉的 Friedlander 合成法 ………………………………… (149)
  7.3.2 他克林制备技术 ……………………………………………………… (150)

第 8 章 消除技术 ……………………………………………………………… (152)

 8.1 醇脱水反应 …………………………………………………………………… (152)
  8.1.1 醇脱水 ………………………………………………………………… (152)
  8.1.2 维生素 A 制备技术 …………………………………………………… (153)
 8.2 脱羧反应 ……………………………………………………………………… (155)
  8.2.1 脱羧 …………………………………………………………………… (155)
  8.2.2 芬太尼制备技术 ……………………………………………………… (156)

  8.2.3 阳离子红 3B 制备技术 …………………………………………（159）

第 9 章 重排反应 ………………………………………………………（163）

 9.1 [3,3] σ 重排反应 ………………………………………………………（163）

  9.1.1 Claisen 重排 ……………………………………………………（163）

  9.1.2 Fischer 吲哚合成法 ……………………………………………（165）

  9.1.3 舒马曲坦制备技术 ……………………………………………（166）

 9.2 二苯乙醇酸重排技术 …………………………………………………（169）

  9.2.1 安息香(Benzoin)缩合 …………………………………………（169）

  9.2.2 二苯乙醇酸重排 ………………………………………………（170）

  9.2.3 苯妥英钠制备技术 ……………………………………………（171）

 9.3 1,2-芳基重排反应 ……………………………………………………（172）

  9.3.1 原理 ……………………………………………………………（172）

  9.3.2 酮基布洛芬制备技术 …………………………………………（173）

第 1 章 缩合反应

1.1 Claisen-Schmidt 反应

1.1.1 原理

一个无 α-氢原子的芳香醛与一个带有 α-氢原子的脂肪族醛或酮在稀氢氧化钠水溶液或醇溶液存在下发生缩合、失水得到 α,β-不饱和醛或酮的反应称为 Claisen-Schmidt 反应[1-5]，该反应的产率很高。例如：

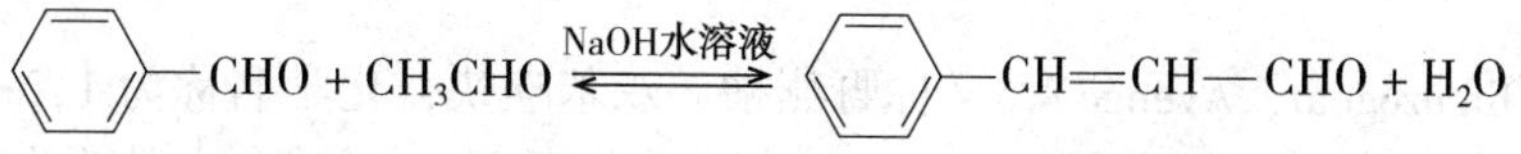

$$\text{C}_6\text{H}_5\text{—CHO} + \text{CH}_3\text{CHO} \xrightleftharpoons{\text{NaOH水溶液}} \text{C}_6\text{H}_5\text{—CH=CH—CHO} + \text{H}_2\text{O}$$

反应机理：

$$\text{CH}_3\text{CHO} \xrightarrow{\text{OH}^-} {}^-\text{CH}_2\text{CHO} \xrightarrow{\text{PhCHO}} \text{Ph—CH(O}^-\text{)—CH}_2\text{CHO} \xrightarrow{\text{H}_2\text{O}}$$

$$\text{Ph—CH(OH)—CH}_2\text{CHO} \xrightarrow{-\text{H}_2\text{O}} \text{Ph—CH=CHCHO}$$

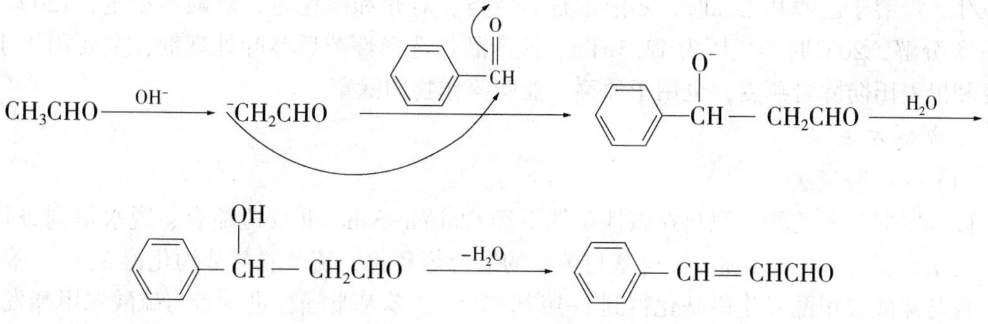

含有 α-氢原子的乙醛在碱作用下失去 α-H，形成的 α-碳负离子进攻苯甲醛的羰基碳原子发生亲核加成反应得到 3-苯基丙醛的 β-醇氧负离子，用水处理得 β-羟基-3-苯基丙醛，最后脱水得到 3-苯基-丙烯醛[6]。实际上在反应过程中乙醛自身也会缩合，但由于其热力学不如交叉缩合的产物(肉桂醛)稳定(因有共轭作用)，且反应过程是一个可逆平衡过程，最后的产物都是交叉缩合的产物[7]。

要注意，缩合生成的不饱和醛、酮有顺式、反式结构两种可能，但在 Claisen-Schmidt 缩合反应中产物的构型一般都是反式的，即带羰基的大基团总是和另外的大基团成反式。这是由上述反应机理决定的，即反应过程中空间位阻应当尽量地小，例如：

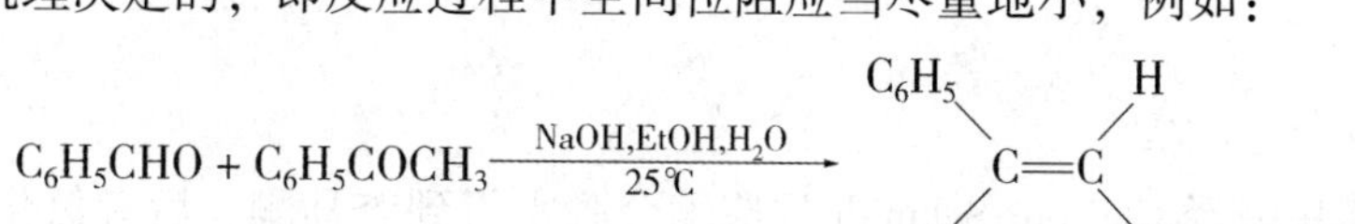

$$\text{C}_6\text{H}_5\text{CHO} + \text{C}_6\text{H}_5\text{COCH}_3 \xrightarrow[25\,^\circ\text{C}]{\text{NaOH,EtOH,H}_2\text{O}} \begin{array}{c}\text{C}_6\text{H}_5\\ \diagdown\\ \text{H}\end{array}\!\!\text{C}=\text{C}\!\!\begin{array}{c}\text{H}\\ \diagup\\ \text{CO—C}_6\text{H}_5\end{array}$$

4-溴苯甲醛与2-甲基环戊酮在氢氧化钠作用下发生缩合反应[8]：

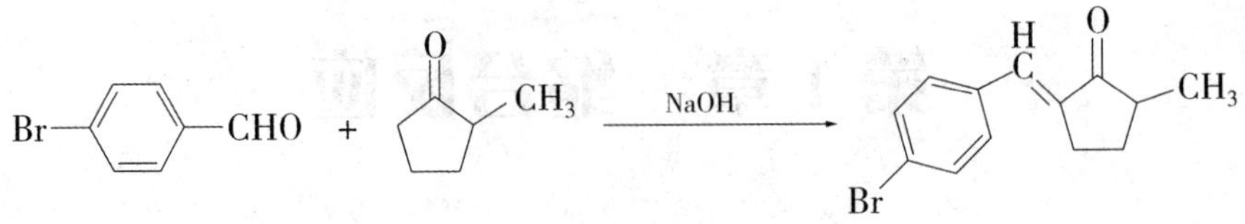

1.1.2 燕麦枯制备技术

1. 概述

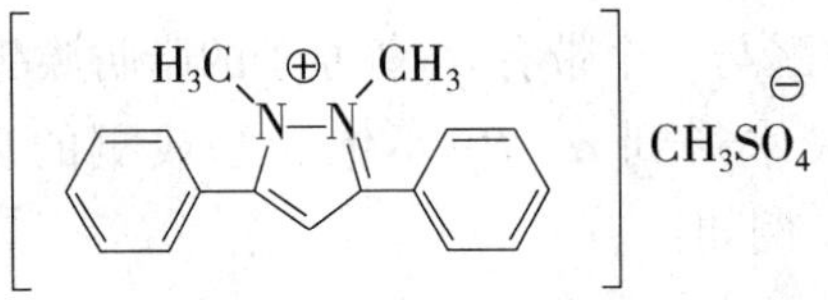

燕麦枯(Difenzoguat, Avenge)，又称野燕枯、双苯唑快，化学名称为1,2-二甲基-3,5-二苯基吡唑硫酸甲酯盐。分子式 $C_{17}H_{17}N_2$，相对分子质量249.34。本品为白色固体，略有吸湿性，相对密度1.13，熔点155~157℃，25℃水中溶解度为760g/L，37℃水中溶解度为580g/L，稍溶于乙醇和乙二胺，不溶于石油烃类。对光和酸稳定，对碱不稳定，120℃放置169h无分解，20℃时蒸气压为13.3μPa。该产品是选择性苗后茎叶处理剂，主要用于小麦、大麦和黑麦田防除野燕麦，也用于油菜、亚麻等作物田除草。

2. 制备方法

（1）硫黄脱氢法

以苯甲醛与苯乙酮为原料在碱性条件下经Claisen-Schmidt反应缩合、脱水得到查耳酮，然后与水合肼经Michael加成、氨基与羰基的缩合等环化，硫黄脱氢芳构化得3,5-二苯基吡唑，再与硫酸二甲酯发生甲基化得到1-甲基-3,5-二苯基吡唑，进一步与硫酸二甲酯发生甲基化得燕麦枯。

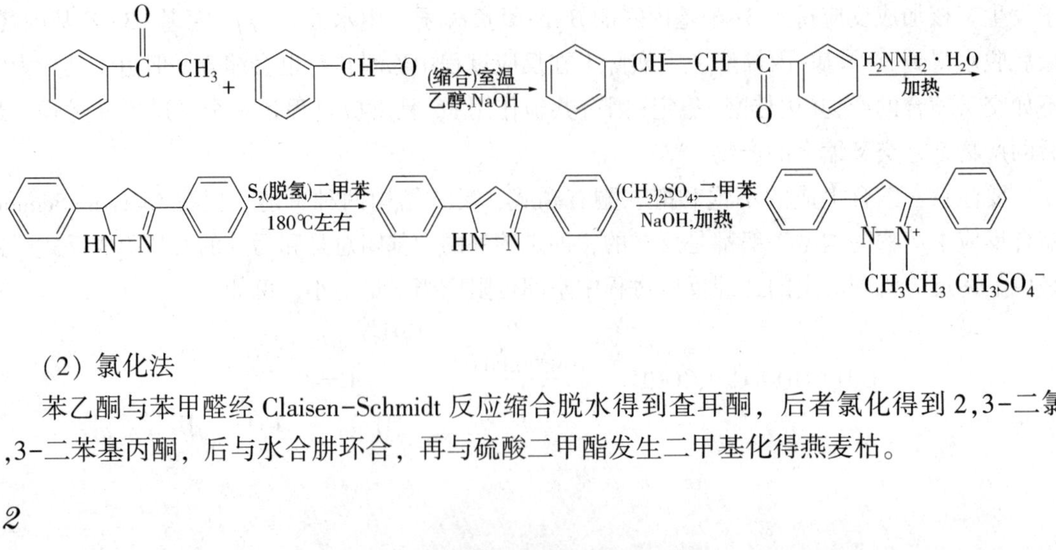

（2）氯化法

苯乙酮与苯甲醛经Claisen-Schmidt反应缩合脱水得到查耳酮，后者氯化得到2,3-二氯1,3-二苯基丙酮，后与水合肼环合，再与硫酸二甲酯发生二甲基化得燕麦枯。

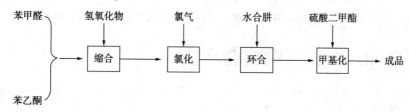

3. 工艺流程

氯化法工艺流程见图1-1。

图1-1 氯化法工艺流程

4. 制备工艺技术[9]

(1) 缩合、氯化、环合

将800mL乙醇、126g苯乙酮、116g苯甲醛加入反应瓶中，加入8g氢氧化钠，室温反应2h，用TCL检测反应至完全，加热蒸出全部乙醇，趁热加入1200mL氯苯，静置，分出水相，所得的查耳酮氯苯溶液，经分析含量后，约1h通入70g的氯，通氯结束后，加热此二氯查耳酮氯苯溶液以赶出未反应的氯，水洗，得二氯查耳酮。再加入50g85%水合肼及50g氢氧化钠，在80℃以上反应5h，反应终了，趁热分出水相，有机相冷却后，过滤析出的吡唑，干燥，按苯乙酮计收率约84%。

(2) 甲基化

在反应瓶中加入吡唑和氯苯、氢氧化钠和相转移催化剂，加热回流，然后滴加硫酸二甲酯，控制滴加速度，勿使反应过于剧烈，反应1～2h后，降温，水洗，以除去硫酸钠，即得1-甲基吡唑氯苯溶液，再加入稍过量的硫酸二甲酯，升温至100℃以上反应2～3h，反应结束后，加入适量的水萃取所生成的燕麦枯，分出水相，即得燕麦枯水溶液，按吡唑计燕麦枯的收率约83%。

5. 生产标准(40%水剂)

规格	指标	规格	指标
外观	棕红色透明液体	pH值	≥2
有效成分含量/(g/100mL)	≥40		

参 考 文 献

[1] L Claisen, A Claparede. Condensationen von Ketonen mit Aldehyden[J]. Ber., 1881, 14: 2460.
[2] L Claisen, AC Ponder. Ueber Condensationen des Acetons mit aromatischen Aldehyden und mit Furfurol

[J]. Ann., 1884, 233, 137.

[3] JG Schmidt. Ueber die Einwirkung von Aceton auf Furfurol und auf Bittermandelöl bei Gegenwart von Alkalilauge [J]. Ber., 1881, 14: 1459.

[4] E. P. Kohler, H. M. Chadwell. Benzalacetophenone[J]. Org. Syn., 1941, 71.

[5] Henecka H. Säuren-Basen-Katalyse: In: Methoden der organischen Chemie(Houben-Weyl), Hrsg. E. Müller [M]. Stuttgart: Georg Thieme Verlag, 1955: 28.

[6] 孔祥文. 有机化学[M]. 北京: 化学工业出版社, 2010.

[7] 张胜建. 药物合成反应[M]. 北京: 化学工业出版社, 2010: 224.

[8] 徐莉英, 唐哄, 董金华, 等. 2-甲基-5-(E)-(邻甲氧基苯亚甲基)环戊酮 Mannich 碱类化合物的合成及其抗炎活性[J]. 中国药物化学杂志, 2002, 12(1): 1-4.

[9] 宋小平, 韩长日, 舒火明. 农药制造技术[M]. 北京: 科学技术文献出版社, 2000: 232-234.

1.2 Hantzsch 二氢吡啶合成法

1.2.1 原理

两分子 β-酮酸酯与一分子醛和一分子氨或伯胺缩合生成二氢吡啶衍生物的反应称为 Hantzsch 二氢吡啶合成法[1]。主要用于对称性吡啶衍生物的合成。反应通式如下[2]:

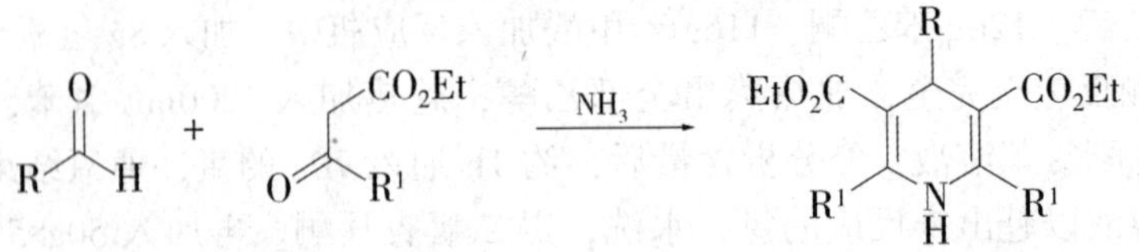

反应机理[3]:

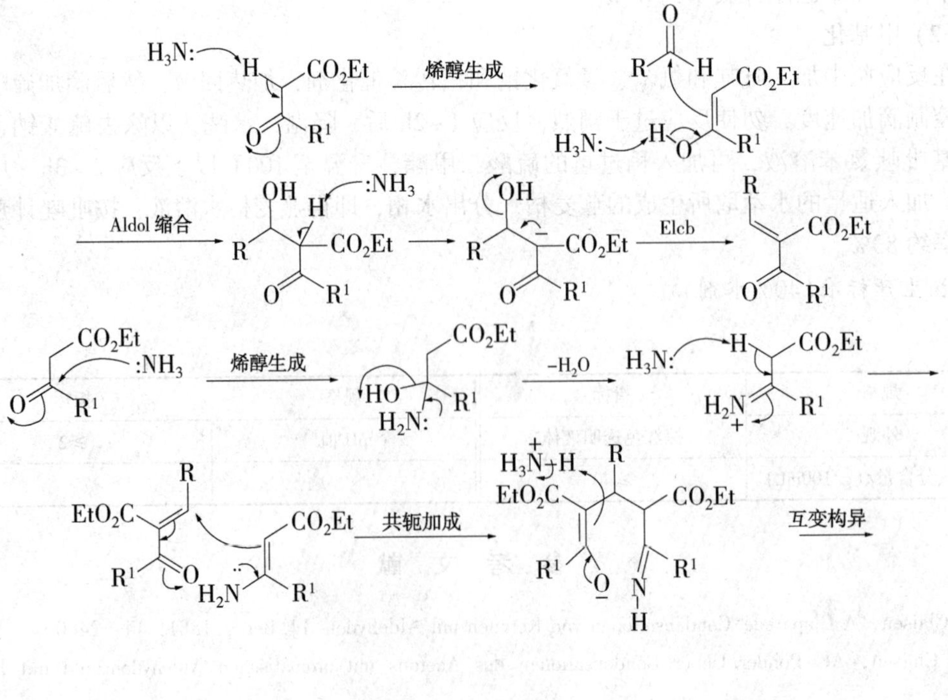

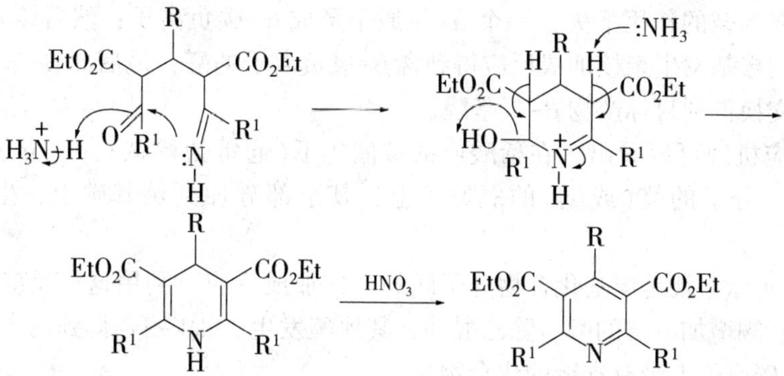

反应过程可能是一分子 β-羰基酸酯和醛在氨催化下发生 Aldol 缩合反应，另一分子 β-羰基酸酯和氨反应生成 β-氨基烯酸酯，所生成的这两个化合物再发生 Micheal 加成反应，然后关环失水生成二氢吡啶衍生物。二氢吡啶衍生物很容易脱氢而芳构化，例如用亚硝酸或铁氰化钾氧化得到吡啶衍生物。

▶ 知识拓展1

Aldol 缩合反应

在稀酸或稀碱催化下，含有 α-氢原子的醛、酮分子间发生缩合反应生成 β-羟基醛(酮)的反应，产物受热失去一分子 H_2O，转化为 α，β-不饱和醛酮 Aldol 缩合反应[4]（羟醛缩合或醇醛缩合），例如：

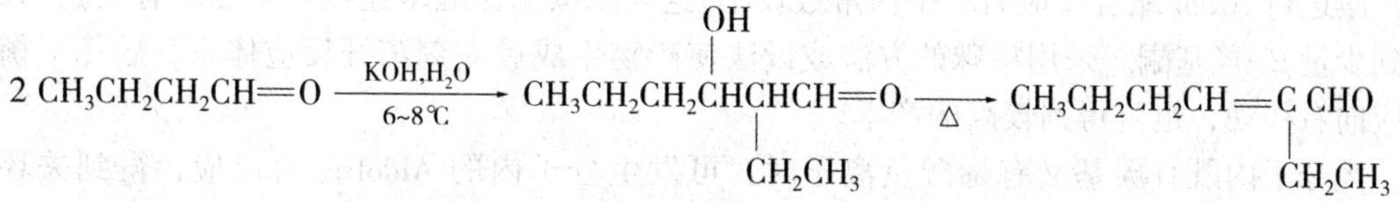

碱催化条件下，Aldol 缩合的反应历程以 R 取代乙醛为例表示如下[2,3,5]：

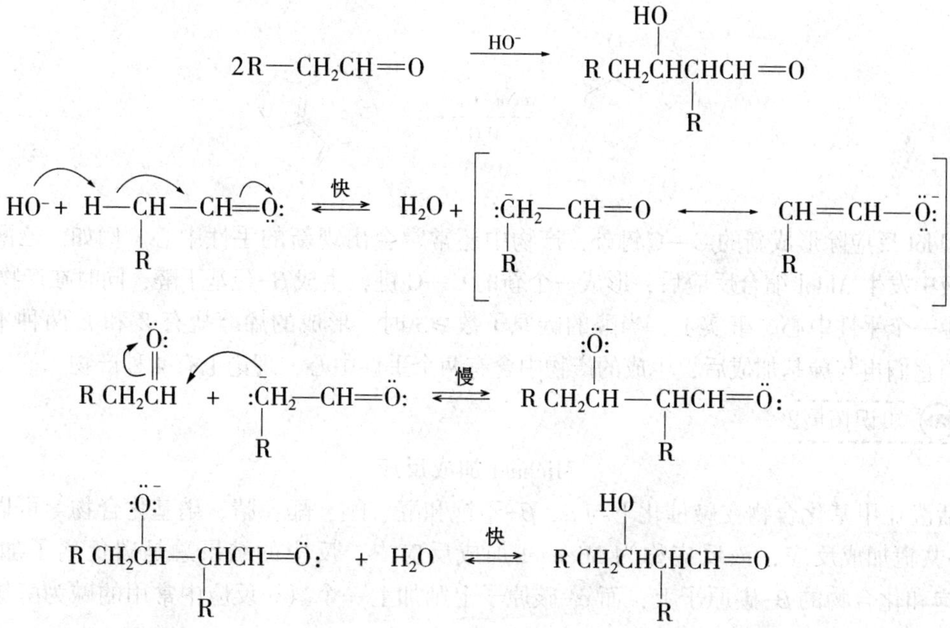

一分子醛在稀碱的作用下失去一个 α-氢原子形成 α-碳负离子；然后该 α-碳负离子进攻另一分子醛的羰基发生亲核加成反应得到含 β-氧负离子的醛；最后此 β-氧负离子醛与水分子进行质子交换得到目标产物 β-羟基醛。

从上述反应机理可以看出，在稀酸或稀碱催化下（通常为稀碱），一分子醛或酮的 α-氢原子加到另一分子的醛（或酮）的氧原子上，其余部分加到羰基碳上，生成 β-羰基醛（或酮）。

Aldol 缩合实际上就是羰基化合物分子间的亲核加成反应。利用这一反应可以合成碳原子数较原来醛、酮增加一倍的醇。除乙醛外，其他醛发生 Aldol 缩合得到的产物都不是直链的，而是原 α-碳原子上带有支链的化合物。

含有 α-氢原子的两种不同的醛，在稀碱作用下，发生交错的 Aldol 缩合，可以生成四种不同的产物，但分离很困难，因此实际应用意义不大。若用甲醛或其他不含 α-氢原子的醛，与含有 α-氢原子的醛进行交错的 Aldol 缩合，则有一定应用价值。例如：

$$3\,HCHO + H-\underset{H}{\overset{H}{C}}-CHO \xrightarrow[53\sim56℃]{Ca(OH)_2} HOCH_2-\underset{CH_2OH}{\overset{CH_2OH}{C}}-CHO \quad (三羟甲基乙醛)$$

乙醛的三个 α-氢原子均可与甲醛发生反应。实际操作是将乙醛和碱溶液缓慢向过量的甲醛中滴加，以便使乙醛的三个 α-氢原子与甲醛充分反应，避免副产物的出现。

酮进行 Aldol 缩合反应时，平衡常数较小（这与酮羰基比醛多连接一个烃基有关），只能得到少量 β-羟基酮。采用特殊的方法或设法使产物生成后立刻离开反应体系，破坏平衡使反应向右移动，也可得到较高的产率。

当分子内既有羰基又有烯醇负离子时，可发生分子内的 Aldol 缩合反应，得到关环产物。特别是合成五、六元环时，反应顺利，产率较高。该反应被广泛用于制备 α,β-不饱和环酮。例如：

$$\text{环癸-1,6-二酮} \xrightarrow[H_2O]{Na_2CO_3} \text{双环烯酮}$$

Aldol 反应除形成新的 C—C 键外，产物中还常常会出现新的手性中心。例如，乙醛在稀碱溶液中发生 Aldol 缩合反应后，形成一个新的 C—C 键，生成 β-羟基丁醛，同时在产物的 β-位产生一个手性中心。事实上，当醛的碳原子数≥3时，形成的烯醇盐有 Z 和 E 两种不同构型，当它们再与羰基加成后，生成的产物中含两个手性中心，理论上有 4 种产物[6]。

知识拓展2

Michael 加成反应

活泼亚甲基化合物在碱催化下与 α,β-不饱和醛、酮、酯、腈、硝基化合物等可以进行 1,4-共轭加成反应，该反应称为 Michael 加成反应[7]。反应的结果总是碳负离子加到 α,β-不饱和化合物的 β-碳原子上，而 α-碳原子上则加上一个氢。反应中常用的碱为醇钠、氢

氧化钠、氢氧化钾、氢化钠、吡啶和季铵碱等[8]。反应通式如下:

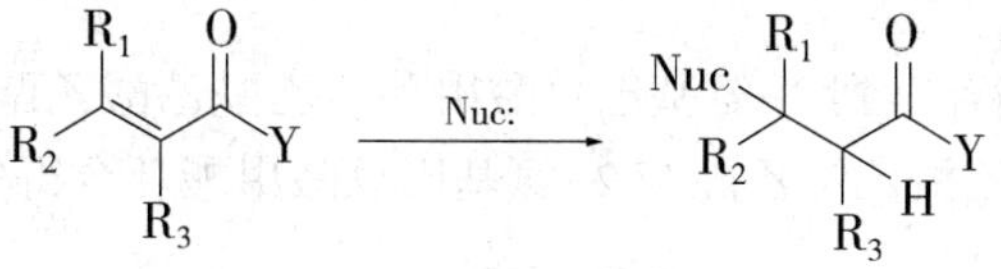

$$\underset{R_3}{\overset{R_1}{\underset{R_2}{C}}}=\underset{}{\overset{O}{\underset{}{C}}}-Y \xrightarrow{Nuc:} \underset{}{\overset{Nuc}{\underset{R_2}{\overset{R_1}{C}}}}-\underset{R_3}{\overset{}{\underset{H}{C}}}-\underset{}{\overset{O}{\underset{}{C}}}-Y$$

反应机理[2]:

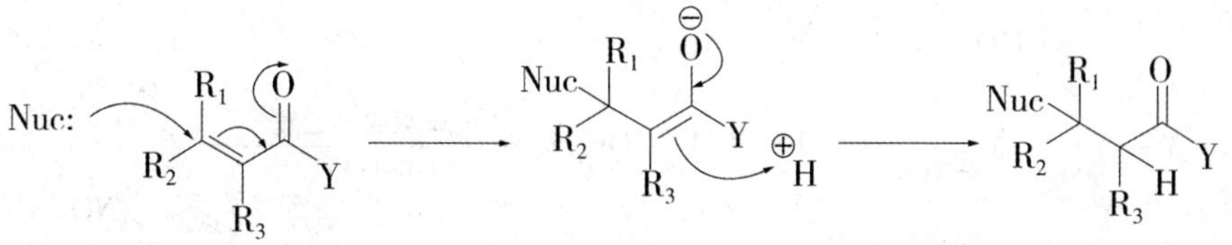

首先,亲核试剂(Nuc:)进攻 α, β-不饱和羰基化合物发生 1,4-共轭加成反应形成加成物烯醇氧负离子,然后夺取一个质子形成烯醇,经互变异构为目标产物。

乙酰乙酸乙酯或丙二酸二乙酯和 α, β-不饱和羰基化合物进行 Michael 加成反应,加成产物经水解和加热脱羧,最后得到 1,5-二羰基化合物。因此,Michael 加成反应是合成 1,5-二羰基化合物最好的方法。例如:

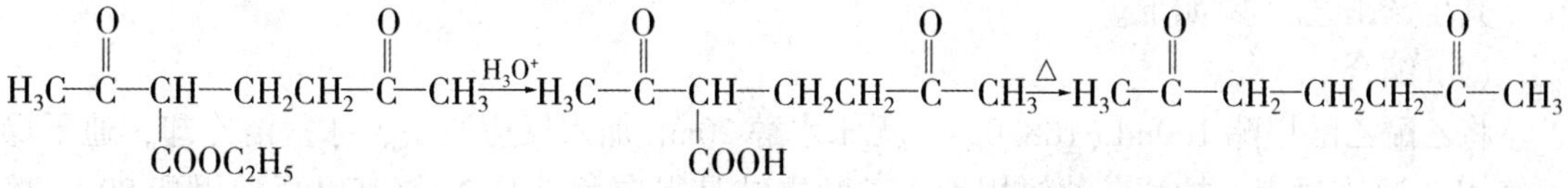

$$H_3C-\overset{O}{C}-CH-CH_2-CH_2-\overset{O}{C}-CH_3 \xrightarrow{H_3O^+} H_3C-\overset{O}{C}-CH-CH_2-CH_2-\overset{O}{C}-CH_3 \xrightarrow{\Delta} H_3C-\overset{O}{C}-CH_2-CH_2-CH_2-\overset{O}{C}-CH_3$$
$$\underset{COOC_2H_5}{|} \qquad \underset{COOH}{|}$$

其他 α, β-不饱和化合物也可以进行类似的 Michael 加成反应。例如:

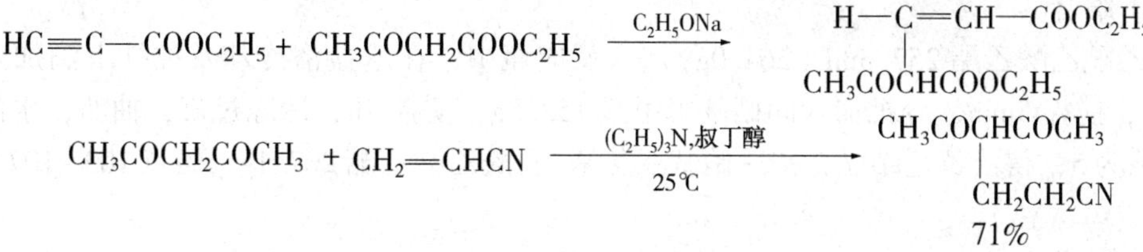

$$HC\equiv C-COOC_2H_5 + CH_3COCH_2COOC_2H_5 \xrightarrow{C_2H_5ONa} \underset{CH_3COCHCOOC_2H_5}{H-C=CH-COOC_2H_5}$$

$$CH_3COCH_2COCH_3 + CH_2=CHCN \xrightarrow[25℃]{(C_2H_5)_3N,叔丁醇} \underset{\underset{71\%}{CH_2CH_2CN}}{\underset{|}{CH_3COCHCOCH_3}}$$

1.2.2 尼群地平制备技术

1. 概述

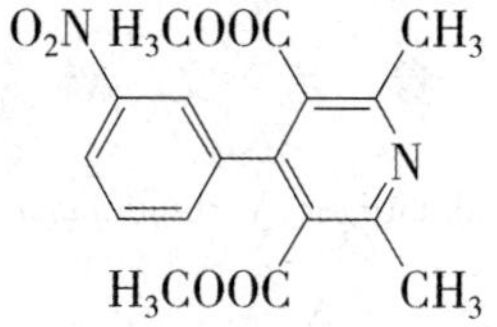

尼群地平(Nitrendipine、Bayotensin)又称硝苯甲乙吡啶,化学名称为 4-间硝基苯基-2,6-二甲基-3-甲氧羰基-5-乙氧羰基-1,4-二氢吡啶,分子式 $C_{18}H_{20}N_2O_6$,相对分子质量 360.37,为有荧光的黄色结晶性粉末,熔点 158~159℃,是一种选择性作用于血管平滑肌的钙拮抗剂,对血管的亲和力大于心肌,对血管的松弛作用较对心肌的作用大约 10 倍,用于

高血压和冠心病,扩张冠状血管,对缺血心肌有保护作用,扩张全身血管。

2. 制备技术

乙酰乙酸甲酯与氨缩合得到 2-氨基巴豆酸甲酯。乙酰乙酸乙酯与 3-硝基苯甲醛缩合得到的 2-(3-硝基亚苄基)乙酰乙酸乙酯与 2-氨基巴豆酸甲酯环合得尼群地平[9,10]。

$$CH_3COCH_2COOCH_3 \xrightarrow[110\sim114℃]{NH_3,甲苯,甲酸} CH_3-C(NH_2)=CH-COOCH_3$$

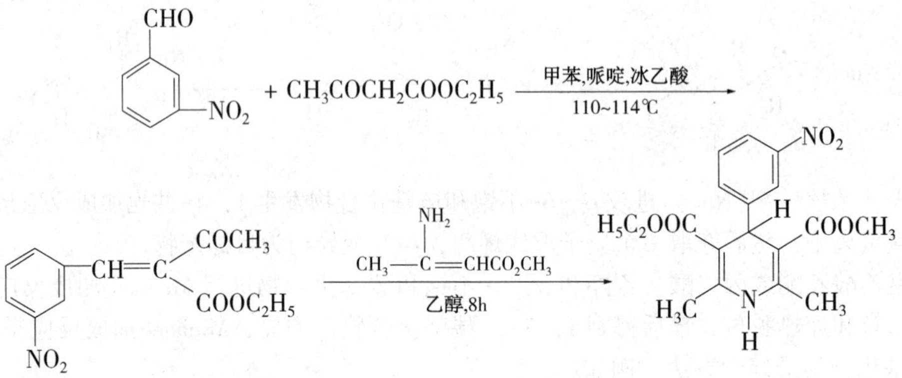

其生产工艺[11-13]如下。

(1) 缩合

将乙酰乙酸甲酯 100mL(108.0g),无水水醇 20mL 加入反应瓶中,冰盐浴冷却,通干燥氨气 4h,冷冻过夜,抽滤,滤饼用无水乙醇重结晶得白色结晶 2-氨基巴豆酸甲酯 89g,熔点 82~83℃,收率 90%。

(2) 缩合

将乙酰乙酸乙酯 257.3mL(264.0g)加入反应瓶中,在冰盐浴冷却及搅拌下滴加浓硫酸 24.1mL,搅拌 5min,分批加入间硝基苯甲醛 152.5g,搅拌 4h,冷冻过夜,抽滤,水洗滤饼至 pH 值为 5,得淡黄色结晶 2-(3-硝基亚苄基)乙酰乙酸乙酯 207.1g,熔点 103~107℃,收率 78%。

(3) 环合

将 89g 2-氨基巴豆酸甲酯和 207.1g 2-(3-硝基亚苄基)乙酰乙酸乙酯加入反应瓶中,于搅拌下加热至 75℃,轻微减压,在 78~84℃反应 4h,放置过夜,抽滤,滤饼经无水乙醇重结晶,得有荧光的黄色结晶性粉末尼群地平 26.7g,熔点 158~159℃,收率 80.5%。

参 考 文 献

[1] Hantzsch A. Ueber die Synthese pyridinartiger Verbindungen aus Acetessigäther und Aldehydammoniak [J]. Ann, 1882, 215:1-83.

[2] Jie Jack Li. Name Reaction[M]. 4th ed. Springer-Verlag Berlin Heidelberg, 2009.

[3] [美]李杰. 有机人名反应及机理[M]. 荣国斌译. 上海:华东理工大学出版社,2003.

[4] Wurtz C. A. Ueber einen Aldehyd - Alkohol[J]. Bull. Soc. Chim. Fr., 1872, 17:436-442.

[5] 孔祥文. 有机化学[M]. 北京:化学工业出版社,2010.

[6] 何广武,张振琴,刘蒴,等. Aldol 缩合反应的立体化学——Zimmerman-Traxler 过渡态[J]. 大学化学,

2011, 26(2): 25-29.
[7] Michael A J. Ueber das Verhalten von Natriummalonäther gegen Resorcinol [J]. Prakt. Chem, 1887, 35: 349.
[8] 孔祥文. 有机化学[M]. 2版. 北京: 化学工业出版社, 2018.
[9] Salvat. Substd. di: hydro-pyridine di: carboxylic acid methyl ethyl ester. ES, 556940[P]. 1987-10-01.
[10] Seuter F D. Use of 1, 4-dihydropyridines in antiarteriosclerotics and preparation thereof. DE, 3222367 [P]. 1983-12-15.
[11] 李春秋, 季允丰, 贺曾佑. 新型钙拮抗剂尼群地平的合成[J]. 广东化工, 1984, (2): 17.
[12] Fujisawa Pharmaceutical Co.. 1, 4Dihydropyridine derivatives and the preparation thereof: GB, 1552911[P]. 1979-09-19.
[13] 王卫, 李绮霞. 尼群地平合成工艺改进[J]. 中国医药工业, 1991, 22(5): 205.

1.3 Mannnich 缩合反应

1.3.1 原理

含有 α-氢原子的醛、酮, 与醛和氨(或伯、仲胺)之间发生缩合反应生成 β-氨基酮(Mannich Base)盐酸盐的反应称为 Mannich 反应[1-3]。这是一种 α-氨甲基化反应。

$$RCOCH_3 + HCHO + HNR'_2 \cdot HCl \longrightarrow RCOCH_2CH_2NR'_2 \cdot HCl + H_2O$$

反应机理：

$$(CH_3)_2\ddot{N}H + \underset{H}{\overset{H}{C}}=O \rightleftharpoons (CH_3)_2N-\underset{H}{\overset{H}{C}}-\ddot{O}H \xrightarrow{H^+} (CH_3)_2\ddot{N}-\underset{H}{\overset{H}{C}}-\overset{+}{O}H_2 \xrightarrow{-H_2O} (CH_3)_2\overset{+}{N}=CH_2$$

$$Ph-\underset{O}{\overset{}{C}}-CH_3 \xrightarrow{H^+} Ph-\underset{OH}{\overset{}{C}}=CH_2 \xrightarrow{CH_2=\overset{+}{N}(CH_3)_2} Ph-\underset{+OH}{\overset{}{C}}-CH_2CH_2-\ddot{N}(CH_3)_2 \xrightarrow{-H^+} Ph-\underset{O}{\overset{}{C}}-CH_2CH_2-\ddot{N}(CH_3)_2$$

[例]
苯乙酮(含 α-H 的酮)在酸性条件下与甲醛和二甲胺反应得到 α-二甲氨基甲基苯乙酮盐酸盐或 β-二甲氨基-1-苯基丙酮盐酸盐, 反应中苯乙酮分子中甲基上的 α-氢原子被二甲氨基甲基取代。

$$Ph-\underset{O}{\overset{}{C}}-CH_3 + HCHO + HN(CH_3)_2 \xrightarrow[70\%]{HCl} Ph-\underset{O}{\overset{}{C}}-CH_2-CH_2-N(CH_3)_2 \cdot HCl$$

由于 Mannich 碱容易分解为氨(或胺)和 α,β-不饱和酮, 所以 Mannich 反应提供了一个间接合成 α,β-不饱和酮的方法。

$$R\underset{O}{\overset{}{C}}CH_2CH_2NR'_2 \xrightarrow[或碱, \Delta]{蒸馏} R\underset{O}{\overset{}{C}}CH=CH_2 + R'_2NH$$

Mannich 碱盐酸盐用碱中和得到的游离 β-氨基酮与 KCN 或 NaCN 水溶液加热可生成氰化物，再水解可制得 γ-酮酸。

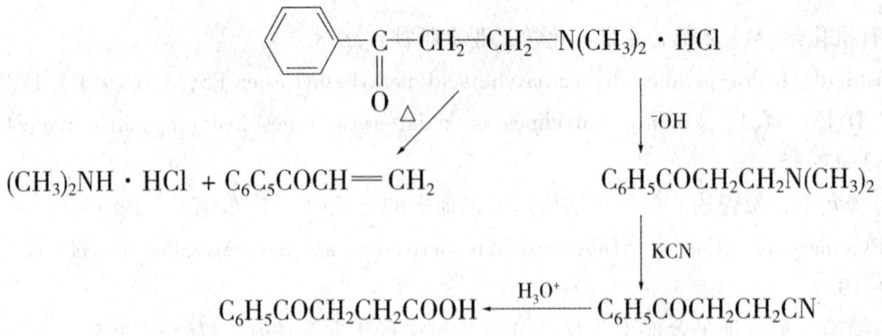

$$C_6H_5COCH_2CH_2-N(CH_3)_2 \cdot HCl$$

$$(CH_3)_2NH \cdot HCl + C_6H_5COCH=CH_2 \xleftarrow{\Delta} \quad \xrightarrow{-OH} C_6H_5COCH_2CH_2N(CH_3)_2$$

$$\xrightarrow{KCN}$$

$$C_6H_5COCH_2CH_2COOH \xleftarrow{H_3O^+} C_6H_5COCH_2CH_2CN$$

Mannich 反应中的反应物胺一般为二级胺，如哌啶、二甲胺等。如果用一级胺，缩合产物的氮原子上还有氢，可以继续发生反应，故有时也可根据需要使用一级胺。如果用三级胺或芳香胺，反应中无法生成亚胺离子，停留在季铵离子步骤；也可以是酰胺、氨基酸。

Mannich 反应中的反应物醛，甲醛是最常用的醛，一般用它的水溶液、三聚甲醛或多聚甲醛。除甲醛外，也可用其他单醛或双醛。反应一般在水、乙酸或醇中进行，加入少量盐酸以保证酸性。

Mannich 反应中的含 α-氢的化合物一般为羰基化合物（醛、酮、羧酸、酯）、腈、脂肪硝基化合物、末端炔烃、α-烷基吡啶或亚胺等。若用不对称的酮，则产物是混合物。苯酚的对位或邻位、萘酚的 1-位或 2-位、氰化钠、呋喃、吡咯、噻吩、吲哚（3-位）、二茂铁等杂环化合物也可反应。

在苯环上引入甲基用一般的方法比较困难，采用 Mannich 碱氢解可以方便引入甲基。

[例]

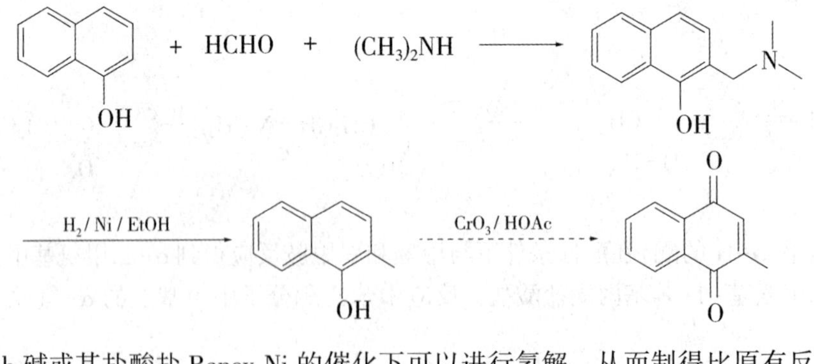

Mannich 碱或其盐酸盐 Raney Ni 的催化下可以进行氢解，从而制得比原有反应物多一个碳原子的同系物。

1.3.2 脑脉宁制备技术

1. 概述

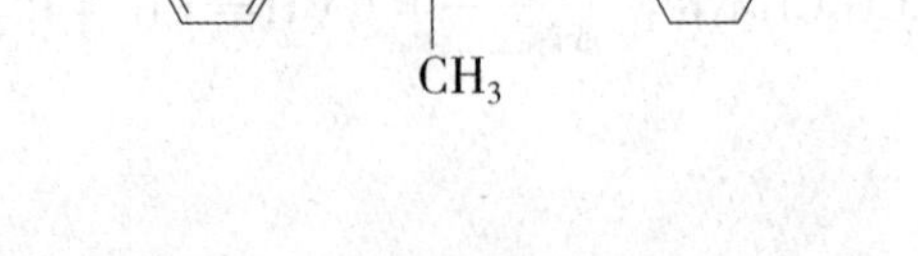

$$\text{MeO-C}_6\text{H}_4\text{-COCH}_3 \xrightarrow{\text{HCHO/(CH}_3\text{)}_2\text{NH·HCl}} \text{MeO-C}_6\text{H}_4\text{-CO-CH}_2\text{-CH}_2\text{N(CH}_3\text{)}_2\text{·HCl}$$

$$\xrightarrow{\text{H}_2/\text{Ni}} \text{MeO-C}_6\text{H}_4\text{-CO-CH}_2\text{CH}_3$$

脑脉宁(Mydocalm)又称甲苯哌丙酮、甲哌酮，化学名称为2,4′-二甲基-3-哌啶基苯-1-丙酮盐酸盐，英文名称为Tolperisonehydrochloride、4′-methyl-2-(1-piperidinylmethyl)-propiophenonehydrochloride、2,4′-dimethyl-3-piperidinopropiophenone monohydrochloride 2-methyl-1-(4-methylphenyl)-3-(piperidin-1-yl)propan-1-onehydrochloride(1∶1)，CAS No. 3644-61-9，分子式$C_{16}H_{24}ClNO$，相对分子质量281.821，呈白色或类白色结晶性粉末，有异臭，味酸、苦、发麻。易溶于氯仿、乙醇、水，微溶于丙酮，熔点167~172℃。脑脉宁是一种中枢性肌松剂和血管扩张剂，具有直接的血管扩张作用，并能降低骨骼肌张力，使周围血流量增加。用于治疗脑性麻痹症、中风后遗症、肌萎缩性侧索硬化症、小脑脊髓变性硬化症以及动脉硬化、血管内膜炎等，均有一定疗效[4]。

2. 制备技术

以甲苯和丙酸酐或丙酰氯为主要原料，三氯化铝为催化剂，通过Friedel-Crafts酰基化反应制得乙基对甲基苯基酮，然后再与甲醛、哌啶经Mannich缩合反应得到脑脉宁。

$$\text{C}_6\text{H}_5\text{CH}_3 + \text{CH}_3\text{CH}_2\text{COCl} \xrightarrow{\text{AlCl}_3} \text{CH}_3\text{-C}_6\text{H}_4\text{-COCH}_2\text{CH}_3 \xrightarrow[\text{HN(piperidine)·HCl}]{\text{HCHO}} \text{CH}_3\text{-C}_6\text{H}_4\text{-COCH(CH}_3\text{)CH}_2\text{-N(piperidine)·HCl}$$

其生产工艺[5-8]如下。

(1) 乙基对甲基苯基酮的制备

于三口烧瓶中分别加入$AlCl_3$ 1120g和甲苯600mL，用冰浴冷却，在搅拌下缓缓滴加丙酰氯400g，控制温度不超过30℃。加毕，在室温下搅拌1h，再缓缓升温至82℃，继续反应2h，放冷，将反应液倾入冰水中，分解$AlCl_3$。然后静置分层，取上层油状液，分别用水、饱和碳酸钠溶液洗涤至中性，加入干燥剂，过滤，滤液置于烧瓶内进行减压蒸馏，收集96~110℃/7×133.3Pa馏分即得乙基对甲基苯基酮，收率88.04%。

(2) 2,4′-二甲基-3-哌啶基苯-1-丙酮的制备

将哌啶3.52kg投入搪玻璃反应锅内，在搅拌下缓缓加入盐酸，中和至pH值为4~5，减压蒸去水分和过剩盐酸，然后加入乙基对甲基苯基酮6kg、乙醇20L和甲醛溶液6L，加热回流，继而蒸出乙醇至反应液呈黏稠状，残留物加入适量水使之溶解，溶液用饱和碳酸钠溶液中和，即析出2,4′-二甲基-3-哌啶基苯-1-丙酮游离碱(油状物)，收率81.17%。

(3) 成盐及精制

将2,4′-二甲基-3-哌啶基苯-1-丙酮游离碱用冰水冷却，在搅拌下缓缓滴加盐酸至pH值为4~5，酸化后放置析出结晶，甩滤，即得成盐粗品2,4′-二甲基-3-哌啶基苯-1-丙酮

盐酸盐。

将粗品 2,4'-二甲基-3-哌啶基苯-1-丙酮盐酸盐置于圆底烧瓶内,加入无水乙醇 1.2L 加热溶解,过滤,滤液回收乙醇约 400mL,放置冷却析出结晶,甩滤后,结晶用醋酸乙酯和乙醇(9∶1)混合液洗涤,干燥即得成品 2,4'-二甲基-3-哌啶基苯-1-丙酮盐酸盐,收率为 85%左右,熔点 167~171℃。

参 考 文 献

[1] Mannich C., Krösche W.. Ueber ein Kondensationsprodukt aus Formaldehyd, Ammoniak und Antipyrin[J]. Arch. Pharm., 1912, 250, 647-667.
[2] 孔祥文. 有机化学[M]. 2 版. 北京:化学工业出版社,2018:300-301.
[3] 孔祥文. 有机化学反应和机理[M]. 北京:中国石化出版社,2018:234-236.
[4] 广州医药工业研究所. 脑脉宁(甲苯哌丙酮)[J]. 医药工业,1980,(4):40.
[5] 左克成. 中枢性肌松剂及血管扩张剂脑脉宁的合成[J]. 医药工业,1981,(9):8-9.
[6] F·施奈德,R-G·阿尔肯. 甲苯哌丙酮的加成盐及其制备方法和其用途:中国,101142200[P]. 2005-3-21.
[7] 张云龙,于安雪. 脑脉宁片含量测定方法的改进[J]. 山东医药工业,2000,(1):37-38.
[8] 王旭,李敬芬,徐淑芝. 对甲基苯丙酮合成工艺的研究[J]. 佳木斯医学院学报,1996,(2):53-54.

1.4 胺解反应技术

1.4.1 氨或胺的烷基化和酰基化反应

1. 卤代烷与氨或胺反应

卤代烷与氨作用,卤原子被氨基(-NH$_2$)取代生成伯胺(RNH$_2$)。例如:

$$CH_3CH_2CH_2Cl + NH_3 \longrightarrow CH_3CH_2CH_2NH_2 + HCl$$

伯胺是有机弱碱,它与卤化氢结合生成铵盐,因此反应中加入过量的胺作为碱中和铵盐,得到游离伯胺。叔卤代烷与 NaOH、RONa、NaCN 和 NH$_3$ 等试剂反应,主要是消除一分子卤化氢生成烯烃。例如:

$$CH_3-\underset{\underset{CH_3}{|}}{\overset{\overset{CH_3}{|}}{C}}-Cl \xrightarrow{NH_3} CH_3-\underset{\underset{CH_3}{|}}{C}=CH_2$$

2. 羧酸与氨或胺反应

羧酸与氨或胺反应,生成羧酸的铵盐,这是一个可逆反应,在低温下有利于铵盐的形成。铵盐受强热或在脱水剂的作用下加热,可在分子内失去一分子水形成酰胺。

$$R-\overset{\overset{O}{\|}}{C}-O-H + NH_2R' \rightleftharpoons RCOO^-NH_3^+R' \xrightarrow{\triangle} RCONHR' + H_2O$$

羧酸铵盐高温分解生成酰胺的反应是可逆反应,需要在反应过程中不断将水除去,促进反应向右进行,可以得到较好的产率。例如:

$$CH_3COOH + NH_3 \xrightarrow{100℃} CH_3CONH_2 + H_2O$$

$$C_6H_5\text{-}COOH + H_2N\text{-}C_6H_5 \xrightarrow{180\sim190℃} C_6H_5\text{-}CONH\text{-}C_6H_5 + H_2O$$

该反应的一个重要应用就是二元酸和二元胺发生聚合反应生成线形的聚酰胺。如重要的合成纤维、工程塑料——尼龙-66的合成,就是由等物质的量比的己二酸与己二胺生成己二酸己二胺盐,然后在氮气的保护下于250℃进行聚合而成。

$$n\,H_2N(CH_2)_6NH_2 + n\,HOOC(CH_2)_4COOH \xrightarrow[1\,MPa]{250℃} [NH(CH_2)_6NH\text{-}\overset{O}{C}\text{-}(CH_2)_4\text{-}\overset{O}{C}]_n + n\,H_2O$$

作为替代铜和其他金属的高分子材料——尼龙-1010则是由葵二酸和葵二胺聚合而成的,它的特点是拥有良好的机械性能、优异的稳定性和广泛的耐寒性,可在-60℃保持一定的机械强度。

反应也可以由单体的氨基羧酸进行,如尼龙-6的合成,就是采用己内酰胺的开环聚合获得的:

$$\text{己内酰胺} \xrightarrow[\text{浓磷酸催化}]{\text{加热水解}} H_3\overset{\oplus}{N}\text{-}(CH_2)_5\text{-}COOH \xrightarrow[\text{减压}]{\text{加热除水}} [NH\text{-}(CH_2)_5\text{-}\overset{O}{C}]_n$$

尼龙-6

3. 羧酸衍生物与氨或胺反应

酰卤、酸酐、酯、酰胺均能与氨或胺作用并氨解成酰胺。由于氨有碱性,其亲核性比水强,故氨解反应比水解容易些。

酰氯和酸酐与氨的反应都很剧烈,需要在冷却或稀释的条件下缓慢混合进行反应,可氨解成酰胺;酯的氨解需要在无水条件下进行,一般只需加热就能生成酰胺;酰胺的氨解是一个可逆反应,必须用过量且亲核性更强的胺。NH_3的碱性比NH_2R或NHR_2低,因此由酰胺和伯或仲铵盐置换制备N-烷基酰胺是较有利的。例如:

$$(CH_3)_2CH\text{-}COCl + NH_3 \longrightarrow (CH_3)_2CH\text{-}CONH_2 + HCl$$
$$78\%\sim83\%$$

$$(CH_3CO)_2O + H_2NCH_2COOH \xrightarrow{H_2O} CH_3CONHCH_2COOH + CH_3COOH$$
$$89\%\sim92\%$$

$$\text{2-HO-C}_6H_4\text{-COOC}_2H_5 + \text{2-H}_3C\text{-C}_6H_4\text{-NH}_2 \longrightarrow \text{2-HO-C}_6H_4\text{-CONH-C}_6H_4\text{-2-CH}_3 + C_2H_5OH$$
$$77\%$$

$$CH_3CONH_2 + CH_3NH_2 \cdot HCl \longrightarrow CH_3CONHCH_3 + NH_4Cl$$

羧酸衍生物水解、醇解、氨解的结果是在 HOH、HOR、HNH$_2$ 等分子中引入酰基，因而酰氯、酸酐是常用的酰基化试剂，而酯的酰化能力较弱，酰胺的酰化能力最弱，一般不用作酰基化试剂。

4. 氨或胺的酰化反应

脂肪族或芳香族伯胺和仲胺作为亲核试剂，可以与酰卤、酸酐和酯等酰基化试剂反应，生成 N-烃基或 N,N-二烃基酰胺。因为叔胺的氮原子上没有氢，所以不发生此酰基化反应。

$$RNH_2 + R'COL \longrightarrow RNHCOR' + HL$$
$$R_2NH + R'COL \longrightarrow R_2NCOR' + HL$$
$$(L = X, -OOCR, -OR)$$

除甲酰胺外，其他酰胺在常温下大多为固体，有固定的熔点，它们在酸或碱的水溶液中加热易水解生成原来的胺。因此利用酰基化反应，不但可以分离、提纯胺，还可以用来进行胺的鉴定。如：

$$C_6H_5NH_2 + (CH_3CO)_2O \xrightarrow{\triangle} C_6H_5NHCOCH_3 + CH_3COOH$$
熔点 114 ℃

$$CH_3CH_2CH_2NH_2 + C_6H_5COCl \xrightarrow{\text{碱}} CH_3CH_2CH_2NHCOC_6H_5$$
熔点 84 ℃

羧酸也可以作为酰基化试剂，但是其酰化能力较弱，在反应过程中需要加热并不断除去生成的水。工业上制备乙酰苯胺就是由苯胺和乙酸反应制得的。

$$C_6H_5-NH_2 + CH_3COOH \xrightarrow[-H_2O]{160℃} C_6H_5-NHCOCH_3$$

在芳胺的氮原子上引入酰基，在有机合成上具有重要意义。其目的有二：一是利用酰胺在酸或碱的作用下水解除去酰基的性质，在有机合成中利用酰基化反应来保护氨基。例如，要对苯胺进行硝化时，可先对苯胺进行酰基化，把氨基"保护"起来再硝化，既可避免苯胺被硝酸氧化，又可适当降低苯环的反应活性，以制备一硝化产物对硝基苯胺。

$$C_6H_5-NH_2 + CH_3COCl \longrightarrow C_6H_5-NHCOCH_3 \xrightarrow{HNO_3} \underset{NO_2}{C_6H_4(NHCOCH_3)} \xrightarrow[OH^-]{H_2O} \underset{NO_2}{C_6H_4-NH_2}$$

酰基化反应的另一个目的是引入永久性的酰基。这是合成许多药物时常用的反应。如扑热息痛（Paracetamol），化学名为对羟基乙酰苯胺，是一种解热镇痛的药物，它的制备就经过乙酰基化反应。

$$Cl-C_6H_4-NO_2 \xrightarrow[\text{②}H_2O,H^+]{\text{①}NaOH,H_2O} HO-C_6H_4-NO_2 \xrightarrow{H_2,Ni} HO-C_6H_4-NH_2$$

$$\xrightarrow{(CH_3CO)_2O} HO-C_6H_4-NHCOCH_3$$

5. 肖特-鲍曼条件

羧酸衍生物的氨/胺解在 NaOH 水溶液中进行时，酰氯的水解反应很慢，仍主要得到产物酰胺，不可在强酸性条件下进行，因为氨/胺会成盐，不利于亲核进攻；一、二级胺对酰卤和酸酐进行胺解时需在肖特-鲍曼条件，即吡啶、三乙胺、N,N-二甲苯胺等弱有机碱反应条件下进行。肼和羟胺也可以发生胺解反应；酰卤与三级胺形成的酰胺不稳定，易水解得到酸，可以用于提纯三级胺，也可以作为酰化试剂与醇反应得到酯。

1.4.2 丙谷胺制备技术

1. 概述

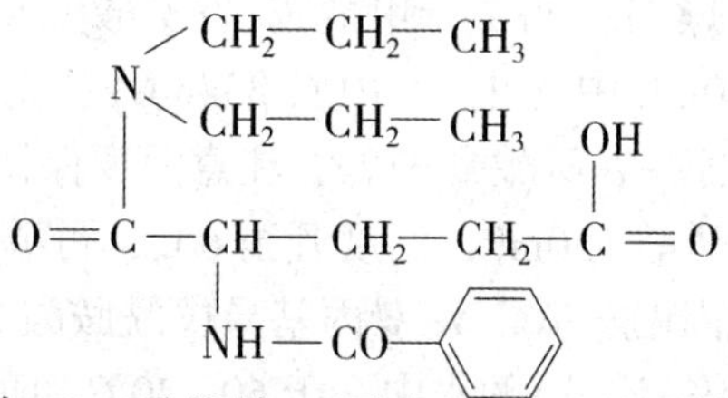

丙谷胺(Proglumide)又称 dl-丙谷胺、丙谷酰胺、二丙谷酰胺、疡得平、Gastridine、Milid、Nulsa、Proglumidium。呈无色结晶或结晶性粉末态，易溶于甲醇和氯仿，稍易溶于乙醇，稍难溶于丙醇，极难溶于水及苯，几乎不溶于四氯化碳。熔点 148~150℃，pH 值为 4.0(饱和水溶液)。pK_a 4.68(10%甲醇含水溶液)。用作消化性溃疡治疗剂[1]。

2. 制备技术

谷氨酸与苯甲酰氯在氢氧化钠存在下缩合生成 2-苯甲酰胺谷氨酸，后者与乙酐进行脱水反应得谷氨酸酐，最后与二丙胺发生氨解得到目标产物丙谷胺。

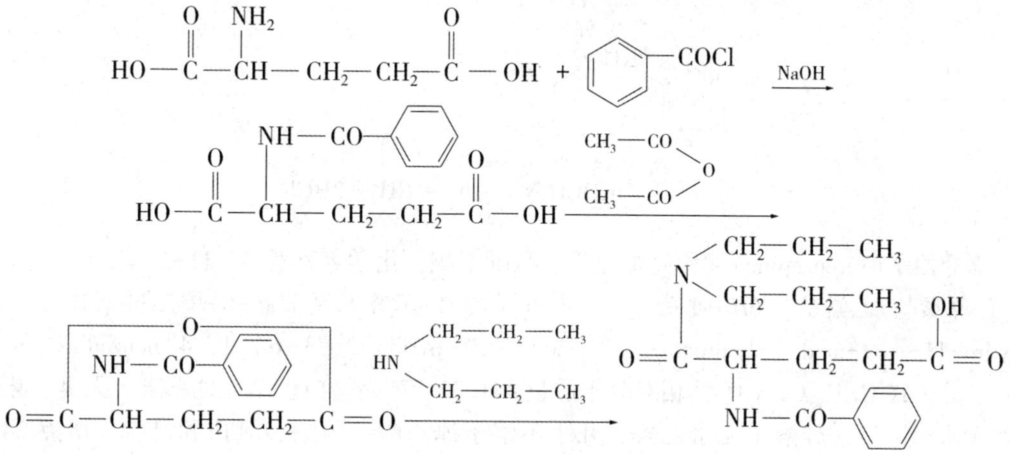

其生产工艺[2-4]如下。

1) 首先于 5℃ 以下少量慢慢将 L(+)谷氨酸[熔点 247~249℃(分解)，$[\alpha]_0^{22}=+31.4$(6mol/L 盐酸中 1%溶液)]588g 加入 2mol/L 氢氧化钠 2400mL 中。当全部加完后，于搅拌下同时从两个滴液漏斗滴加苯甲酰氯 471mL 和 3mol/L 氢氧化钠 1600mL，使反应物溶解时内温不超过 15℃。具体操作方法为：同时滴加苯甲酰氯 94.2mL 和 3mol/L 氢氧化钠溶液 320mL，注意添加速度使混合物的 pH 值不超过 8，温度不超过 15℃。全部加完时，再加苯甲酰氯 47.1mL，接着再慢慢加 3mol/L 氢氧化钠 160mL，再加苯甲酰氯 47.1mL，以后再滴加相同容量的 3mol/L 氢氧化钠溶液。像这样操作一直到把苯甲酰氯及 3mol/L 氢氧化钠全部加完为止。以后再加 3mol/L 氢氧化钠溶液 1125mL，注意滴加速度仍需使温度保持在 15℃以下，pH 值保持在 8 以下。氢氧化钠溶液全部加完后，搅拌 0.5h。接着滴加浓盐酸使刚果红试液呈蓝色酸性。将此酸性液搅拌 5min，放入另一溶液中于 5℃保存 10~18h。滤取固体，和冰水 600mL 一起于乳体中搅混成纸浆状，过滤。所得固体在滤纸上用冰水 400mL 洗净，压缩干燥，然后将此物摊成薄层在空气中干燥可得 2-苯甲酰胺-谷氨酸，熔点 136~140℃。

2）在装有回流冷凝器和搅拌器的烧瓶中加入醋酐 6L，搅拌下再加 2-苯甲酰胺-谷氨酸 1500g，所得反应混合物于室温搅拌 8h 后，再于室温放置一夜。将反应混合物过滤，压缩干燥，于 60~70℃ 及 100℃ 各干燥 1h。得 2 苯甲酰胺-谷氨酸酐 850g，收率 60%。

3）取二丙胺水溶液（1400mL 中含正-二丙胺 334mL），充分搅拌下，冷却至 -3℃，在 60~70min 内慢慢加 2-苯甲酰胺-谷氨酸酐 312g，注意温度保持在 -4~-2℃。加完后于 -3℃ 继续搅拌 10~15min，再加冰醋酸 650mL，温度升至 6℃，再继续搅拌 60~80min。于反应混合物中加入以前制取的 2-苯甲酰胺-N，N-双丙基异戊酰胺酸 2~3g 作为种子，预期的产物开始沉淀。将生成物溶于 20 倍（质量）的水中，于 60~70℃ 加理论量或稍过量的碳酸氢钠进行纯化精制。于室温强搅拌下加 20%醋酸使呈酸性，pH 值为 5.5，继续搅拌 10~15min，滤取析出的生成物，加水 700mL 搅拌 15min，进行洗涤、过滤，再于 25℃ 空气中干燥至恒量为止，得 2-苯甲酰胺-N，N-双丙基异戊酰胺酸，即丙谷胺 140g，熔点 147~150℃。

1.4.3 哌仑西平制备技术

1. 概述

哌仑西平（Pirenzepine）又称哌吡氮平、哌吡革酮，化学名称为 5，11-二氢-11-[(4-甲基-1-哌嗪基)乙酰基]-6H-吡啶并[2,3-6][1,4]苯并二氮杂䓬-6-酮二盐酸盐{5，11-dihydro-11-[(4-methyl-1-piperazinyl)acetyl]-6H-pyrido[2,3-6][1,4]benzodiazepin-6-one}。分子式 $C_{19}H_{23}Cl_2N_5O_2$，相对分子质量 441.32。产品呈白色结晶性粉末。无臭、味苦。易溶于水和甲醇，难溶于无水乙醇，几乎不溶于冰乙酸、丙酮、氯仿和己烷。熔点 243℃（分解）。水溶液 pH 值为 1.0~1.6。可选择性地作用于胃黏膜细胞上 M1 的受体，抑制胃酸分泌，抑制胃蛋白酶原及胃蛋白酶分泌。它是一种优良的抗溃疡药，用于胃及十二指肠溃疡的治疗[5]。

2. 制备技术

2-氯-3-氨基吡啶与邻硝基苯甲酰氯在三乙胺存在下进行酰化反应得到酰胺衍生物，经氯化亚锡将硝基还原成氨基，氨基亲核进攻邻环氯原子环合得到二芳基胺，后者再与氯乙酰氯发生 N-酰化，再与 N-甲基哌嗪发生胺化反应得到目标产物哌仑西平。

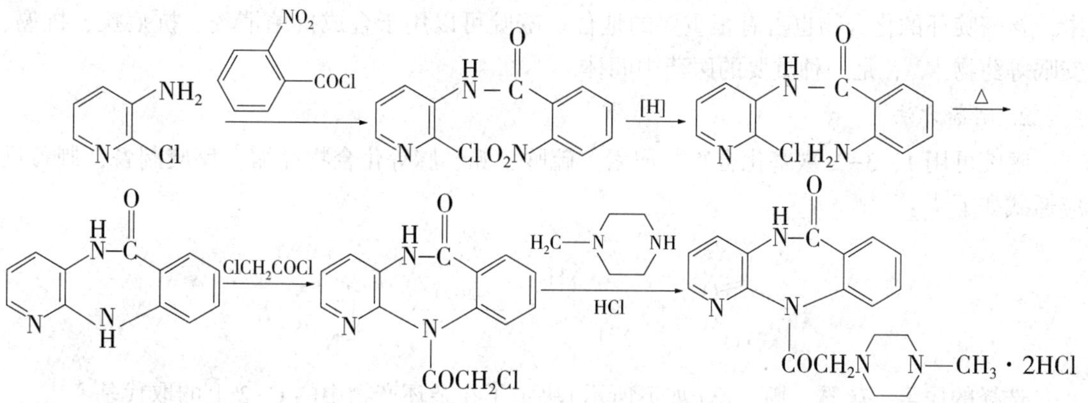

其生产工艺[6]如下。

（1）酰胺化

将 2-氯-3-氨基吡啶 129.5g、三乙胺（100%计）102g 投入装有苯的反应器中，边搅拌边缓缓滴入邻硝基苯甲酰氯 185.5g 的无水苯溶液，加热回流反应至终点后，过滤，将滤液除去溶剂，析出 2-氯-3-(2-硝基苯甲酰胺基)吡啶的粗品，收率 95%。

（2）还原

含有过量氯化亚锡的浓盐酸溶液缓缓加入 5.0g 2-氯-3-(2-硝基苯甲酰胺基)吡啶溶于 27mL 醋酸的溶液中，加热反应后，冷却，经使用氢氧化钠处理，得 2-氯-3-(2-氨基苯甲酰胺基)吡啶的结晶 4.1g，收率为 92%，纯化后熔点 168~170℃。

（3）环合

将 2-氯-3-(2-氨基苯甲酰胺基)吡啶 8.0g 在搅拌下加热，于 200℃进行环合反应。反应毕，将反应物冷却，用醇处理得二芳基胺的浅黄色针状结晶 4.1g，收率 60%。产物经重结晶，熔点 283~285℃。

（4）酰化

将含有二芳基胺 63.4g 的二氧六环溶液中，同时滴加三乙胺 68mL 和氯乙酰氯 38mL，回流 8h 后，过滤，将滤液除去溶剂，析出氯乙酰二芳基胺粗品，将粗品重结晶得精品 3.58g，收率 83%。

（5）胺化

将氯乙酰二芳基胺 30.1g 和 N-甲基哌嗪 82.0mL 溶于 500mL 苯中，回流 18h 后，蒸除苯，残余物用盐酸处理，得产物哌仑西平的粗品 32.9g，收率 74%。粗品经重结晶后，熔点 259~264℃（分解）。

1.5 嘧啶衍生物合成技术

1.5.1 嘧啶制备技术

1. 概述

嘧啶（Pyrimidine），也叫 1,3-二嗪，是重要的杂环母核，自然界中并不存在。但是其衍生物广泛存在于生物体内，如尿酸、嘌呤以及组成核酸的碱基都含嘧啶环。在医药和农药中，含嘧啶环的化合物也占有很重要的地位。嘧啶可以用于合成抗菌消炎、抗疟疾、抗癌、安眠等药物[1-3]，是一种重要的医药中间体。

2. 制备方法

嘧啶可用1,3-二羰基化合物与尿素、硫脲、胍、脒等化合物经缩合反应制备，制备反应通式如下[4]：

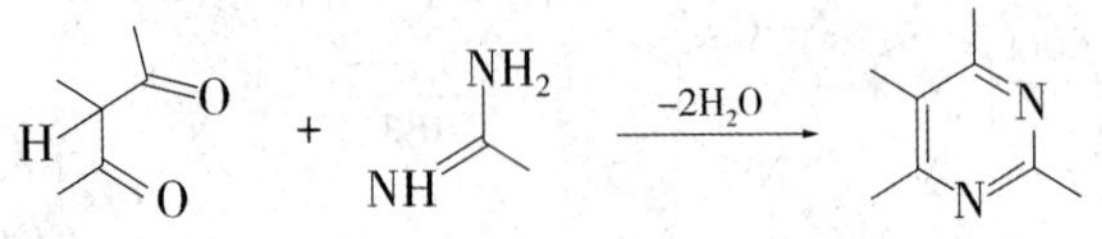

选择的尿素、硫脲、胍、脒(如下所示)决定了在杂环产物中的C-2上的取代基[5-8]。

H_2NCONH_2　　　　　　H_2NCSNH_2　　　　　　$H_2NC(=NH)NH_2$　　　　　　$RC(=NH)NH_2$

尿素　　　　　　　　　　硫脲　　　　　　　　　　胍[guā]　　　　　　　　　　脒

Urea　　　　　　　　　　Thiourea　　　　　　　　　Guanidine　　　　　　　　　Amidine

常见的1,3-二羰基化合物为丙二酸酯、酮酸酯、β-二酮、氰乙酸酯等。

1) 以苹果酸为原料，与硫酸反应得丙醛酸，丙醛酸再与尿素反应生成尿嘧啶，后经三氯氧磷在 N,N-二甲基苯胺催化下生成2,4-二氯嘧啶，最后在钯碳催化下加氢脱氯得嘧啶[9,10]。由于苹果酸的价格比较高，总收率仅为37%，因此该路线不经济。

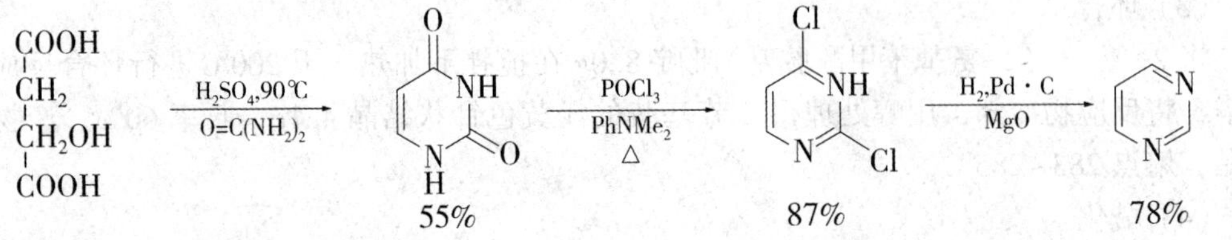

2) 以乙酰丙酮为原料，与硫脲合成4,6-二甲基-2-巯基嘧啶盐酸盐，加碱中和成4,6-二甲基-2-巯基嘧啶，然后在雷尼镍催化下脱硫成4,6-二甲基嘧啶，用高锰酸钾氧化成4,6-嘧啶二羧酸，在溶剂二苯醚内脱去羧基得目标产物[11,12]。该路线每步收率均不高，总收率只有16%。

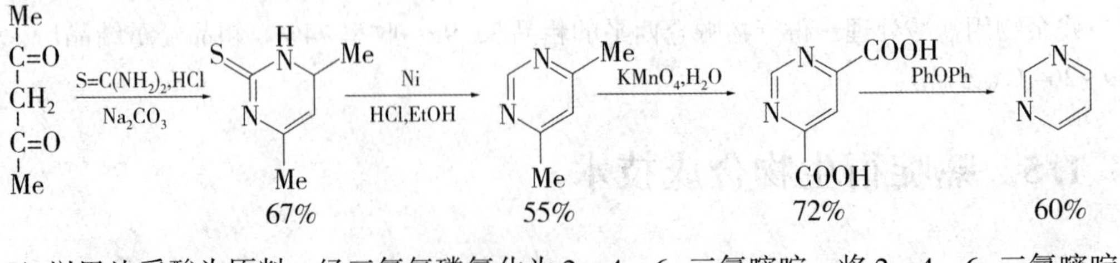

3) 以巴比妥酸为原料，经三氯氧磷氯化为2,4,6-三氯嘧啶，将2,4,6-三氯嘧啶用锌粉还原成目标产物[13]。该路线锌粉用量太大，污染严重，从巴比妥酸到嘧啶的总收率只有59%。

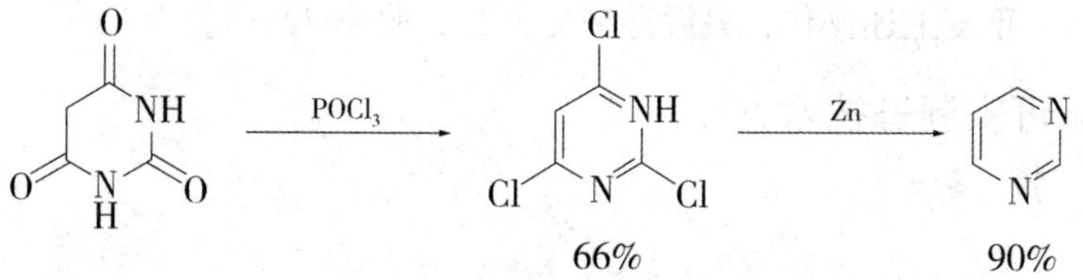

4）以丙二酸二乙酯和尿素为原料，在甲醇钠的催化下，合成巴比妥酸，然后在 N,N-二甲基苯胺催化下用三氯氧磷氯化为 2,4,6-三氯嘧啶，最后在钯碳催化下，加氢脱氯得到嘧啶[14-17]。该路线与路线 3）比较，将还原剂从锌粉换为氢气（钯碳催化），大大减少了环境污染，而且原料简单易得，价格低廉，每一步的收率都比较高，整条路线总收率为 51%，是一条较理想的合成工艺路线。

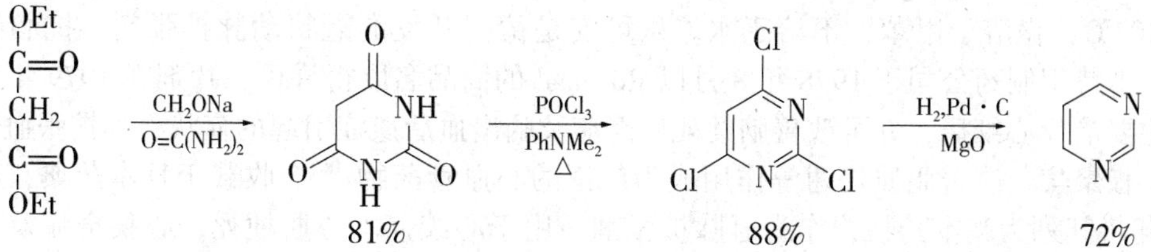

3. 制备工艺技术

（1）巴比妥酸的合成

向 1000mL 四口瓶中投入尿素（33g，0.55mol）、28%（质）的甲醇钠（116g，含甲醇钠 0.6mol）、甲醇（140mL），回流温度下缓慢滴加丙二酸二乙酯（80g，0.5mol），搅拌回流 2h，得大量白色粉末状固体，减压浓缩得白色钠盐干粉，向其中加入稀盐酸溶液（65mL 质量分数 38%的浓盐酸，500mL 水）调节 pH 值至 2 左右，加热至 70℃反应 2h，降温至 0℃析出晶体，过滤得巴比妥酸。用甲醇/水混合溶液重结晶得白色粉末 53.8g，收率 81%，熔点 248～251℃。（文献[7]收率：83%，熔点：248～251℃）

（2）2,4,6-三氯嘧啶的合成

向 250mL 四口瓶中投入三氯氧磷（153.5g，1mol）、N,N-二甲基苯胺（12mL），加热至 40℃，在 1h 内分批投加巴比妥酸（25.6g，0.2mol），温度维持在 40～50℃。巴比妥酸投加完毕后，缓慢升温，使温度保持在 100～105℃，搅拌 2h，得深黄色透明液体，将该液体倒入盛有冰水的烧杯中，充分搅拌，静置后除去上层液体，保留下层浅黄色固体即为 2,4,6-三氯嘧啶粗品，用质量分数 3%的氢氧化钾溶液洗涤至 pH 值为 8～9，过滤，干燥，得 2,4,6-三氯嘧啶 32.3g，收率 88%，熔点 20～23℃。（文献[8]收率：87%，熔点：21～23℃）

（3）嘧啶的合成

向高压釜内投入 2,4,6-三氯嘧啶（10g，0.054mol）、氧化镁（10g，0.25mol）、钯碳（2g，10%，含水 28%）、乙醇（100mL）、水（300mL），在 0.1MPa 氢气氛围下 60℃反应 14h，待反应完全后过滤，将滤液蒸馏并将馏液加入盐酸调至 pH 值为 6，加入过量的氯化汞溶液（500mL，5%）到馏液中，搅拌直至不再有沉淀生成，过滤，将沉淀加入硫化钠溶液（50mL，15%）中，蒸馏，将所得馏液在 5℃以下投加氢氧化钾至饱和，溶液分层，上层为嘧啶层，下层为水层，分离出上层液体，将下层用乙醚（50mL）萃取 3 次，收集所得萃取液与上层液体，用氢氧化钾干燥，分馏得嘧啶 3.6g，将产品溶于 50mL 水中，冷却至 0℃，加入氢氧化钾至饱和，重复上述操作，最后得嘧啶 3.1g，收率 72%。

1.5.2 乐可安制备技术

1. 概述

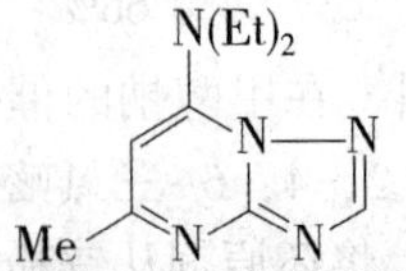

乐可安（Trapidil）又称曲匹地尔、唑嘧胺，化学名称为 5-甲基-7-二乙胺基-1,2,4-三唑并[1,5-α]嘧啶，英文名称为 5-Methyl-7-Diethylamino-1,2,4-triazolo[1,5-α]pyrimidine，分子式 $C_{10}H_{15}N_5$，相对分子质量 205.26，产品为白色或淡黄色结晶性粉末，熔点 102~103℃，微溶于甲苯，不溶于水。乐可安是德国开发的冠状动脉扩张剂，抗心绞痛药物。日本持田制药公司于 1978 年 8 月以 Rocomal 的商品名取得许可，片剂在 1979 年开始销售，主要治疗心绞痛，并可改善脑梗死后遗症及脑出血后遗症引起的症状，其扩张血管、抑制血小板聚集、改善脂质代谢等作用成为广泛的心血管药物[18]。收载于日本药典，我国于 2003 年将其列为基本药物，作为冠脉扩张剂，用于心绞痛、心肌梗死、心狭窄症及心肌功能不全等。

2. 制备方法

（1）硝基胍法

由硝酸胍经硝化得硝基胍，硝基胍在乙酸中用锌粉还原得氨基胍醋酸盐，在氯化铵和碳酸氢铵存在下，经甲酸置换，得氨基甲酸盐，环合后生成 3-氨基-1,2,4-三唑，再与乙酰乙酸乙酯环合，经三氯氧磷氯化，二乙胺胺化得乐可安。

（2）水合肼法

石灰氮经水解，脱钙得氰胺，氰胺与水合肼环合得 3-氨基-1,2,4-三唑，然后与乙酰乙酸乙酯环合，再与三氯氧磷氯化、与二乙胺胺化得乐可安。

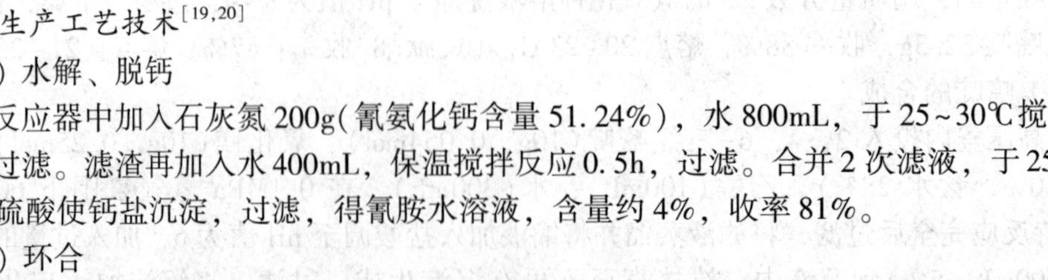

3. 生产工艺技术[19,20]

（1）水解、脱钙

向反应器中加入石灰氮 200g（氰氨化钙含量 51.24%），水 800mL，于 25~30℃搅拌反应 0.5h，过滤。滤渣再加入水 400mL，保温搅拌反应 0.5h，过滤。合并 2 次滤液，于 25~30℃加 50%硫酸使钙盐沉淀，过滤，得氰胺水溶液，含量约 4%，收率 81%。

（2）环合

在反应瓶中，加入氰胺水溶液（折 100%氰胺 42g）。40%工业用水合肼 125g 和 85%甲酸 56.2g 于 60℃搅拌反应 4h。反应完毕，浓缩，再补加 85%甲酸 141g，于 118~124℃反应 3h，得 3-氨基-1,2,4-三唑。

(3) 缩合

在 3-氨基-1,2,4-三唑中加乙酰乙酸乙酯 155.4g 和冰醋酸 240mL，100~110℃ 回流反应 4h，静置过夜。次日过滤，以乙醇洗涤，烘干，得淡红色针状结晶 5-甲基-7-羟基-1,2,4-三唑并嘧啶，含量大于等于 95%，熔点 278~280℃，收率 62.8%。

(4) 氯化

将 5-甲基-7 羟基-1,2,4-三唑并嘧啶 30g(0.20mol)、氧氯化磷 39g，升温至 95~100℃ 回流，当反应液变红色透明后，降温至 60℃，加氯仿 40mL，搅拌 0.5h，冷至 10℃ 以下，倒入冰水中搅拌 0.5h，分层，上层水液加市售液碱，析出产物。过滤，得土黄色颗粒状氯化物，含量 70% 以上。滤液再用氯仿提取数次，浓缩可得少许氯化物，粗品析纯收率 85.7%。可直接投入下步反应(石油醚重结晶，熔点 150~151℃)。

(5) 胺化，精制

反应瓶中加入上述氯化物(100%计 6.3g)、水 105mL，溶解后，常温下加二乙胺 26.3g，加毕，于 30~40℃ 搅拌 2h 后，加氢氧化钠液调 pH 值至碱性，用乙酸乙酯-环己烷(1:0.85)500mL 和 1400mL 提取 2 次，合并提取液，回收大部分溶剂后冷却结晶，过滤，得粗品 26.2g。用混合溶剂重结晶一次，得白色或微黄色结晶乐可安，熔点 101~103℃，含量大于等于 98.5%，收率 76.3%。

参 考 文 献

[1] 魏常喜，戴立言，王晓钟，等. 嘧啶合成新工艺研究[J]. 化学世界，2009, (10): 604-607.

[2] 陈敏为，甘礼雅. 有机杂环化合物[M]. 北京：高等教育出版社，1990.

[3] 赵雁来，何森泉，徐长德. 杂环化学导论[M]. 北京：高等教育出版社，1992.

[4] J. A. 焦耳，K. 米尔斯. 杂环化学[M]. 由业诚，高大彬，译. 北京：科学出版社，2004: 248.

[5] Kenner. G. W., Lythgoe. B., Todd. A. R., et al. Some reactions of amidines with derivatives of malonic acid [J]. J. Chem. Soc., 1943: 388.

[6] Burgess. D. M.. β-Keto Acetals. I. Synthesis of Pyrazoles and Pyrimidines and the Steric Inhibition of Resonance in 5-Alkyl-1-p-nitrophenylpyrazoles[J]. J. Org. Chem., 1956, 21: 97.

[7] Sherman. W. R. and Taylor. E. C., Diaminouracil Hydrochloride[J]. Org. Synth. Coll. Vol. IV, 1963.

[8] Foster. H. M, Snyder. H. R.. 4-Methyl-6-hydroxypyrimidine[J]. Org. Synth. Coll. Vol. IV, 1963.

[9] David D, Oskar B. The preparation of uracil from urea[J]. J Amer Chem Soc, 1926, 48: 2379-2383.

[10] Whittaker N. Pyrimidine [J]. J Chem Soc, 1953.

[11] Purusho thaman E, Rajan M P. Activation of carboxylgroup in organic synthesis via 2-mercapto-4,6-dimethyl pyrimidine[J]. Indian J Heterocycl Chem, 2001, 11(1): 43-46.

[12] Hunt R R, McOmie J F, et al. Pyrimidine. X. pyrimidine, 4,6-dimethyl pyrimidine and their 1-oxides [J]. J Chem Soc, 1959.

[13] Gabriel S I. Pyrimidine from barbituric acid [J]. Berichte der Deut Chem Ges, 1990, 33: 3666-3668.

[14] CEN Lou, ZHANG Sheng-ping. Catalytic synthesis of barbituric acid by using sodium methox ide as catqaly st: CN, 1354170[P]. 2002-01-19.

[15] 陈时忠. 2,4,6-三氯嘧啶的合成[J]. 科技通讯，2001, 17(5): 57-58.

[16] Whittake R N, Jones T S. New synthesis and chemical pro per ties of 5-aminopyrimidine[J]. J Chem Soc, 1951, 1565-1570.

[17] Boarland M P V, McOmie J F W, et al. Pyrimidines. iv. Experiments on the synthesis of pyrimidine and 4,

6-dimethyl pyrimidine[J]. J Chem Soc, 1952.
[18] 李虔桢, 陈良万. 曲匹地尔的药理作用及机制[J]. 中国实用医药, 2007, 03: 111-114.
[19] 胡兴娥. 曲匹地尔的合成工艺改进[J]. 中国药物化学杂志, 2005, 01: 60-61.
[20] 瞿耀明, 张文文. 曲匹地尔的合成[J]. 中国医药工业杂志, 1992, 12: 538-539.

1.6 酰胺合成反应

1.6.1 DCC 法

N, N'-二环己基碳二亚胺(N, N'-Dicyclohexycarbodiimide, DCC)为双功能交联剂, 化学式为 $C_{13}H_{22}N_2$, 相对分子质量 206.33。本品为白色有气味的晶体或微黄色透明液体, 溶于苯、乙醇、乙醚、二氯甲烷、四氢呋喃、乙腈和二甲基甲酰胺等大多数有机溶剂, 不溶于水, 和水反应。对潮湿敏感, 皮肤接触可引起过敏。二氯甲烷溶解度 1g/10mL。熔点 34~35℃, 沸点 122~124℃/6mmHg(1mmHg=133.3224Pa), 闪点 113℃。

N, N'-二环己基碳二亚胺(DCC)是酯化、酰胺化等反应, 也即为酯、氨基酸酯、酰胺、酰胺酯合成反应中常用的一种脱水剂, 采用 DCC 脱水缩合, 反应条件温和, 合成收率通常较高[1], 也可用于酸酐、醛、酮、异氰酸酯的合成。合成过程中除生成目标产物外, DCC 转化为双环己基脲。后者以固体状态析出, 经过滤即可除去。

1. 酰胺、酰胺酯的合成

羧酸与 DCC 在二甲基甲酰胺中反应, 首先生成活性中间体, 继而与胺反应, 几乎以定量产率生成酰胺[2]。

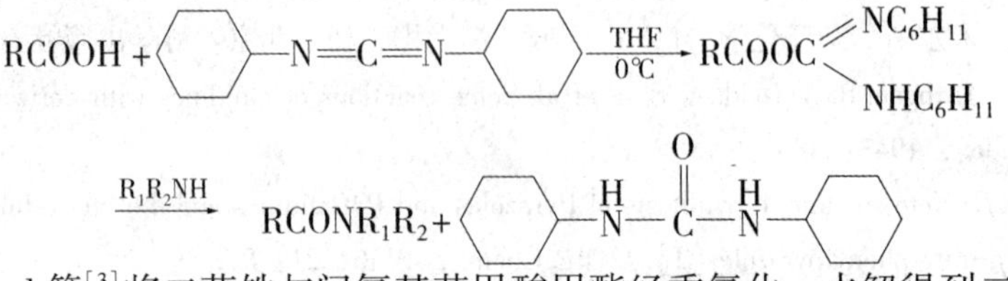

2007 年, Goel 等[3]将二茂铁与间氨基苯甲酸甲酯经重氮化、水解得到二茂铁基苯甲酸, 在 DCC/HOBt 作用下, Et$_3$N 作溶剂, 二茂铁基苯甲酸与氨基酸二肽乙基酯缩合制得 N-meta-二茂铁基苯基二肽酯, 收率 51%~56%。

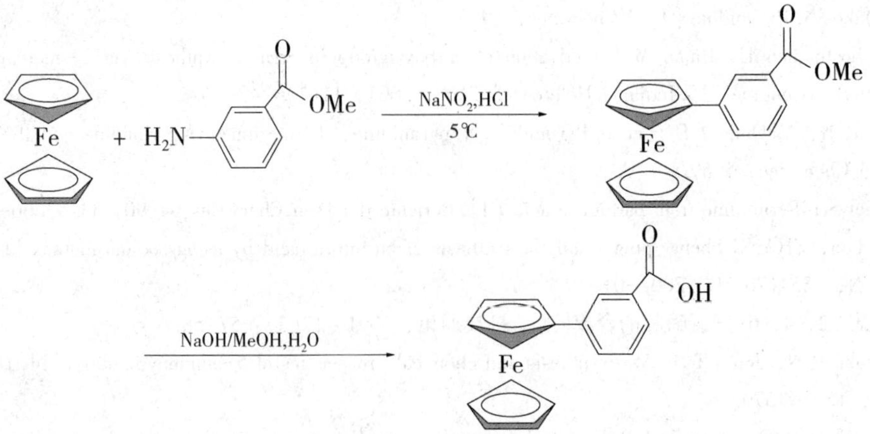

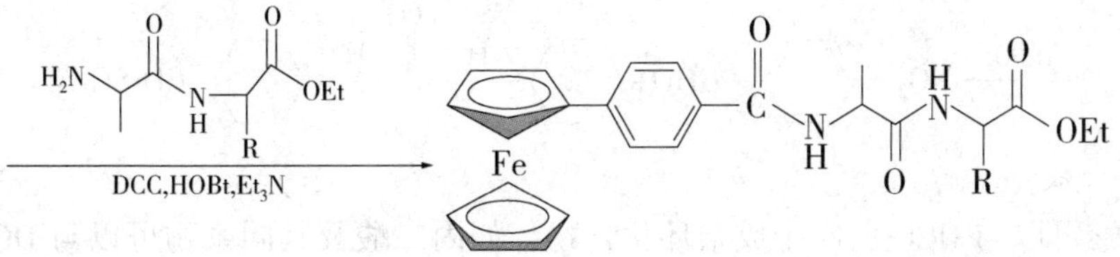

2. 酯的合成

2006 年，Seebacher 等[4]采用 4-二烷基氨基二环[2.2.2]辛烷-2-醇，在 DCC/DMAP 催化脱水、CH_2Cl_2 作溶剂的条件下分别与烟酸、二茂铁羧酸缩合得到相应的酯。

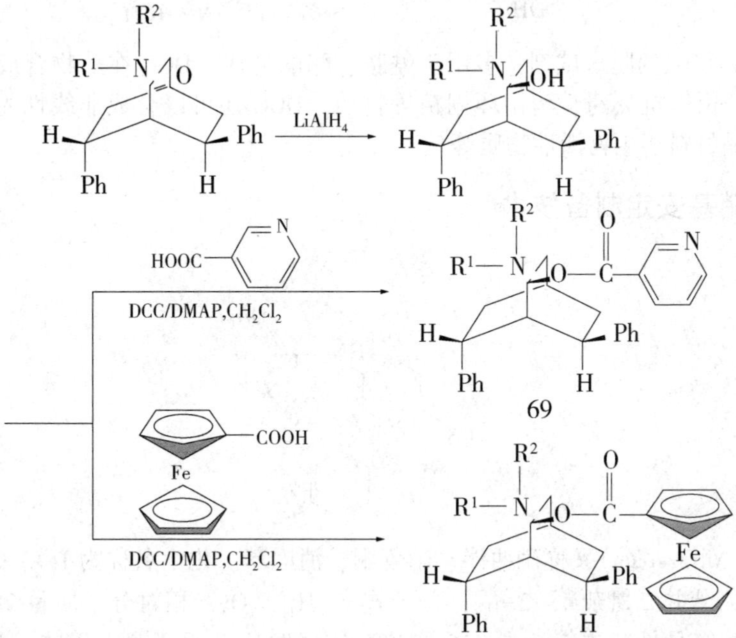

羧酸不易与酚直接酯化。酚的酯化，通常要使用酸酐或酰卤作为酯化剂，使酸先转化成酸酐或酰氯，再进行酯化反应，这样反应复杂冗长，产率低。而且有些羧酸不易制得酰卤。对那些不易制得酰卤的羧酸用 DCC 作为脱水剂，可以直接与酚制得芳酯[5]，条件温和，简单方便，产率高。

3. 醇的脱氢

伯仲醇可以在脱氢试剂的作用下失去氢形成羰基化合物，常用铜或铜铬氧化物等作脱氢剂，在高温下使醇蒸气通过催化剂可生成醛或酮。但是在二环己基碳二亚胺（DCC）作为脱水剂、二甲基亚砜（DMSO）作为氧化剂的条件下，可以得到高产率的醛和酮，且反应条件温和，对烯键没有影响。该反应称为 Moffatt 氧化反应，也称为 Pfitzner-Moffatt 氧化反应[6-9]，如对硝基苯甲醇在磷酸和 DCC 与 DMSO 作用下，得到 92% 产率的对硝基苯甲醛。

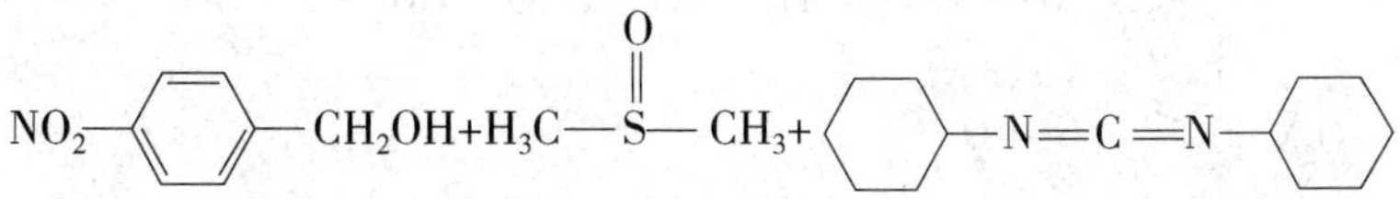

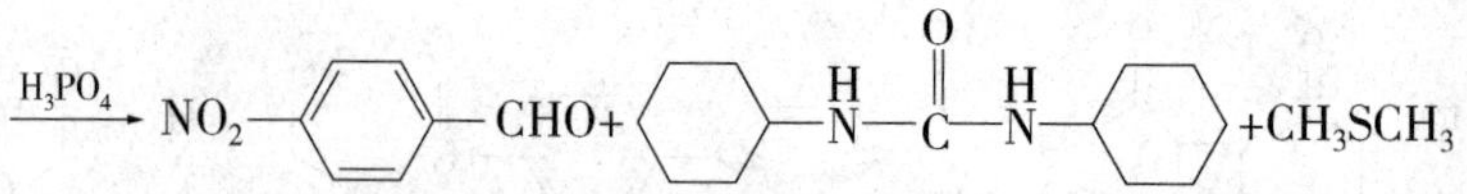

$$\xrightarrow{H_3PO_4} NO_2\text{—}C_6H_4\text{—}CHO + \text{C}_6\text{H}_{11}\text{NH-CO-NH-C}_6\text{H}_{11} + CH_3SCH_3$$

4. 杂环合成

二元羧酸可以与 DCC 反应生成杂环化合物，如丙二酸及其同系物可以与 DCC 反应生成取代的巴比妥酸。例如，水杨酸与 DCC 反应生成苯并嗪类衍生物[10]。

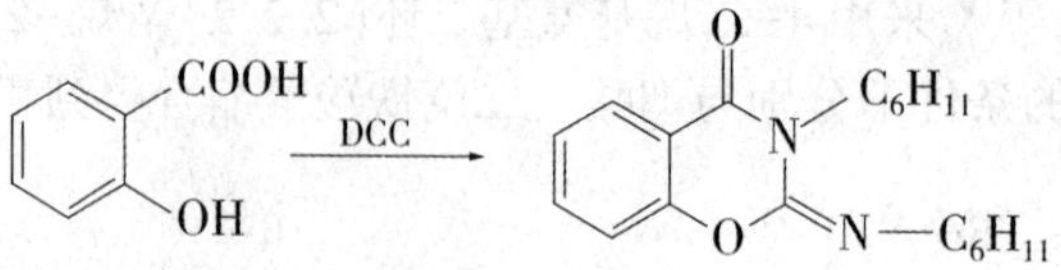

DCC 是一种很强的脱水试剂，多用于酰胺、酯的合成。DCC 在药物合成方面有重要应用，可以合成非甾体抗炎药、药用环糊精等物质，DCC 还可以合成非线性光学材料、新型纳米材料、液晶材料、生物活性物质等。

1.6.2 硝基安定制备技术

1. 概述

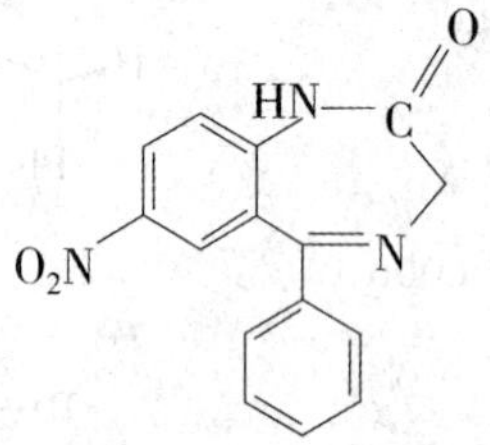

硝基安定（Nitrazepam）又称硝西泮、硝草酮、消虑苯。化学名称为 1,3-二氢-7-硝基-5-苯-2H-1,4-苯并二氮杂䓬-2-酮，分子式 $C_{15}H_{11}N_3O_3$，相对分子质量 281.28。本品为浅黄色至黄色的结晶性粉末。熔点 226~229℃（分解）。几乎无臭、无味。几乎不溶于水，难溶于乙醚、乙醇，稍易溶于丙酮及氯仿，易溶于二甲基乙酰胺。具有催眠、松弛肌肉、抗惊厥和抗焦虑作用。主要用于治疗癫痫、焦虑和失眠等症[11]。

2. 制备技术

（1）4-硝基苯胺法

苯甲酰氯与 4-硝基苯胺发生 Friedel-Crafts 酰化反应，然后在 DCC 作用下与 N-苄氧羰基酰甘氨酸缩合，再经水解、环合，得硝基安定[12]。

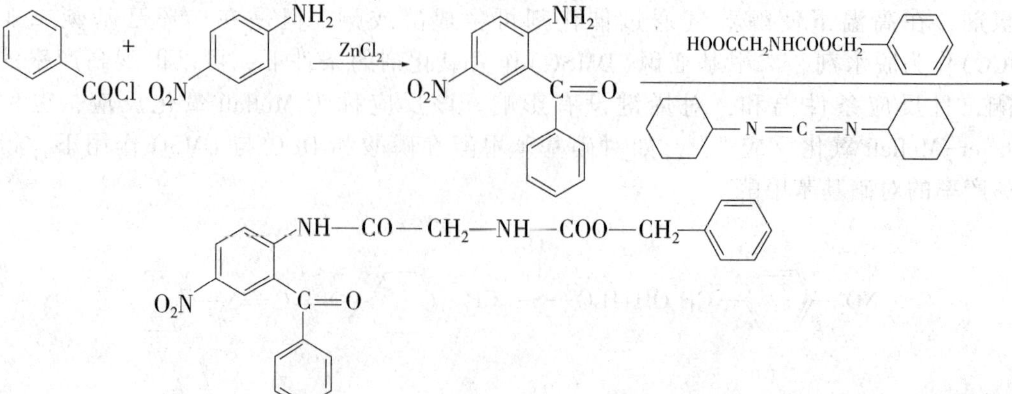

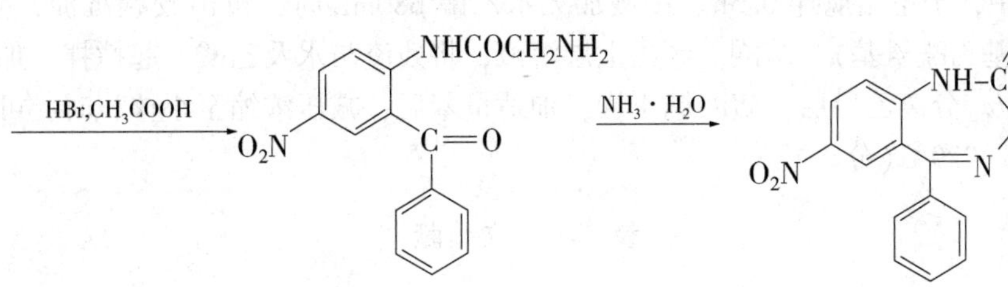

(2) 4-氯苯胺法

苯甲酰氯与 4-氯苯胺发生 Friedel-Crafts 酰化反应，然后氢化脱氯，再与氯乙酰氯发生氯乙酰化，经环合、硝化得硝基安定[13]。

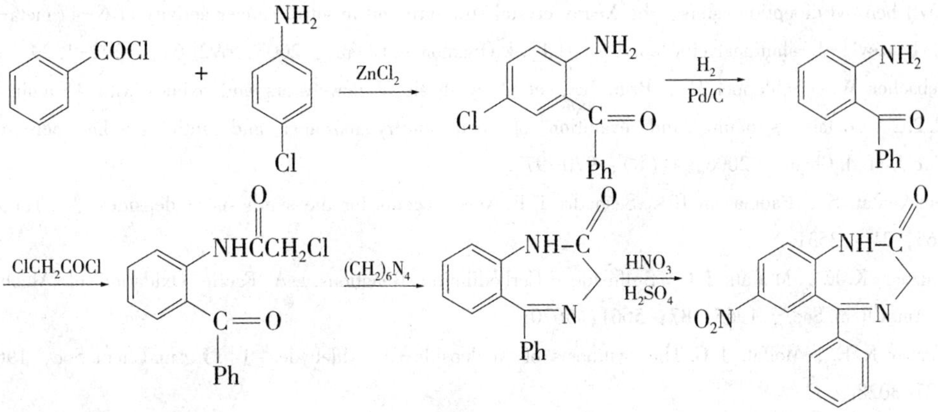

其生产工艺[14]如下(采用 4-硝基苯胺法)。

(1) Friedel-Crafts 酰基化

将苯甲酰氯 524.0g 放入装有温度计、搅拌器及回流冷却器的反应器中，加热至 110℃，搅拌下与 4-硝基苯胺 205.0g 相混合。将混合物加热至 180℃，然后加氯化锌 250g。再将温度慢慢升至 220~230℃，保温反应 1~2h，直至不再产生氯化氢气体为止。冷却至 120℃以后，小心和水混合，混合物继续加热回流。倾斜出上部的水层，这样的操作要反复进行 2~3 次。

最后将不溶于水的褐色物质悬浮于水 380mL、醋酸 540mL 及浓硫酸 700mL 的混合物中，加热回流 17h。冷却后将均匀的褐色溶液倒入冰水中。混合物用乙醚提取，同时乙醚提取物用 2mol/L 氢氧化钠溶液中和，乙醚溶液浓缩，加少量的石油醚后，可得 2-氨基-5-硝基二苯酮。

(2) 缩合

将 2-氨基-5-硝基二苯酮 17.6g 及 N-苄氧羰基甘氨酸 15.6g 溶于二氯甲烷 500mL 中的溶液冷却至 0℃，于 0.5h 内分 4 批共加 N，N′-二环己基碳二亚胺 15.6g。反应混合物冷却 6h，再于室温放置 24h。为了分解过剩的 N，N′-二环己基碳二亚胺，加醋酸约 16mL 搅拌 0.5h，过滤除去 N，N′-二环己基脲。同时滤液用稀碳酸氢钠溶液洗净。硫酸钠干燥后，减压浓缩至干。用苯及己烷的混合物重结晶，可得 N-(2-苯甲酰-4-硝基苯氨甲酰甲基)-氨甲酸苄酯的粗品结晶。

(3) 水解、环合

N-(2-苯甲酰-4-硝基苯氨甲酰甲基)-氨甲酸苄酯 9.2g 溶于醋酸(含有 20%溴化氢)的

溶液 120mL 中，于室温搅拌 0.5h。慢慢加无水乙醇 680mL 时，析出胶状沉淀，生成 5-硝基-2-(2-氨基乙酰氨基)二苯酮。倾出上层溶液，将残渣与水及乙酸一起搅拌。加氨混合使微呈碱性反应。分离乙醚层，硫酸钠干燥，加适量苯后，减压浓缩至小体积时，可得硝基安定。熔点 226~229℃（分解）。

参 考 文 献

[1] 王伟，李文峰，杨玉琼. 缩合剂 1,3-二环己基碳二亚胺（DCC）在有机合成中的应用[J]. 化学试剂，2008, 30(3): 185-190.

[2] Ktwzer P, Zadeh K D. Advances in the chemistry of carbodiimides[J]. Chemical Reviews, 1967, 67: 107.

[3] Goel A., Savage D., Alley S. R., et al. The synthesis and structural characterization of novel N-meta-ferrocenyl benzoyl dipeptide esters: the X-ray crystal structure and in vitro-cancer activity of N-{(meta-ferrocenyl)benzoyl}-L-alanineglyeine ethyl ester[J]. J. Organomet. Chem., 2007, 692(6): 1292-1299.

[4] Seebacher W., Schlapper C., Brun R., et al. Synthesis of new esters and oximes with 4-aminobicycle[2.2.2]octane structure and evalution of their antitrypanosomal and antiplasmodial activities[J]. Eur. J. Med. Chem., 2006, 41(8): 970-977.

[5] Neelakantan S., Padmasani R., Seshadri T R. New reagents for the synthesis of depsides[J]. Telrahedron, 1965, 21: 3531.

[6] Pfitzner K. E., Moffatt J. G.. Sulfoxide-Carbodiimide Reactions. I. A Facile Oxidation of Alcohols[J]. J. Am. Chem. Soc., 1965, 87: 5661, 5670.

[7] Pfitzner K. E., Moffatt J. G. The Synthesis of Nucleoside-5″ Aldehydes[J]. J. Am. Chem. Soc, 1963, 85: 3027-3028.

[8] 孔祥文. 基础有机合成反应[M]. 北京：化学工业出版社，2014: 29.

[9] 孔祥文. 有机化学反应和机理[M]. 北京：中国石化出版社，2018: 136.

[10] 薄采颖，毕良武，王玉民. DCC 及其在有机合成中的应用[J]. 化工时刊，2007, 21(10): 4-5.

[11] 李安良，居一春. 硝基安定的合成[J]. 中国医药工业杂志，1994, 25(12): 531-533.

[12] Oscar K. C., Norbert S. N. Leo H. S. 2-Amino-2-halo-5-nitro benzophenones: US, 3203990[P]. 1965-8-31.

[13] Joseph H., Basel S., Werner M. C. Process for the preparation of 2-oxo benzodiazepines: US, 3297685[P]. 1967-1-10.

[14] 赖宜生，李月珍. 硝基安定的合成研究[J]. 广西中医学院学报，1999, (3): 121-123.

第 2 章 取代反应

2.1 Blanc 氯甲基化反应

2.1.1 原理

芳烃及其衍生物在无水氯化锌催化下与甲醛和氯化氢作用,在芳环上引入氯甲基的反应称为 Blanc 氯甲基化反应[1]。在实际操作中,可用三聚甲醛代替甲醛。例如:

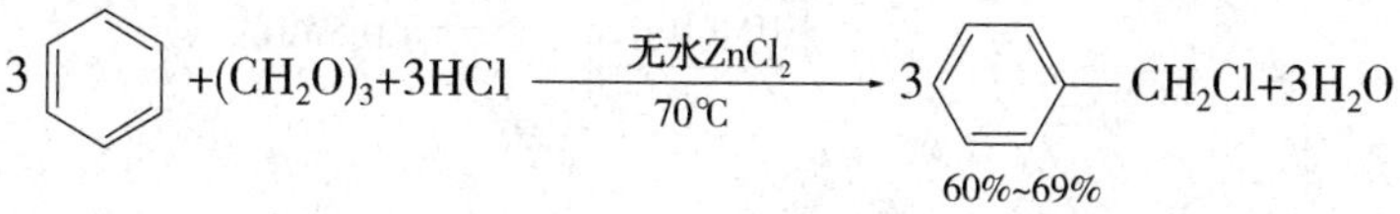

$$3\ \text{C}_6\text{H}_6 + (\text{CH}_2\text{O})_3 + 3\text{HCl} \xrightarrow[70^\circ\text{C}]{\text{无水ZnCl}_2} 3\ \text{C}_6\text{H}_5\text{—CH}_2\text{Cl} + 3\text{H}_2\text{O}$$
$$60\%\sim69\%$$

反应机理[2]:

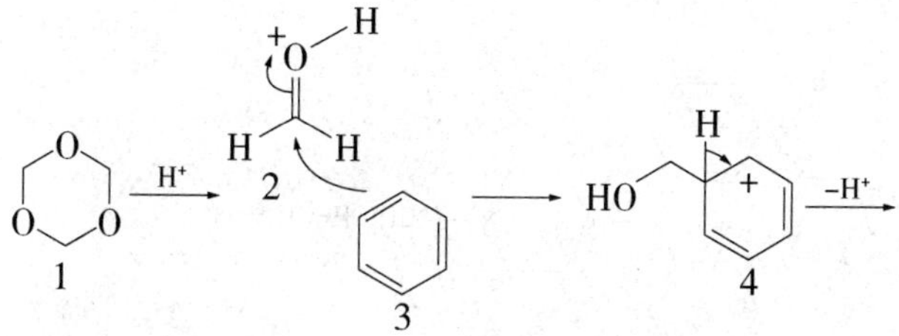

[反应机理图：三聚甲醛(1) → 鎓盐(2) → 苯(3) → σ-络合物(4) → 苄醇(5) → 鎓盐(6) → 氯苄(7)]

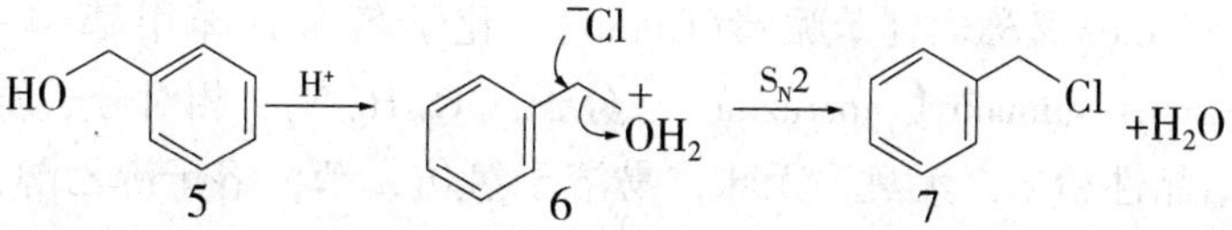

三聚甲醛(1)在酸催化下加热解聚生成甲醛,并形成鎓盐(2),2 作为亲电试剂进攻苯(3)环,与苯环的一个碳原子形成新的 C—C σ 键得到 σ-络合物(4),4 从 sp³ 杂化碳原子上失去一个质子得苄醇(5),5 在酸催化下形成鎓盐(6),然后氯离子与 6 发生双分子亲核取代反应、脱水得到目标产物氯苄(7)。

如用其他脂肪醛代替甲醛,反应也可以进行,称为卤烷基化反应[3],即芳烃及其衍生物在 Lewis 酸的催化下生成 α-烷基卤化苄或取代的 α-烷基卤化苄的反应。例如:

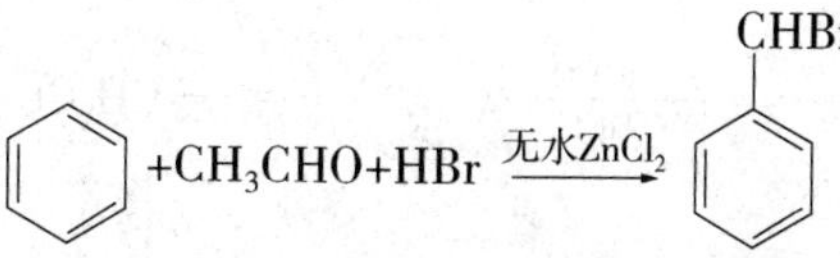

$$\text{C}_6\text{H}_6 + \text{CH}_3\text{CHO} + \text{HBr} \xrightarrow{\text{无水ZnCl}_2} \text{C}_6\text{H}_5\text{—CHBrCH}_3$$

氯甲基化反应对于苯、烷基苯、烷氧基苯(烷基苯基醚)和稠环芳烃等都是成功的,但当环上有强吸电子基团时,产率很低甚至不反应。氯甲基化反应的用途广泛,因为—CH₂Cl

可以经过还原、取代等反应转变成—CH_3、—CH_2OH、—CH_2CN、—CHO、—CH_2COOH、—$CH_2N(CH_3)_2$ 等。

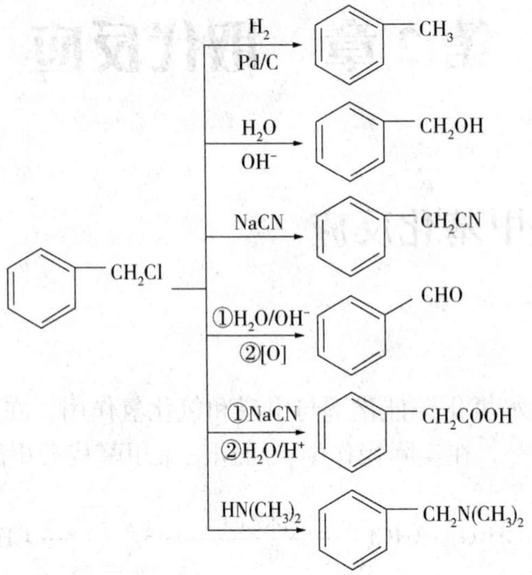

2.1.2 脑益嗪制备技术

1. 概述

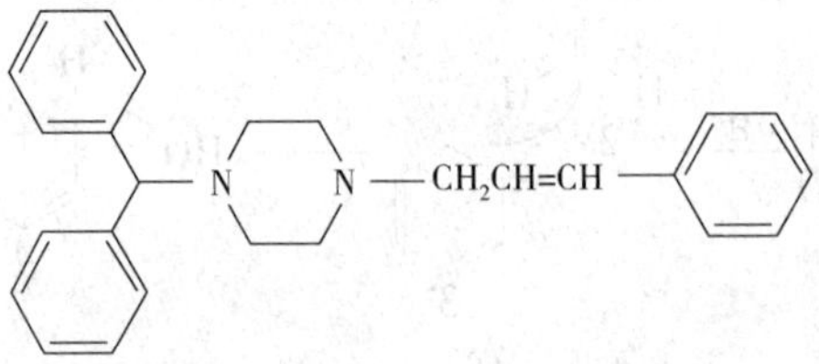

脑益嗪(Cinnarizine)又称肉桂苯哌嗪(Glanil),化学名称1-苯甲基-4-反式肉桂基哌嗪(1-Benzhydryl-4-trans-cinnamyl piperazine),分子式 $C_{26}H_{28}N_2$,相对分子质量368.52。白色或类白色结晶或结晶性粉末,无臭、无味,易溶于氯仿、苯,溶于沸乙醇,几乎不溶于水,熔点117~120℃。是一种长效多功能的血管收缩拮抗剂,能扩张血管,改善血液循环,预防血管脆化。用于治疗脑动脉硬化和冠状动脉硬化症等。对颈性眩晕等引起的头痛、头晕、失眠、记忆力减退、偏瘫、肢体麻木无力、言语不清等症也有效[4]。

2. 制备技术

以苯乙烯、甲醛和盐酸为主要原料,通过 Blanc 氯甲基化反应,制得苯丙烯氯。以二苯甲烷为原料光照溴化得溴代二苯甲烷,水合哌嗪经脱水得无水哌嗪,与哌嗪缩合后再与苯丙烯氯烃化制得脑益嗪。

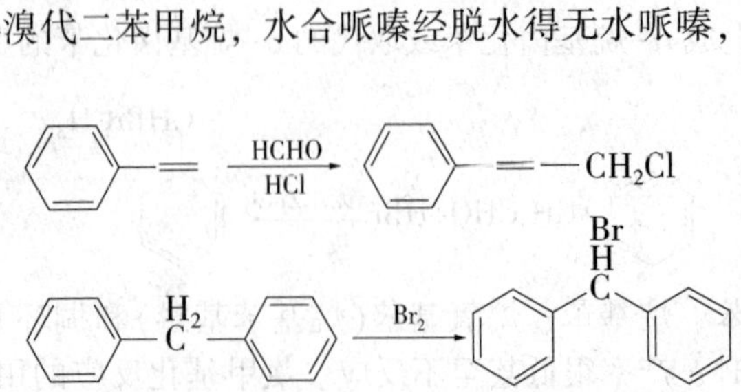

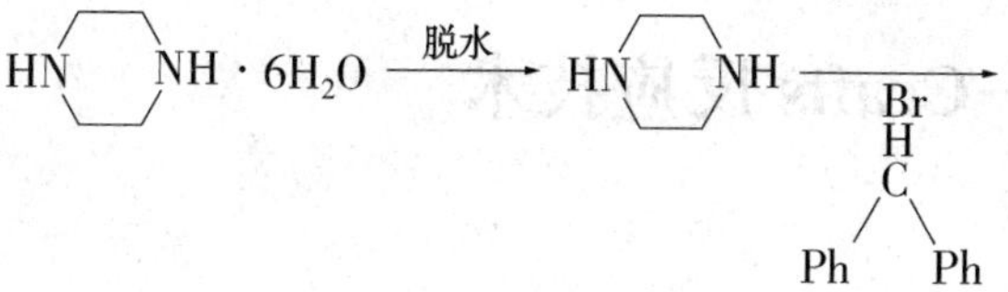

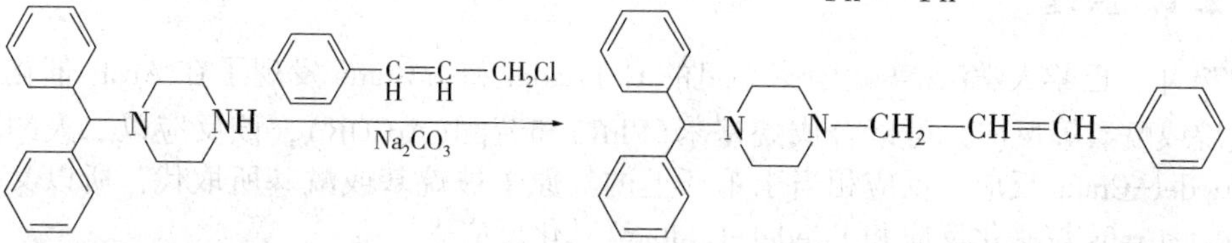

其生产工艺[5-7]如下。

（1）苯丙烯氯的制备

量取盐酸1260mL、甲醛250mL和苯乙烯330mL，于75~85℃搅拌保温5h，趁热分取油层，用饱和氯化钠溶液洗涤2~3次，并用气化干燥，然后减压蒸馏得苯丙烯氯210g，收率40.3%。

（2）无水哌嗪的制备

称取六水哌嗪2200g，置于三口烧瓶内，加入甲苯450mL，安装分水器，加热回流，分水至不再有水析出，即得无水哌嗪甲苯溶液。

（3）溴代

称取二苯甲烷480g，在光照下，加热滴加溴素480g，滴完后，于130℃保温1h，即得溴代二苯甲烷。

（4）缩合

将上述制得的溴代二苯甲烷滴加至哌嗪甲苯液内，于80~90℃搅拌3h，冷却后反应液用水洗涤，再用10%稀盐酸萃取，将酸层经碱化析出沉淀，过滤烘干，得二苯甲基哌嗪510g。

（5）烃化

称取二苯甲基哌嗪250g，置于三口烧瓶内，加入95%乙醇700mL，加热溶解后，再加入碳酸钠50g，然后在65℃左右滴加苯丙烯氯80g，滴完后，加热回流，趁热过滤，滤液放置过夜，析出结晶，过滤，得脑益嗪粗品275g，经精制后得成品。总收率48.2%（以二苯甲烷计）。熔点117~120℃。

参 考 文 献

[1] Blanc, G. Preparation of aromatic chloromethylenic derivatives[J]. Bull. Soc. Chim. Fr. 1923, 33: 313.

[2]〔美〕李杰. 有机人名反应及机理[M]荣国斌译. 上海: 华东理工大学出版社, 2003: 41.

[3] 孔祥文. 有机化学反应和机理[M]. 北京: 中国石化出版社, 2018: 1-3.

[4] Takeda, Hideo. 1, 4-Disubstituted piperazine derivatives: JP, 50036477[P]. 1975-04-05.

[5] 陈夏英. 脑益嗪的合成[J]. 中国医药工业杂志, 1982, (10): 4-5.

[6] 郭彦春, 黄志新, 张广明, 等. 新脑益嗪合成新工艺: 中国, 85102263[P]. 1986-05-10.

[7] 姚凤鸣, 刘素梅. 脑益嗪合成方法的改进[J]. 医药工业, 1984, 04: 41-42.

2.2 Friedel-Crafts 反应技术

2.2.1 原理

1877 年，巴黎大学法-美化学家小组的 C. Friedel 和 J. Crafts 发现了在 $AlCl_3$ 催化下，苯与卤代烷或酰氯等反应，可以合成烷基苯(PhR)和芳酮(ArCOR)，该反应以二人的名字命名为 Friedel-Crafts 反应。反应相当于苯环上的氢原子被烷基或酰基所取代，所以又分别称为 Friedel-Crafts 烷基化反应和 Friedel-Crafts 酰基化反应[1-3]。

1. Friedel-Crafts 烷基化反应

无水三氯化铝是烷基化反应常用的催化剂，它的催化活性也是最高的。此外，如 $FeCl_3$、BF_3、无水 HF 和其他 Lewis 酸都有催化作用。常用的烷基化试剂有卤代烷、烯烃和醇等，其中以卤代烷最为常用。卤代烷的反应活性是：当烷基相同时，RF>RCl>RBr>RI；当卤原子相同时，则是 $3°RX>2°RX>1°RX$。工业上常用的烷基化试剂是烯烃，如乙烯、丙烯和异丁烯等。

反应机理：

芳烃烷基化反应需要 $AlCl_3$、$FeCl_3$、BF_3 等 Lewis 酸或 HF、H_2SO_4 等质子酸催化，烷基化试剂在催化剂作用下产生碳正离子，它作为亲电试剂进攻苯环上的 π 电子云，形成 σ 络合物后，失去一个质子得到烷基苯。

$$RCl + AlCl_3 \longrightarrow R^+ + AlCl_4^-$$

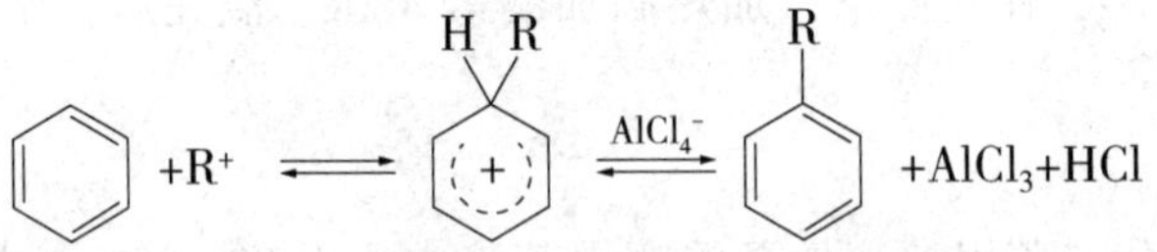

在烷基化反应中有以下几点需要注意：

① 当使用含三个或三个以上碳原子的烷基化试剂时，会发生异构化现象。例如，苯与 1-氯丙烷反应，得到的主要产物是异丙苯而不是正丙苯。

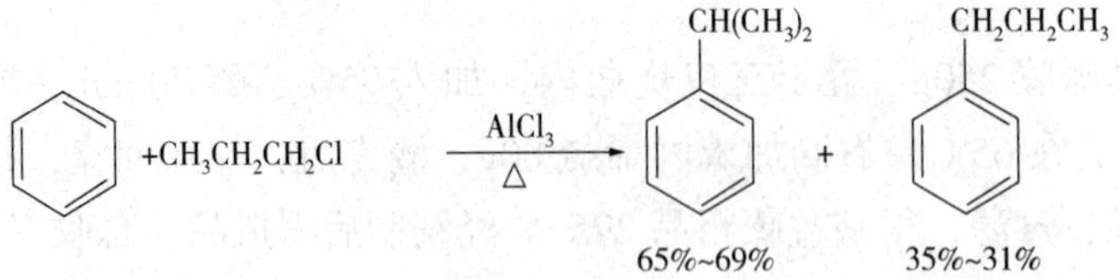

② 烷基化反应不容易停留在一取代阶段，通常在反应中有多烷基苯生成。这是因为取代的烷基使苯环上的电子云密度增大，增强了苯环的反应活性。

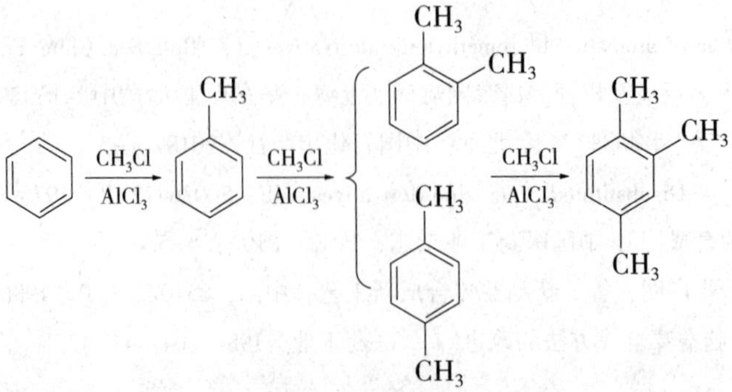

如果在上述反应中使苯大大过量,可得到较多的一元取代物。

③ 由于烷基化反应是可逆的,故伴随有歧化反应,即一分子烷基苯脱烷基,另一分子则增加烷基。

$$2\ \text{C}_6\text{H}_5\text{CH}_3 \xrightarrow{\text{AlCl}_3} \text{C}_6\text{H}_4(\text{CH}_3)_2\ (o\text{-},m\text{-},p\text{-}) + \text{C}_6\text{H}_6$$

④ 当苯环上连有—NO_2,—$\overset{+}{N}(CH_3)_3$,—COOH,-COR,—CF_3,—SO_3H 等强吸电子基时,会使苯环上的电子云密度降低,使 Friedel-Crafts 反应无法进行。因此可以用硝基苯作烷基化反应的溶剂。

2. Friedel-Crafts 酰基化反应

在 $AlCl_3$ 催化下,酰氯、酸酐或羧酸等与苯可以发生亲电取代反应,在苯环上引入酰基,称作 Friedel-Crafts 酰基化反应。这是合成芳酮的重要手段。常用的酰基化试剂有酰卤、酸酐和羧酸,它们的活性次序是:酰卤>酸酐>羧酸。

由于酰基化试剂和酰化反应产物会与 $AlCl_3$ 络合,所以进行酰基化反应时,催化剂的用量要比烷基化反应大。与烷基化反应相似,当苯环上含有吸电子基时,酰基化反应也无法进行。由于酰基是吸电子基团(酰基引入苯环后使苯环亲电取代反应活性降低),同时酰基化反应是不可逆的,所以该反应无歧化现象,也无异构化现象。

产物芳酮用锌汞齐的浓盐酸溶液还原,羰基会被还原为亚甲基。因此酰基化反应是在芳环上引入直链烷基的一个重要方法。

$$\text{C}_6\text{H}_6 + \text{CH}_3\text{CH}_2\text{CH}_2\text{COCl} \xrightarrow[\Delta]{\text{AlCl}_3} \text{C}_6\text{H}_5\text{COCH}_2\text{CH}_2\text{CH}_3 \xrightarrow[\text{浓HCl}]{\text{Zn/Hg}} \text{C}_6\text{H}_5\text{CH}_2\text{CH}_2\text{CH}_3$$

甲酰氯很不稳定,极易分解,不能够直接与苯进行酰基化反应得到苯甲醛。制取苯甲醛可用 CO 和干燥的 HCl,在无水三氯化铝和氯化亚铜(与 CO 配位结合)催化作用下反应,生成苯甲醛。

$$\text{C}_6\text{H}_6 + \text{CO} + \text{HCl} \xrightarrow[\Delta]{\text{AlCl}_3,\text{CuCl}} \text{C}_6\text{H}_5\text{CHO} + \text{HCl}$$

此反应称为 Gattermann-Koch 反应,主要用于苯或烷基苯的甲酰化。

2.2.2 泰舒制备技术

1. 概述

泰舒(Chlorotrianisene, Tace)，又称氯烯雌酚醚，化学名称为氯代三(p-甲氧基苯基)乙烯，分子式 $C_{23}H_{21}ClO_3$，相对分子质量为280.9，呈棕红色结晶，溶于乙醚、冰醋酸、丙酮、氯仿、苯等，稍溶于乙醇，熔点116~118℃，在英国、苏联和美国药典中均有收藏。本品主要用于治疗前列腺癌、妇女更年期综合征和阻断乳腺分泌等。泰舒为非甾体雌激素药物，其活性为乙底酚的1/10，临床上无明显副反应。口服后，能贮于机体脂肪组织内缓缓释放，作用时间较长。长期服药引起垂体肿大和肾上腺增生，是一种优于乙底酚的治疗药物。

2. 制备技术

茴香醚和氯乙酰氯在无水三氯化铝催化下经 Friedel-Crafts 酰基化反应得到氯代对甲氧基苯乙酮，后者与对甲氧基苯溴化镁经亲核加成反应得到1,1,2-三对甲氧基苯基乙醇，经脱水得1,1,2-三对甲氧基苯基乙烯，再经氯化即得目标产物。

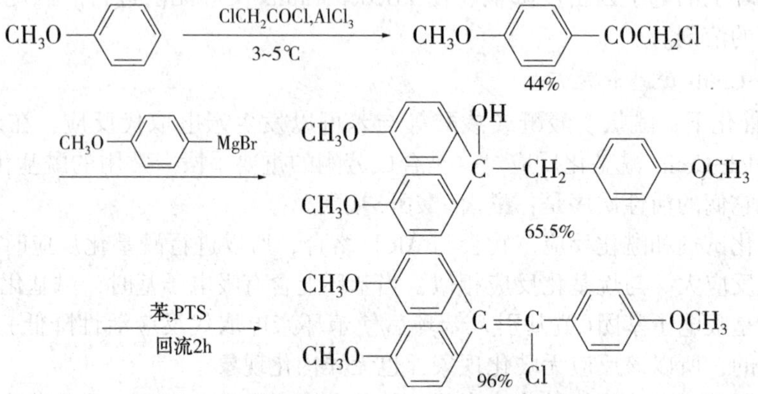

以茴香醚为原料进行合成，茴香醚价廉易得，合成中三废较少。总收率21.6%。

其生产工艺[4,5]如下：

(1) 氯代对甲氧基苯乙酮的制备

将茴香醚423g(3.9mol)加入2L四口瓶中，冰浴冷却至3~5℃，分次加入粉碎的三氯化铝378g(3.85mol)。然后滴入氯乙酰氯166g(1.43mol)，约0.5h滴完。继续搅拌4h。反应毕，将反应物倾入含有浓盐酸180mL的冰水中，静置过夜翌日过滤，滤饼用50%碳酸钠液洗涤至中性，并溶于600mL甲苯中，再过滤，滤液经浓缩，冷却，析晶，滤出结晶，用甲苯和甲醇混合液洗涤、干燥得氯代对甲氧基苯乙酮136.8g，收率51.8%。熔点99~100℃，经甲醇重结晶，熔点100~102℃。

(2) 1,1,2-三(对甲氧基)乙烯的制备

将镁条18g和无水乙醚250mL加入500mL四口瓶中，另加一小块碘作诱发剂。滴入溴代茴香醚140g，用常法制得 Grignard 试剂。冷却至10℃左右。滴加氯代对甲氧基苯乙酮23.5g和苯250mL的混合液，约0.5h滴完。然后，缓缓升温至60℃，反应3h。加入氯化铵125g和冷水375mL进行水解。分出有机层，水层用乙醚抽提三次，将抽提液与有机层合并，用食盐水洗涤至中性，用无水氯化钙干燥，经真空浓缩，即得油状物1,1,2-三对甲氧基苯基乙醇。于所得产物中加入干燥的苯200mL和对甲苯磺酸(PTS)3.0g，置水浴上回流2h进行脱水。待冷却，用10%碳酸氢钠分层，水层用乙醚抽提，将抽提液与乙醚层合并，经处理得油状物约4.5g。加入乙醇150mL和丙酮40mL的混合物，置冰箱中冷却结晶，得1,1,2-三对甲氧基苯基乙烯23.6g，收率53.5%。熔点89~91℃，经甲醇重结晶，熔点98~100℃。

(3) 泰舒的制备

将1,1,2-三对甲氧基苯基乙烯20g(0.0578mol)和四氯化碳83mL加入250mL四口瓶中,溶解后,于4~5℃滴加含氯量15.62%(质)的氯气-四氯化碳32mL与干燥四氯化碳51.5mL的混合液,约1h滴完。继续搅拌4h。将反应液用水洗涤至中性,经干燥,浓缩,得棕红色稠厚液体25g左右,再加入甲醇150mL溶解,经冷却析晶,过滤等处理得泰舒粗品17.2g,收率78%,熔点108~114℃。再用丙酮和少量水进行重结晶,即得泰舒精品12.5g,精制收率82.3%,熔点116~118℃。

2.2.3 α-萘乙酮肟制备技术

1. 概述

α-萘乙酮肟是合成光活性的1-(1-萘基)乙胺外消旋酸拆分剂[6]的重要中间体[7]。1-(1-萘基)乙胺也用做治疗甲状腺功能亢进的第二代拟钙剂药物cinacalcet的原料[5],由其衍生的光学活性胺手性辅基用于不对称合成反应[9-13]。α-萘乙酮肟的合成方法最常用的是Friedel-Crafts 酰基化反应,以乙酰氯或乙酸酐为酰化剂,二氯乙烷或二氯甲烷为溶剂,在萘环的1位引入乙酰基制得α-萘乙酮[14,15],再肟化[16,17]制得α-萘乙酮肟。

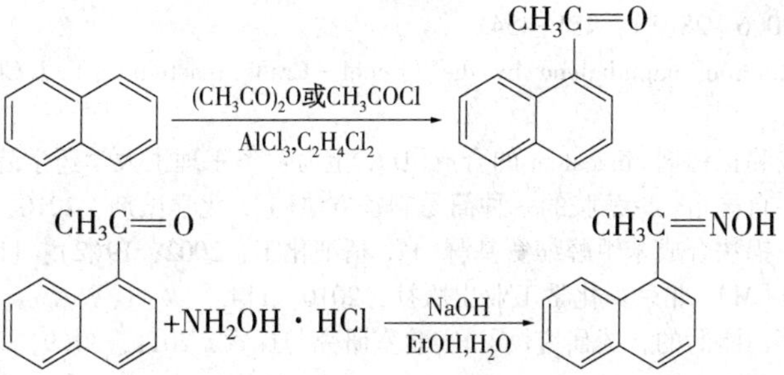

该方法所用原料易得,合成工艺简单,适于工业化生产。但因萘环α-位和β-位的亲电取代反应选择性还不是很理想[18],α-位萘乙酮的合成结果令人失望[16]。孔祥文等[19]以萘和乙酰氯为原料合成了α-萘乙酮肟。

2. 制备技术

(1) α-萘乙酮的合成

取30mL二氯乙烷、14.8g三氯化铝放入三口瓶中搅拌,温度控制在25℃±2℃。取8g乙酰氯逐滴加入三口瓶中,反应1.5~2h后,取13g精萘使其溶解于30mL二氯乙烷中,将此溶液逐滴加入三口瓶中,反应2~3h后,加入由100g冰、16g水及5.2mL浓盐酸组成的混合物,静置分出油层,水洗至中性,减压蒸馏得到黄色透明液体。

(2) α-萘乙酮肟的合成

取5.1g上述产物、3.1g羟胺盐酸盐,11mL95%的乙醇和3mL水,在搅拌下于1h内将6g氢氧化钠分批加入,反应0.5h后,用稀盐酸调pH值,经析出、过滤、水洗、干燥、重结晶后,得到白色透明晶体。

参 考 文 献

[1] FriedelC., CraftsJ. M.. Sur une nouvelle méthode générale de synthèse d'hydrocarbures, d'acétones, etc [J]. Compt. Rend, 1877, 84: 1392-1395.

[2] Jie Jack Li. Name Reaction[M]. 4th ed. Springer-Verlag Berlin Heidelberg. 2009:234-237.
[3] 孔祥文. 有机化学反应和机理[M]. 北京:中国石化出版社, 2018: 3-6.
[4] 邵达华. 新药"泰舒"介绍[J]. 福建医药杂志, 985, (2): 15.
[5] 吴振英. 治疗妇女更年期综合症的新药——泰舒[J]. 中国农村医学, 1986, (5): 41.
[6] 张宝华, 史兰香. 光学纯2-氯丙酸的拆分研究[J]. 河北师范大学学报: 自然科学版, 2010, 34(6): 712-714.
[7] 胡键, 董菁, 施小新. 用循环拆分法制备手性萘乙胺[J]. 合成化学, 2010, 18(1): 61-63.
[8] Thiel O R, Bernard C, Tormos W, et al. Practical synthesis of the calcimimetic agent, cinacalcet [J]. Tetrahedron Letters, 2008, 49: 13 - 15.
[9] Yamada H, Kawate T, Nishida A, et al. Asymmetric addition of alkyllithium to chiral Imines: 1-Naphthylethylgroup as a chiral auxiliary [J]. Journal of Organic Chemistry, 1999, 64: 8821 - 8828.
[10] 张晓云, 吴伟, 夏道宏. 2-氨基乙基-2-二(3-氨基丙基)胺的合成[J]. 精细化工, 2009, 26(5): 509-511.
[11] 王金朝, 曾苏, 胡功允. 柱前衍生化RP-HPLC测定米格列奈钙光学纯度[J]. 中国现代应用药学杂志, 2009, 26(6): 486-489.
[12] 钟荣, 杨建文, 曾兆华, 等. 季铵盐光产碱剂的合成与表征[J]. 中山大学学报: 自然科学版, 2006, 45(1): 53-57.
[13] 李宪平, 梅光泉, 黄可龙, 等. 2, 2, 2-三氨基乙基胺咪唑的对称异双核配合物的合成及电化学性质[J]. 化学试剂, 2006, 28(8): 451-454.
[14] Baddely G.. Acylation of naphthalene by the Friedel - Crafts reaction [J]. J. Chem. Soc., 1949, (1): 99-103.
[15] 胡键. 手性萘乙胺和拟钙剂cinacalcet的合成[D]. 上海: 华东理工大学药学院, 2010.
[16] 王秋文, 张站斌, 自国甫. 2-萘胺的一种简易制备方法[J]. 化学试剂, 2010, 32(11): 1033-1034.
[17] 孔祥文, 张静. 一锅法合成苯甲醛缩氨基脲[J]. 精细化工, 2002, 19(2): 112.
[18] 孔祥文. 有机化学[M]. 北京: 化学工业出版社, 2010: 114.
[19] 孔祥文, 王静. 萘乙酮肟的合成研究[J]. 实验室研究与探索, 2011, 30(9): 18-20.

2.3 Hell-Volhard-Zelinsky 反应

2.3.1 原理

在碘、红磷、硫等的催化下，羧酸的 α-氢被卤素取代反应生成 α-卤代羧酸的反应称为 Hell-Volhard-Zelinsky 反应[1-3]。由于羰基是较强的吸电子基团，它可通过诱导效应和 σ-π 超共轭效应使 α-氢活化。但羧基的致活能力比羰基小得多，所以羧酸的 α-氢被卤素取代的反应比醛、酮困难。例如：

$$CH_3CH_2CH_2CH_2COOH + Br_2 \xrightarrow[70℃]{P} CH_3CH_2CH_2\underset{Br}{C}HOOH + HBr$$

反应通式：

$$R\text{—}CH_2COOH \xrightarrow[Br_2]{PBr_3} R\underset{Br}{C}H\text{—}COBr \xrightarrow{H_2O} R\underset{Br}{C}H\text{—}COOH$$

反应机理[4]：

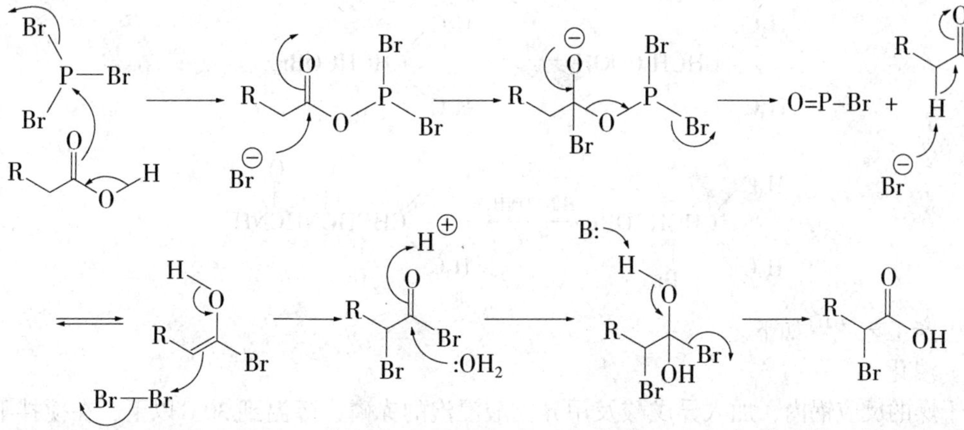

该反应的历程是这样的，磷和卤素作用生成三卤化磷，三卤化磷将羧酸转化为酰卤，酰卤的 α-氢具有较高的活性而易于转变为烯醇式，烯醇式的酰卤与卤素反应生成 α-卤代酰卤，后者与羧酸进行交换产应得到 α-卤代羧酸[5]。

由于一元取代产物的 α-氢更加活泼，因此取代反应可继续发生下去生成二元、三元取代产物，但通过控制反应条件可以使某一种产物为主[6]。

$$CH_3COOH \xrightarrow{Cl_2,\ P} ClCH_2COOH \xrightarrow{Cl_2,\ P} Cl_2CHCOOH \xrightarrow{Cl_2,\ P} Cl_3CCOOH$$

α-卤代酸中的卤原子与卤代烃中的卤原子具有相似的化学性质，可以进行亲核取代和消除反应。卤代酸在合成农药、药物等方面有着重要的用途。

芳香酸的苯环上氢原子可被亲电试剂取代，由于羧基是一个间位定位基，取代反应发生在羧基的间位。例如：

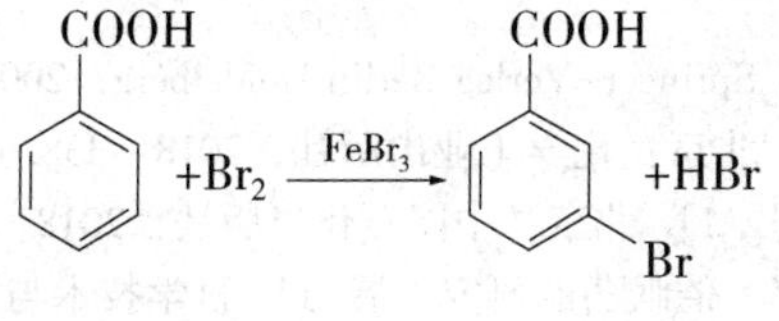

2.3.2 溴米索伐制备技术

1. 概述

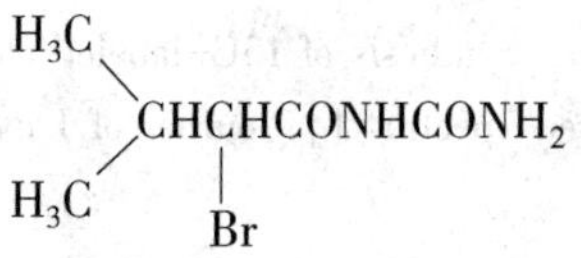

溴米索伐(Bromisoual)又名溴米那、布洛母拉、α-溴代异戊酰脲、溴异戊脲，分子式 $C_6H_{11}BrN_2O_2$，相对分子质量 223.1，呈白色针状结晶，熔点 147~149℃，溶于醇、醚、丙酮，不溶于冷水，易溶于热水，无臭，味微苦。本品具有镇静和轻度催眠作用，服后 5min 即显效，作用时间持续 4h，无习惯性，可制成粉、片剂及注射剂，用作镇静和催眠药[7,8]。

2. 制备技术

以异戊醇为原料，先氧化生成异戊酸，再在赤磷存在下经 Hell-Volhard-Zelinsky 反应溴

化生成 α-溴代异戊酰溴，最后与尿素缩合生成 α-溴异戊酰脲即得目标产物。

$$\begin{array}{c}H_3C\\H_3C\end{array}\!\!CHCH_2COOH \xrightarrow[\text{赤磷}]{Br_2} \begin{array}{c}H_3C\\H_3C\end{array}\!\!CHCHCOBr\!\!\underset{Br}{|}$$

$$\begin{array}{c}H_3C\\H_3C\end{array}\!\!CHCHCOBr\!\!\underset{Br}{|} \xrightarrow[\text{甲苯}]{H_2NCONH_2} \begin{array}{c}H_3C\\H_3C\end{array}\!\!CHCH\overset{O}{\overset{\|}{C}}NH\overset{O}{\overset{\|}{C}}NH_2\!\!\underset{Br}{|}$$

其生产工艺[9-11]如下。

（1）溴化

在干燥的反应锅内，加入异戊酸及用异戊酸浸泡的赤磷，降温到30℃以下，在搅拌下滴加溴素，温度控制在30~40℃，滴加完后再慢慢升温至70℃，反应后阶段升温至95℃。取反应物上层清液减压蒸馏，收集85~95℃[（20~30）×133.3Pa]馏分，得α-溴代异戊酰溴。

（2）缩合

将甲苯和α-溴代异戊酰溴(2/3投料量)加入反应锅，搅拌下加入尿素，发生剧烈反应，温度升至80℃以上，在87~90℃反应3h。冷至80℃以下，再把其余的1/3 α-溴代异戊酰溴加入，加毕反应3h。加碳酸氢钠溶液析出沉淀，过滤，水洗即得溴米索伐粗品，精制后得成品。

参 考 文 献

[1] Hell C.. Ueber eine neue Bromirungsmethode organischer Säuren[J]. Ber 1881, 14: 891-893.
[2] Vollhard J.. Ueber Darstellung α - bromirter Säuren[J]. Ann, 1887, 242: 141-163.
[3] Zelinsky N. D.. Ueber eine bequeme Darstellungsweise von α - Brompropionsäureester[J]. Ber, 1887, 20: 2026.
[4] Jie Jack Li. Name Reaction[M]. Springer-Verlag Berlin Heidelberg, 2009: 247-248.
[5] 孔祥文. 有机化学[M]. 2版. 北京：化学工业出版社，2018：338.
[6] 孔祥文. 有机化学反应和机理[M]. 北京：中国石化出版社，2018：13-14.
[7] 吴德雨，黄荣清，骆传环，等. 催眠药的研究进展[J]. 科学技术与工程，2005，17：1287-1291.
[8] 张西国，孙艳峰. 镇静催眠药药理学研究方法的研究进展[J]. 中国药事，2012，(6)：637-640.
[9] 范兴山，王飞龙，穆子齐. 一种溴米索伐的合成方法：中国，102276504A[P]. 2011-12-14.
[10] Tulecki J., Kalinowska-Torz J., Musial E., Synthesis of some Bunte salts and isothioureas expected to possess radioprotectant activity. Part XXXVIII[J] Annales Pharmaceutici(Poznan)，1978，13：139-152.
[11] Iida K., Chiyoda T., Hirasawa R., Synthesis of 13C-labeled compoundshaving a urea unit and observation of 13C-isotope effect in their infrared spectra[J]. Journal of Labelled Compounds & Radiopharmaceuticals, 1997, 39: 69-77.

2.4 Vilsmeier 反应技术

2.4.1 原理

芳烃、活泼烯烃化合物用二取代甲酰胺及三氯氧磷处理得到醛类化合物的反应称为Vilsmeier反应[1]，现指有Vilsmeier试剂参与的化学反应。

Vilsmeier 试剂因 1927 年 Vilsmeier 等人首先用 DMF 和 POCl₃ 将芳香胺甲酰化而得名，其中所用的 DMF 和 POCl₃ 合称为 Vilsmeier 试剂（以下简称为 VR）。现在，通常认为 VR 是由取代酰胺与卤化剂组成的复合试剂。取代酰胺可用通式 RCONR^{1}R^2 来表示：R 为 H、低烃基、取代苯基；R^{1}R^2 为低烃基，取代苯基；R^{1}R^{2}N 为 O(CH$_2$CH$_2$)$_2$N，(CH$_2$)$_n$N ($n=4$，5 等），常用的酰胺有 DMF（二甲基甲酰胺）和 MFA（N-甲基-N-苯基甲酰胺）。常用的卤化剂有 POCl$_3$、SOCl$_2$、COCl$_2$、(COCl)$_2$，有时也用 PCl$_5$、PCl$_3$、PCl$_3$/Cl$_2$、SO$_2$Cl$_2$、P$_2$O$_3$Cl$_4$ 或金属卤化物、酸酐[2]。

反应通式如下：

$$\text{ArH} + \text{RR'NCHO} \xrightarrow{\text{POCl}_3} \text{ArCHO} + \text{RR'NH}$$

这是目前在芳环上引入甲酰基的常用方法。N,N-二甲基甲酰胺、N-甲基-N-苯基甲酰胺是常用的甲酰化试剂。

反应机理：

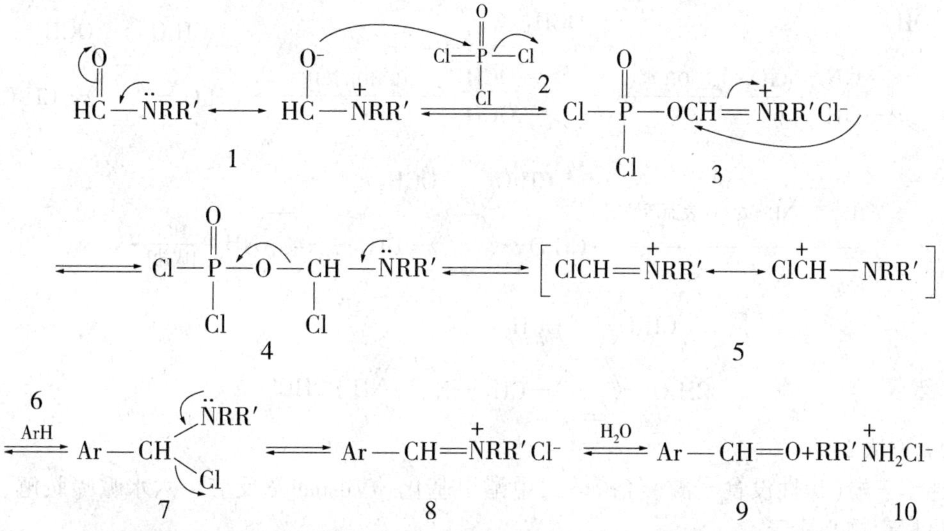

首先二取代甲酰胺(1)与三氯氧磷(2) 1∶1 络合得到二氯磷酸酯的亚胺离子型结构(3)，3 异构为二氯磷酸-α-二取代胺基氯甲酯(4)，4 经消去二氯磷酸后得亚胺离子(5)，5 作为亲电试剂进攻芳香族化合物(6)的芳环发生亲电取代反应形成 α-二取代胺基芳基氯甲烷(7)，7 消去氯离子得亚胺离子(8)，8 经水解得芳甲醛(9)和铵盐(10)[3]。

注：亚胺离子（Iminium ion）是一类具有 [R^{1}R^{2}C=NR^{3}R^4]$^+$ 通式的正离子，可看作是亚胺的质子化或烷基化产物。亚胺离子很容易由胺与羰基化合物缩合生成，它实际上是一种掩蔽了的 α-氨基碳正离子，即氨基烷基化试剂[4]。

2.4.2 三甲氧苄嗪制备技术

1. 概述

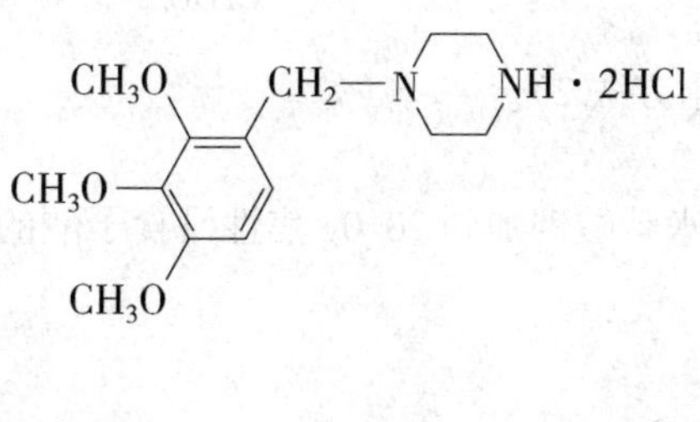

心康宁(Vastarel)又称三甲氧苄嗪(Trimetazidine dihydrochloride),化学名称为 1-(2,3,4-三甲氧苄基)哌嗪二盐酸盐[1-(2,3,4-trimethoxybenzyl)pierazine dihydrochloride]。分子式 $C_{14}H_{22}N_2O_3 \cdot 2HCl$,相对分子质量 339.27。本品为白色结晶性粉末,无臭,味苦。极易溶于水,微溶于乙醚及苯,稍难溶于乙醇。熔点 235~238℃。

本品作为较强的抗心绞痛药物,有对抗肾上腺素、去甲肾上腺素或加压素的作用。能增加冠脉血流量及周围循环血流量,促进心肌代谢及心肌能量的生成。同时有降低心脏工作负荷、减少心肌氧耗量、心肌能量消耗的作用。其抗心绞痛效用与硝酸甘油相似,但见效缓慢,作用较持久。临床适用于急、慢性冠脉功能不全、心绞痛、心肌梗死、冠脉硬化、心律不齐等[5]。

2. 制备技术

1) 方法1:

连苯三酚(焦性没食子酸)经硫酸二甲酯甲基化、Blanc 氯甲基化、六水哌嗪胺解、成盐得到目标产物心康宁。

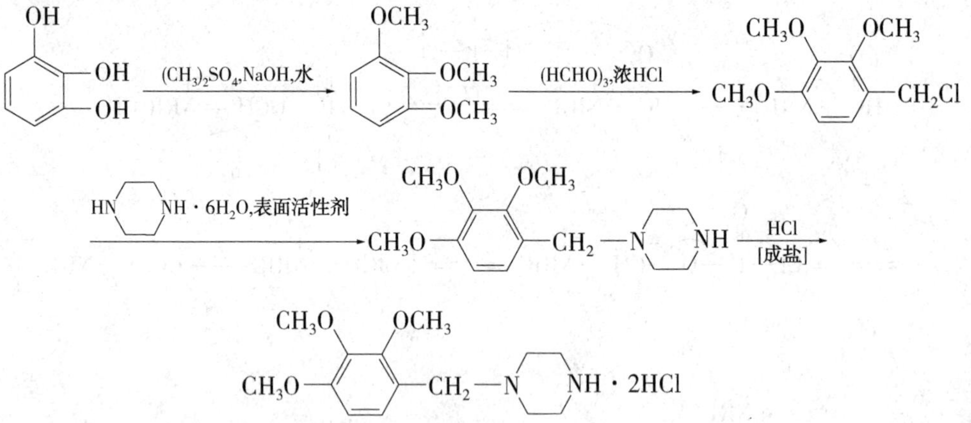

2) 方法2:

连苯三酚(焦性没食子酸)经硫酸二甲酯甲基化、Vilsmeier 反应、六水哌嗪胺解、成盐得到目标产物心康宁。

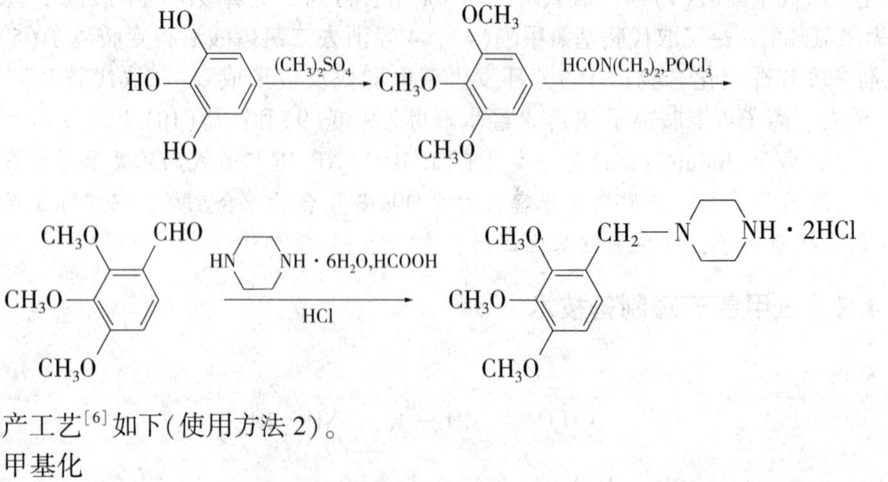

其生产工艺[6]如下(使用方法2)。

(1) 甲基化

在搅拌下,将 78.2g 无水碳酸钾加到 20.0g 焦性没食子酸的丙酮(180g)溶液中,加热回流，滴加 82.8g 硫酸二甲酯，加毕，回流反应 7h，趁热过滤，滤渣用丙酮洗，合并洗液和滤液，蒸去丙酮，加水，冷却结晶，过滤，粗品用 50%乙醇精制，得 1，2，3-三甲氧基苯，收率 80%。

（2）Vilsmeier 反应（甲酰化）

将 18.2g 三氯氧磷滴加到 33.8mLDMF 中，滴毕，搅拌 10min，加入 20.0g 1，2，3-三甲氧基苯，然后升温，维持 80~85℃反应 6h，冷却，倒入碎冰中，用醋酸钠溶液中和，析出油状物，用甲基异丁基酮提取，干燥过滤，减压蒸馏得 2，3，4-三甲氧基苯甲醛，收率 83%。

（3）缩合

将 20.2g 2，3，4-三甲氧基苯甲醛和 126.0g 六水哌嗪置于烧瓶中，在搅拌下，加入 66.0g 甲酸，控制 106~108℃反应 2h，降温加氢氧化钠溶液水解 2h，用苯提取，合并提取液，干燥过夜，蒸去溶剂，残余油状物加无水乙醇溶解，用盐酸-乙醇溶液中和，冷却，析出结晶，过滤得粗品，用乙醇或异丙醇精制，得心康宁成品，熔点 226℃，收率 32%~46%。

参 考 文 献

[1] Vilsmeier A., Haack A.. Über die einwirkung von halogen phosphor auf alkyl-formanilide. Ein neue methode zur darstellung sekundärer und tertiärer p-alkylamino-benzaldehyde[J]. Ber, 1927, 60: 119-122.
[2] J C Tebby, S E Willetts. Structure and Reactivity of the Vilsmeier Formylating Reagent[J]. Phosphorus Sulfur, 1987, 30: 293.
[3] 孔祥文. 基础有机合成反应[M]. 北京：化学工业出版社，2014：101-103.
[4] 孔祥文. 有机化学反应和机理[M]. 北京：中国石化出版社，2018：30-32.
[5] Zhang W. D., Wu K. F., Lin H. F., et al. Effect of trimetazidine on preventing contrast-induced acute kidney injury in patients with diabetes [J]. The American Journal of the Medical Sciences, 2018, (6): 1-8.
[6] 李德润，李瑞芝. 心康宁合成方法 [J]. 医药工业，1980，(5)：17-18.

2.5 丙二酸酯烷基化

2.5.1 原理

丙二酸二乙酯简称丙二酸酯，是无色有香味的液体，沸点 199℃，微溶于水。它在有机合成中应用很广，是一个重要的合成中间体。丙二酸二乙酯在稀碱的溶液中发生酯的水解反应，再酸化，生成丙二酸。丙二酸在加热情况下易脱羧，放出 CO_2，生成乙酸[1]，这个过程可用反应式表示为：

$$C_2H_5OCCH_2-COC_2H_5 \xrightarrow{5\%NaOH} CH_2(COONa)_2 \xrightarrow{H^+} HOCCH_2COH \xrightarrow{\triangle} CH_3COOH+CO_2\uparrow$$

与乙酰乙酸乙酯类似，丙二酸二乙酯的 α-亚甲基上的氢同样具有酸性，其酸性（$pK_a \approx 13$）强于一般的醇（$pK_a \approx 16$）。因此，丙二酸二乙酯与醇钠作用，可以生成丙二酸二乙酯的钠盐，它作为亲核试剂与卤代物、酰卤、酸酐等反应后，可以在活泼亚甲基上引入各种基团。取代后的丙二酸二乙酯经碱性条件下水解、酸化、脱羧反应后，可得到取代乙酸。例如：

$$\text{CH}_2\begin{array}{c}\text{COOC}_2\text{H}_5\\\text{COOC}_2\text{H}_5\end{array} \xrightarrow{\text{C}_2\text{H}_5\text{ONa}} \left[\text{CH}\begin{array}{c}\text{COOC}_2\text{H}_5\\\text{COOC}_2\text{H}_5\end{array}\right]^{-}\text{Na}^+ + \text{C}_2\text{H}_5\text{OH}$$

$$\left[\text{CH}\begin{array}{c}\text{COOC}_2\text{H}_5\\\text{COOC}_2\text{H}_5\end{array}\right]^{-}\text{Na}^+ \xrightarrow{\text{RX}} \underset{\text{H}}{\overset{\text{R}}{\text{C}}}\begin{array}{c}\text{COOC}_2\text{H}_5\\\text{COOC}_2\text{H}_5\end{array} \xrightarrow[\text{②H}^+,\text{H}_2\text{O}]{\text{①OH}^-} \underset{\text{H}}{\overset{\text{R}}{\text{C}}}\begin{array}{c}\text{COOH}\\\text{COOH}\end{array} \xrightarrow[-\text{CO}_2]{\Delta} \text{RCH}_2\text{COOH}$$

一烃基取代乙酸

与乙酰乙酸乙酯合成法类似，如果醇钠足够多，一烃基取代的丙二酸二乙酯还可以再次形成碳负离子，并继续与卤代烷发生亲核取代反应，生成二烃基取代的丙二酸二乙酯。该化合物水解、脱羧后生成二烃基取代乙酸。当需要引入两个不同的烃基时，S_N2 反应考虑空间效应，一般是先引入较大的烃基，第二次所用的卤代烃也要更活泼一点。

$$\text{RCH}\begin{array}{c}\text{COOC}_2\text{H}_5\\\text{COOC}_2\text{H}_5\end{array} \xrightarrow{\text{C}_2\text{H}_5\text{ONa}} \left[\text{R}-\text{C}\begin{array}{c}\text{COOC}_2\text{H}_5\\\text{COOC}_2\text{H}_5\end{array}\right]^{-}\text{Na}^+ \xrightarrow{\text{R'X}} \underset{\text{R'}}{\overset{\text{R}}{\text{C}}}\begin{array}{c}\text{COOC}_2\text{H}_5\\\text{COOC}_2\text{H}_5\end{array} \xrightarrow{\text{H}^+/\text{H}_2\text{O}}$$

$$\underset{\text{R'}}{\overset{\text{R}}{\text{C}}}\begin{array}{c}\text{COOH}\\\text{COOH}\end{array} \xrightarrow[-\text{CO}_2]{\Delta} \underset{\text{R'}}{\overset{\text{R}}{\text{CHCOOH}}}$$

二烃基取代乙酸

$$\text{CH}_2(\text{COOC}_2\text{H}_5)_2 \xrightarrow{\text{C}_2\text{H}_5\text{ONa}} \text{Na}^+[\text{CH}(\text{COOC}_2\text{H}_5)_2]^- \xrightarrow{\text{CH}_3\text{CH}_2\text{Br}} \text{CH}_3\text{CH}_2\text{CH}(\text{COOC}_2\text{H}_5)_2$$

$$\xrightarrow[\text{②CH}_3\text{I}]{\text{①C}_2\text{H}_5\text{ONa}} \underset{\text{CH}_3}{\text{CH}_3\text{CH}_2\text{C}(\text{COOC}_2\text{H}_5)_2} \xrightarrow[\text{②H}^+]{\text{①NaOH},\text{H}_2\text{O}} \underset{\text{CH}_3}{\overset{\text{CH}_3\text{CH}_2}{\text{C}}}\begin{array}{c}\text{COOH}\\\text{COOH}\end{array} \xrightarrow[-\text{CO}_2]{\Delta} \underset{\text{CH}_3}{\text{CH}_3\text{CH}_2-\text{CHCOOH}}$$

丙二酸二乙酯的 α-碳上的烃基化反应是制备 α-烃基取代乙酸的最有效方法。如果烷基化试剂是二元卤代烃，通过控制丙二酸和二元卤代烃的用量比，可以合成二元羧酸和酯环酸。例如：

$$2[\text{CH}(\text{COOC}_2\text{H}_5)_2]^-\text{Na}^+ \begin{cases} \xrightarrow{\text{I}_2} \begin{array}{c}\text{CH}(\text{COOC}_2\text{H}_5)_2\\|\\\text{CH}(\text{COOC}_2\text{H}_5)_2\end{array} \xrightarrow[\text{②H}^+]{\text{①OH}^-,\text{H}_2\text{O}} \xrightarrow[-\text{CO}_2]{\Delta} \begin{array}{c}\text{CH}_2\text{COOH}\\|\\\text{CH}_2\text{COOH}\end{array} \\ \xrightarrow{\begin{array}{c}\text{CH}_2\text{Br}\\|\\\text{CH}_2\text{Br}\end{array}} \begin{array}{c}\text{CH}_2\text{CH}(\text{COOC}_2\text{H}_5)_2\\|\\\text{CH}_2\text{CH}(\text{COOC}_2\text{H}_5)_2\end{array} \xrightarrow[\text{②H}^+]{\text{①OH}^-,\text{H}_2\text{O}} \xrightarrow[-\text{CO}_2]{\Delta} \begin{array}{c}\text{CH}_2\text{CH}_2\text{COOH}\\|\\\text{CH}_2\text{CH}_2\text{COOH}\end{array} \\ \xrightarrow{\begin{array}{c}\text{CH}_2\text{COOC}_2\text{H}_5\\|\\\text{Br}\end{array}} \text{C}_2\text{H}_5\text{OOCCH}_2\text{CH}-(\text{COOC}_2\text{H}_5)_2 \xrightarrow[\text{②H}^+]{\text{①NaOH},\text{H}_2\text{O}} \text{HOOCCH}_2\text{CH}-(\text{CH}_2\text{COOH})_2 \end{cases}$$

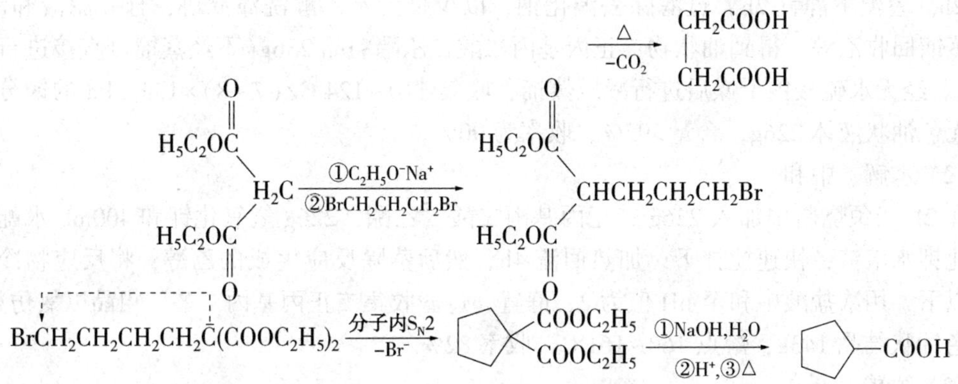

$$\text{BrCH}_2\text{CH}_2\text{CH}_2\text{Br} \xrightarrow{\text{①C}_2\text{H}_5\text{O}^-\text{Na}^+}{\text{②BrCH}_2\text{CH}_2\text{CH}_2\text{Br}} \cdots \xrightarrow{\text{分子内}S_N2}{-\text{Br}^-} \cdots \xrightarrow{\text{①NaOH,H}_2\text{O}}{\text{②H}^+,\text{③}\Delta} \cdots$$

丙二酸二乙酯的烃基化及其产物的脱羧反应在合成羧酸上有重要的应用价值。利用丙二酸二乙酯为原料的合成方法,常称为丙二酸二乙酯合成法(Malonic ester synthesis)。

2.5.2 抗癫灵制备技术

1. 概述

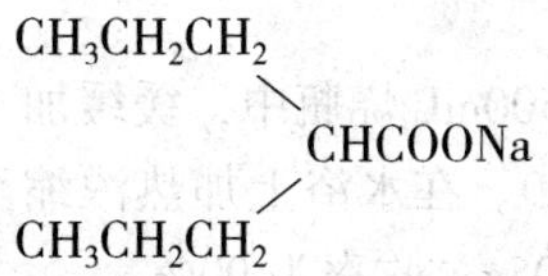

抗癫灵(Depakin)又称丙戊酸钠(Sodium propylvalerate),化学名称为2-丙基戊酸钠(Sodium 2-propylvalerate)。分子式 $C_8H_{15}NaO_2$,相对分子质量 166.19。本品为白色粉状结晶,味微涩。易溶于水、乙醇、热乙酸乙酯,几乎不溶于乙醚、石油醚,吸湿性强。本品为广谱抗癫痫药,用于预防和治疗各类型癫痫病大发作、小发作。对各类型顽固性癫痫有效[2,3]。

2. 制备技术

丙二酸二乙酯在乙醇钠存在下与正溴丙烷发生烷基化,然后水解脱羧,用碱中和成盐得抗癫灵。

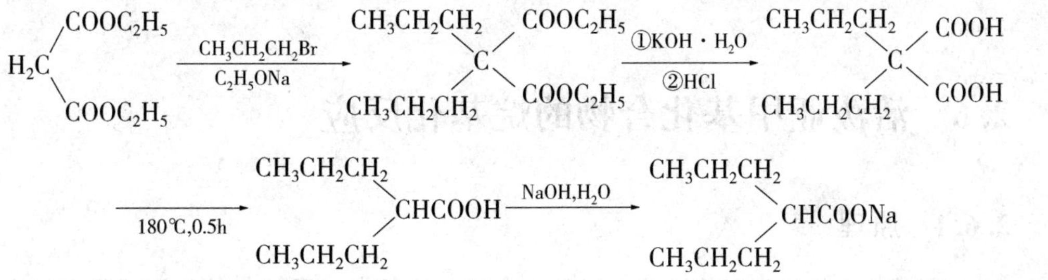

其生产工艺[4,5]如下。

(1) 烷基化

在装有密封搅拌器、恒压滴液漏斗和回流冷凝管(附有氯化钙干燥管)的3L三颈烧瓶中,投入0.95L16%~18%乙醇钠溶液,搅拌下,外浴加热至80℃左右,开始滴加165g丙二酸二乙酯,加毕,搅拌反应10min后,滴加288g溴代正丙烷,约0.5h,加完,再搅拌回流反应 2h。室温下静置 2h，过滤除去溴化钠，以少量无水乙醇洗涤滤饼，合并滤液和洗液，常压蒸馏回收乙醇，得到油状物二正丙基丙二酸二乙酯粗品 236g（不经蒸馏可直接进行下步反应）。经无水硫酸钠干燥后进行减压蒸馏，收集 110~124℃/(7~8)×133.3Pa 的馏分，产品为无色油状液体 226g，含量>95%，收率为 90%。

（2）水解、中和

在 2L 三颈烧瓶中加入 226g 二正丙基丙二酸二乙酯，226g 氢氧化钾和 400mL 水配成的氢氧化钾水溶液，快速搅拌下，加热回流 4h，然后蒸除反应生成的乙醇，将反应物冷却至 10℃以下，用浓盐酸中和至 pH 值为 2，静置，过滤收集二正丙基丙二酸，粗品以氯仿精制，得白色针状结晶 143g，熔点 160~161℃，收率 82%。

（3）脱羧

在 250mL 三颈烧瓶中加入 143g 二正丙基丙二酸，油浴加热至内温达 160~180℃，反应物逐渐融熔，并伴有二氧化碳逸出，于 180℃下保持 0.5h，待无二氧化碳气体逸出时，用水泵抽出低沸物，然后改用油泵进行真空蒸馏，收集沸程为 111~115℃/(10~12)×133.3Pa 馏分，得无色油状液体二正丙基乙酸 100g，收率为 76.5%。折射率 η_D^{14} 为 1.4252，含量>99%。

（4）中和成盐

在装有 100g 二正丙基乙酸的 500mL 烧瓶中，缓缓加入由氢氧化钠和 200mL 蒸馏水配制好的氢氧化钠水溶液，pH 值为 8~9。在水浴上加热浓缩至干，得到白色固体钠盐。用醋酸乙酯重结晶，过滤收集产品，得 105g，收率为 90%。

参 考 文 献

[1] 孔祥文. 有机化学[M]. 2 版. 北京：化学工业出版社，2018：360-361.
[2] 宋小平. 药物生产技术[M]. 北京：科学出版社，2014：101-103.
[3] 魏小维，戎萍. 近 10 年中药治疗小儿癫痫的临床研究概况[J]. 中医药学报，2006，34(3)：26-28.
[4] Creger P. L.. Metalated carboxylic acids. Ⅱ. Monoalkylation of metalated toluic acids and dimethylbenzoic acids [J]. J. Am. Chem. Soc，1970，92(5)：1396-1397.
[5] 周启群，桑海婴，欧加保，等. 丙戊酸钠合成工艺改进[J]. 中国医药工业杂志，1993，24(8)：47-48.

2.6 活泼亚甲基化合物的烷基化反应

2.6.1 原理

β-二羰基化合物也常叫作活泼亚甲基化合物，分子中亚甲基上的氢原子具有较大的酸性（$pK_a \approx 10~14$），在碱的作用下易形成碳负离子。该碳负离子可与卤代烷、酰卤或卤代羧酸酯等发生亲核取代反应，在 β-二羰基化合物的分子中引入新的基团。因此，在有机合成中，β-二羰基化合物是一类十分重要的中间体，它们有多方面的用途。与 β-二羰基化合物相似，两个吸电子基（如—COOH，—CN，—NO₂等）连接在同一个碳原子上时，其亚甲基的氢原子也具有活泼性，可与卤代烷、醛、酮、酰卤或卤代羧酸酯等反应[1]。

乙酰乙酸乙酯分子中亚甲基上的氢原子具有明显的酸性，在醇钠等强碱作用下容易生成碳负离子，由于负电荷可以离域在两个羰基之间，所以比较稳定。

$$\underset{pK_a \approx 11}{CH_3\overset{O}{\overset{\|}{C}}-CH_2-\overset{O}{\overset{\|}{C}}-OC_2H_5} + C_2H_5ONa \longrightarrow$$

$$CH_3\overset{O^-}{\overset{|}{C}}=CH-\overset{O}{\overset{\|}{C}}-OC_2H_5 \longleftrightarrow CH_3\overset{O}{\overset{\|}{C}}-\overset{-}{C}H-\overset{O}{\overset{\|}{C}}-OC_2H_5 \longleftrightarrow CH_3\overset{O}{\overset{\|}{C}}=CH-\overset{O^-}{\overset{|}{C}}=OC_2H_5$$

$$\equiv \underset{pK_a \approx 16}{CH_3\overset{\delta^-}{\overset{O}{\overset{\|}{C}}}--CH--\overset{\delta^-}{\overset{O}{\overset{\|}{C}}}-OC_2H_5} + C_2H_5OH$$

该碳负离子是良好的亲核试剂，能与伯卤代烃、苄卤、烯丙基卤、酰卤、卤代酮以及卤代酸酯等发生亲核取代反应（S_N2），在亚甲基碳原子上引入烃基或酰基等，生成烃基或酰基等基团取代的乙酰乙酸乙酯[2,3]。

$$CH_3CCH_2COC_2H_5 \xrightarrow{C_2H_5ONa} [CH_3CCHCOC_2H_5]^-Na^+ \xrightarrow{RX} CH_3CCHCOC_2H_5 \atop R$$

$$CH_3CCH_2COC_2H_5 \xrightarrow[DMF]{NaH} [CH_3CCHCOC_2H_5]^-Na^+ \xrightarrow{RCCl} \underset{\underset{R-C=O}{|}}{CH_3CCHCOC_2H_5}$$

烃基乙酰乙酸乙酯分子中还有一个活泼氢，可重复上述反应，得到二烃基乙酰乙酸乙酯。但一般需要使用更强的碱如叔丁醇钾代替乙醇钠进行反应。例如：

$$CH_3COCH_2COOC_2H_5 \xrightarrow{C_2H_5ONa} [CH_3COCHCOOC_2H_5]^-Na^+ \xrightarrow{RX} \underset{R}{CH_3COCHCOOC_2H_5}$$

$$\xrightarrow{(CH_3)_3COK} [CH_3CO\underset{R}{\overset{|}{C}}COOC_2H_5]^-Na^+ \xrightarrow{R'X} CH_3CO\underset{R}{\overset{R'}{\overset{|}{\underset{|}{C}}}}COOC_2H_5$$

值得注意的是，上述反应中卤代烷采用伯卤代烷、苄基卤、烯丙基卤时产率较高，仲卤代烷产率较低，叔卤代烷主要发生消除反应得到烯烃。乙烯型和苯基型卤代烃由于卤素不活泼，不发生上述反应。另外，卤代烃分子中不能含有羧基和酚羟基一类的酸性基团，因其会分解乙酰乙酸乙酯的钠盐，使反应难以进行。

当乙酰乙酸乙酯负离子与酰卤或酸酐反应时，为了避免酰卤或酸酐被醇解，常用非质子极性溶剂如DMF、DMSO而不用醇，强碱用NaH而不是用醇钠。

烃基或酰基取代的乙酰乙酸乙酯也可以发生酮式或酸式分解，可以合成甲基酮、二酮、一

43

元羧酸、二元酸和酮酸等一系列化合物。例如，一烷基取代丙酮或一烷基取代乙酸的合成。

$$CH_3COCH_2COOC_2H_5 \xrightarrow{C_2H_5ONa} [CH_3COCHCOOC_2H_5]\text{-}Na \xrightarrow{RX} CH_3COCHCOOC_2H_5 \xrightarrow[②H^+ \ ③\triangle]{①5\%NaOH} CH_3COCH_2R$$
（式中取代基R在第三个结构上）

$$CH_3COCH_2COOC_2H_5 \xrightarrow{C_2H_5ONa} [CH_3COCHCOOC_2H_5]\text{-}Na \xrightarrow{RX} CH_3COCHCOOC_2H_5 \xrightarrow[②H^+]{①40\%NaOH} RCH_2COOH$$

2.6.2 丙缬草酰胺制备技术

1. 概述

（结构式：$(CH_3CH_2CH_2)_2CH\text{-}C(=O)NH_2$）

丙缬草酰胺（Valpramide），化学名称为 α,α-二丙基乙酰胺、2-丙基缬草酰胺。CAS No. 1116-24-1，分子式 $C_8H_{17}NO$，相对分子质量 143.2。呈白色结晶性粉末或针状结晶。无臭，味微苦。溶于沸水，易溶于乙醇、丙酮。它是一种新型广谱抗癫痫药，具有调节神经功能紊乱作用，无兴奋和镇定作用，抗惊厥作用强，毒性低。

2. 制备技术

丙缬草酰胺较早采用二丙基丙二酸铵在180℃封管中加热25h制得。西班牙专利报道可用二丙基乙酸与三乙胺、氨水作用制得。前者收率虽高，但反应条件不适于工业生产，后者收率为57%，但中间体和催化剂价昂。法国专利报道用腈乙酸乙酯、正丙醇钠、溴丙烷经烷基化、水解等反应制成丙缬草酰胺，但此工艺需用大量正丙醇与金属钠，生产不安全，且产品成本高，不适于国内生产。这里采用氰乙酸甲酯为起始原料，经四步反应制得丙缬草酰胺粗品，用醇水法结晶或用升华法制得精品。小试总收率为57.2%，中试总收率为62.2%。此工艺无需特殊设备，原料易得，收率较高，生产安全，三废少，经济效果好，适于工业生产。

$$H_2C\begin{pmatrix}CN\\COOCH_3\end{pmatrix} \xrightarrow{CH_3CH_2CH_2Br, CH_3CH_2ONa} (CH_3CH_2CH_2)_2C\begin{pmatrix}CN\\COOCH_3\end{pmatrix}$$

$$\xrightarrow{NaOH\text{-}H_2O} (CH_3CH_2CH_2)_2C\begin{pmatrix}CN\\COOH\end{pmatrix} \xrightarrow{190℃} (CH_3CH_2CH_2)_2CH\text{-}CN$$

$$\xrightarrow{H_2SO_4\text{-}H_2O} (CH_3CH_2CH_2)_2CH\text{-}C(=O)NH_2$$

其生产工艺[4]如下。

(1) 二丙基氰乙酸甲酯的制备

于 2L 四颈圆底烧瓶中,投入氰乙酸甲酯 72g,在搅拌下,升温至 45~50℃,加入溴代正丙烷 228g。10min 后缓缓滴加乙醇钠(总碱量 16%~20%)684g,约 2h 加完。升温回流 3h 后,缓缓回收乙醇,待温度升至 120~125℃(约 5h),冷却,抽滤,滤液经无水硫酸钠脱水后进行分馏,得无色油状物二丙基氰乙酸甲酯 92g,收率 75%。

(2) 二丙基氰乙酸的制备

于 1L 四颈圆底烧瓶中,投入二丙基氰乙酸甲酯 92g,在搅拌下升温至 50℃,缓缓加入 20%氢氧化钠液 320g,于 65~70℃反应 3h,然后降温至 50℃,进行减压蒸馏除去水分。蒸馏完毕,残液降温至室温,在搅拌下滴加盐酸 280g,反应 0.5h,静置分层,上层黄棕色油状物即为二丙基氰乙酸粗品,收率 91.46%。

(3) 二丙基乙腈的制备

将二丙基氰乙酸粗品 83g 置于 250mL 圆底烧瓶中,升温至 145~150℃回流 3h,然后进行分馏,收集 165~175℃馏分,即得无色油状物二丙基乙腈,收率 70%。

(4) 丙缬草酰胺的制备

于 500mL 三颈圆底烧瓶中,投入二丙基乙腈 62g,在搅拌下,加入 80%硫酸 145g,于 80~82℃反应 3h 后,将反应液降至室温,倾入 640mL 冰水中,搅匀,于 1℃放置 1h,滤出丙缬草酸胺粗品结晶,用 10%碳酸钠液洗涤,洗至洗液呈中性,烘干,得 35g。

(5) 精制

将丙缬草酸胺粗品 65g 加入乙醇 97mL,升温至 70℃溶解后,加入活性炭 0.1g 脱色,然后抽滤,将滤液倾入 900mL 蒸馏水中,搅匀,于 1℃放置 2h,滤出丙缬草酰胺白色针状结晶,烘干后得 53.5g。成品熔点 125.5~126℃。由于丙缬草酰胺具有升华性质,如采用升华精制法,操作简便,并可提高收率。其方法如下:取丙缬草酰胺粗品 20g 置于 500mL 曲颈瓶中,缓缓升温约达 126℃,熔融,升华,可得丙缬草酰胺纯品 19.4g,熔点 126℃。

参 考 文 献

[1] 孔祥文. 有机化学[M]. 2 版. 北京:化学工业出版社, 2018:353.
[2] 孔祥文. 有机合成路线设计基础[M]. 北京:中国石化出版社, 2017:72-75.
[3] 孔祥文. 有机化学反应和机理[M]. 北京:中国石化出版社, 2018:215-220.
[4] 李辛缘. 新型抗癫痫药——丙缬草酰胺的合成[J]. 医药工业, 1981, (11):1-2.

2.7 羰基化合物的 α-卤化反应

2.7.1 羰基化合物的 α-卤化反应

醛酮羰基化合物的 α-H 被卤原子取代的反应称为羰基化合物的 α-卤化反应。

$$R_1COCH_2R_2 \xrightarrow{X_2} R_1COCHXR_2$$

例如,丁酮在醋酸存在下与溴进行卤化反应得到 3-溴丁酮,其反应方程式如下所示:

$$CH_3COCH_2CH_3 \xrightarrow[Br_2]{HOAc} CH_3COCHBrCH_3$$

醛酮羰基化合物的α-卤化反应可按酸催化和碱催化的两种机理进行。

1. 酸催化机理

通过烯醇式进行的，反应机理如下[1]。

所谓酸催化，通常不加酸，因为只要反应一开始，就产生酸，此酸就可自动发生催化反应，因此在反应还没有开始时，有一个诱导阶段，一旦有一点酸产生，反应就很快进行。反应是首先羰基质子化，然后通过烯醇式进行卤化的。

$$\underset{O}{\overset{H}{-C-C-}}\xrightarrow{+H^+}\underset{\overset{+}{O}H}{\overset{H}{-C-C-}}\xrightarrow{\text{慢}}\underset{:OH}{-C=C-}\xrightarrow{x-x\ \text{快}}\underset{\overset{+}{O}H}{\overset{X}{-C-C-}}\xrightarrow{-H^+}\underset{O}{\overset{X}{-C-C-}}$$

对于不对称酮，卤化反应的优先次序是 $-\underset{O}{\overset{\|}{C}}CH\diagup > -\underset{O}{\overset{\|}{C}}CH_2- > -\underset{O}{\overset{\|}{C}}CH_3$，这是因为α碳上取代基越多，超共轭效应越大，形成的烯醇越稳定，因此，这个碳上的氢就易于离开而进行卤化反应。酸催化卤化反应可以控制在一元、二元、三元等价段，在合成反应中，大多希望控制在一元阶段。能控制的原因是一元卤化后，由于引入的卤原子的吸电子效应，使羰基氧上电子云密度降低，再质子化形成烯醇要比未卤代时困难一些，因此小心控制卤素可以使反应停留在一元阶段，引入二个卤原子后三元卤化会更困难些，因此控制卤素的用量，就可以控制反应产物。

醛类直接卤化，常被氧化成酸，可以将醛形成缩醛后再卤化，然后水解缩醛，得α-卤代醛。

$$CH_3(CH_2)_4CH_2CHO\xrightarrow[HCl]{CH_3OH}CH_3(CH_2)_4CH_2\underset{OCH_3}{\overset{OCH_3}{|}}\xrightarrow{Br_2}CH_3(CH_2)_4\underset{Br}{\overset{OCH_3}{CHCH}}\underset{}{\overset{OCH_3}{|}}$$

$$\xrightarrow[H_2O]{H^+}CH_3(CH_2)_4\underset{Br}{\overset{}{CHCHO}}$$

2. 碱催化机理

碱催化的醛酮羰基化合物的α-位卤化反应是通过烯醇盐的形式进行的，反应机理如下[2]：

$$\underset{O}{\overset{H}{-C-C-}}\xrightarrow{OH^-}\left[\underset{O}{\overset{}{-C-\overset{-}{C}-}}\longleftrightarrow\underset{O^-}{-C=C-}\right]\xrightarrow{x-x}\underset{O}{\overset{X}{-C-C-}}$$

反应首先是OH夺取质子，形成烯醇负离子，再与卤素发生反应，得α-卤代酮，不对称酮α的反应性 $-\underset{O}{\overset{\|}{C}}CH_3 > -\underset{O}{\overset{\|}{C}}CH_2- > -\underset{O}{\overset{\|}{C}}CH\diagup$，因为—$CH_3$上的氢酸性大，易被$OH^-$夺取，当一元卤化后，由于卤原子的吸电子效应，使卤原子所在碳上的氢，酸性比未被卤原子取代

前更大,因此第二个氢更容易被 OH⁻ 夺取并进行卤化。同理第三个氢比第二个氢更易被 OH⁻ 夺取。因此只要有一个氢被卤化,第二、第三个氢均被卤化,即反应不停留在一元阶段,一直到这个碳上的氢完全被取代为止。

也就是说,碱性条件下,当卤素与具有 $CH_3\overset{O}{\underset{\|}{C}}$— 结构的醛、酮反应时,三个 α-氢原子均会被卤素取代。例如:

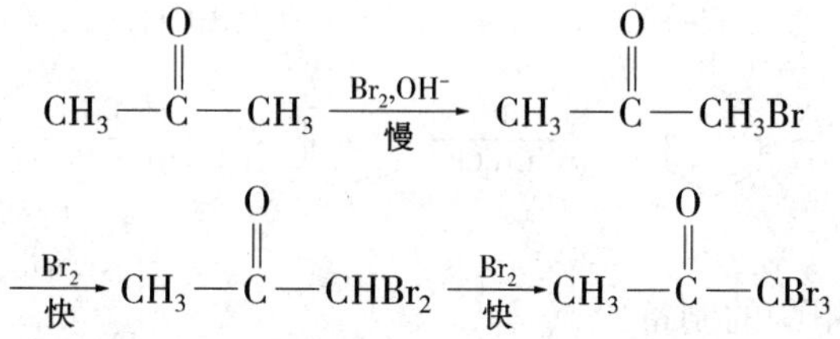

$$CH_3-\overset{O}{\underset{\|}{C}}-CH_3 \xrightarrow[慢]{Br_2,OH^-} CH_3-\overset{O}{\underset{\|}{C}}-CH_2Br$$

$$\xrightarrow[快]{Br_2} CH_3-\overset{O}{\underset{\|}{C}}-CHBr_2 \xrightarrow[快]{Br_2} CH_3-\overset{O}{\underset{\|}{C}}-CBr_3$$

产物三卤代醛、酮在碱性条件下不稳定,立刻分解为三卤甲烷(卤仿)和羧酸(碱溶液中为羧酸盐):

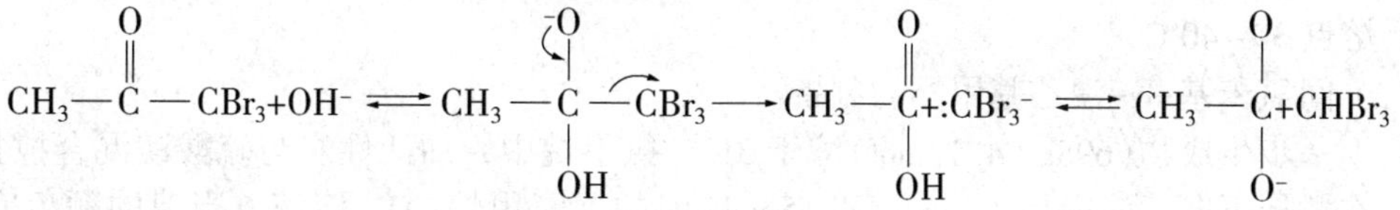

$$CH_3-\overset{O}{\underset{\|}{C}}-CBr_3+OH^- \rightleftharpoons CH_3-\overset{\overset{\bar{O}}{|}}{\underset{OH}{C}}-CBr_3 \longrightarrow CH_3-\overset{O}{\underset{\|}{C}}+:CBr_3^- \rightleftharpoons CH_3-\overset{O}{\underset{O^-}{C}}+CHBr_3$$

因此把次卤酸钠的碱溶液与醛或酮作用生成三卤甲烷的反应称为卤仿反应。如果用次碘酸钠(碘加氢氧化钠)作试剂,可生成具有特殊气味的黄色结晶碘仿,这个反应称为碘仿反应。利用碘仿反应可以鉴别具有 $CH_3\overset{O}{\underset{\|}{C}}$— 结构的醛、酮;另外还可以鉴别具有 CH₃CHOH— 结构的醇,这是因为碘的碱性溶液具有氧化能力,能够将羟基氧化为羰基后,再发生碘仿反应[3]。例如:

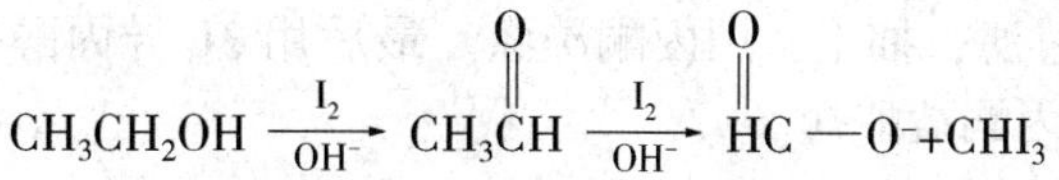

$$CH_3CH_2OH \xrightarrow{I_2}{OH^-} CH_3\overset{O}{\underset{\|}{C}}H \xrightarrow{I_2}{OH^-} H\overset{O}{\underset{\|}{C}}-O^-+CHI_3$$

2.7.2 丁胺苯丙酮制备技术

1. 概述

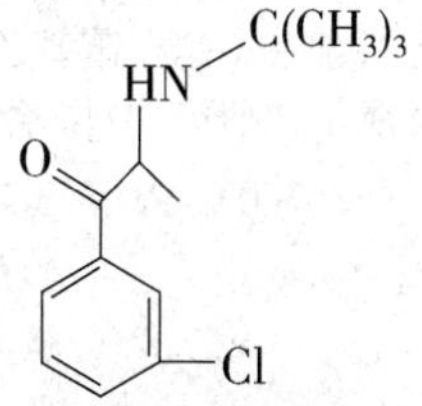

丁胺苯丙酮(Bupropion)又称特丁氨基乙基间氯苯基甲酮。分子式 $C_{13}H_{18}ClNO$,相对分子质量 239.7,呈淡黄色油状物。沸点 52℃(0.005×133.3Pa)。溶于甲醇、乙醇、丙酮、乙

醚、苯。易吸潮分解。其盐酸盐熔点 233~234℃。丁胺苯丙酮是一种抗抑郁药，也是一种戒烟药物，用作去甲基肾上腺素、多巴胺回收抑制剂及烟碱性拮抗剂[4]。

2. 制备技术

由间氯苄腈与乙基溴化镁发生格氏反应制得间氯苯基乙基甲酮，然后溴化，再与特丁胺基胺化得到：

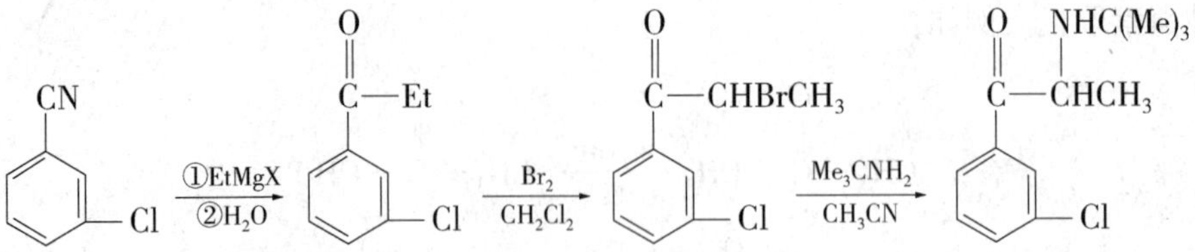

其生产工艺[4,5]如下。

(1) 间氯苯基乙基甲酮的制备

在搅拌和冷却下向乙基溴化镁(2L, 3mol)中加入间氯苄腈(688g, 5mol)的乙醚(2.5L)溶液。加热，缓缓回流 5h。反应混合物用冷的稀盐酸水解，蒸馏出乙醚，水溶液在 90℃加热 1h。然后将烧瓶冷却并加晶种，过滤，冷水洗涤，用甲醇重结晶，得间氯乙基苯基甲酮 750g，熔点 39~40℃。

(2) 间氯苯基-α-溴乙基甲酮的制备

将上一步生成物(698g, 4.15mol)溶于 3L 二氯甲烷中，加活性炭与硫酸镁混合搅拌 2h，过滤。在搅拌下向滤液中加入 662g(4.15mol)溴的二氯甲烷(1L)溶液。当溴的颜色完全褪去时，真空蒸发除去溶剂，得间氯苯基-α-溴乙基甲酮。

(3) 丁胺苯丙酮盐酸盐的制备

将上述制得的间氯苯基-α-溴乙基甲酮(脱溶后的油性残液)溶于 1300mL 乙腈中，保持在 32℃以下，加入 733g 特丁胺的 1300mL 乙腈溶液。反应混合物放置过夜。然后将其分配在 4200mL 水和 2700mL 乙醚中，水层用 1300mL 乙醚进一步提取。合并乙醚液，用 4200mL 水洗涤，加入盐酸至水层的 pH 值为 9，分出水层，用 500g 冰和 324mL 浓盐酸一起搅拌，分离出乙醚层，用 200mL 水和 50mL 浓盐酸洗涤。将 2 次分得的酸层合并，真空浓缩至出现结晶，溶液冷却至 5℃，过滤，抽干，用丙酮洗涤。最后用 3L 异丙醇和 800mL 无水乙醇的混合物重结晶，得丁胺苯丙酮盐酸盐。

参 考 文 献

[1] 孔祥文. 有机化学[M]. 北京：化学工业出版社，2010.
[2] 邢其毅，裴伟伟，徐瑞秋，等. 基础有机化学[M]. 3 版. 北京：高等教育出版社，2005：489.
[3] 孔祥文. 有机化学反应和机理[M]. 北京：中国石化出版社，2018：45-47.
[4] 彭安顺，赵长恩. 溴化铜作溴化剂合成 3-氯-α-溴-苯基乙基酮[J]. 化学工程师，2002，(6)：1-3.
[5] 荣媛. 2-溴苯乙酮和苯甲酰甲酸酯的合成工艺研究[D]. 合肥：合肥工业大学，2013.

2.8 亚硫酰氯反应

2.8.1 醇酸与亚硫酰氯反应

醇与亚硫酰氯($SOCl_2$，也叫氯化亚砜，沸点 79℃)反应生成氯代烷。例如：

$$\text{o-CH}_3\text{-C}_6\text{H}_4\text{-CH}_2\text{OH} + \text{SOCl}_2 \xrightarrow[89\%]{\text{苯}} \text{o-CH}_3\text{-C}_6\text{H}_4\text{-CH}_2\text{Cl} + \text{SO}_2\uparrow + \text{HCl}\uparrow$$

$$\text{CH}_3\text{CH(OH)(CH}_2)_5\text{CH}_3 + \text{SOCl}_2 \xrightarrow[81\%]{\text{Na}_2\text{CO}_3} \text{CH}_3\text{CH(Cl)(CH}_2)_5\text{CH}_3 + \text{SO}_2\uparrow + \text{HCl}\uparrow$$

该反应不仅速率快、反应条件温和、产率高,而且反应后剩余试剂可回收,反应产生的 SO_2 和 HCl 都以气体形式离开反应体系,使产物易提纯,通常不发生重排。但是生成的酸性气体应加以吸收或利用,以避免造成环境污染、对金属设备的腐蚀。醇与亚硫酰氯的反应机理如下[1]:

$$\text{RCH}_2\text{—}\overset{..}{\text{O}}\text{—H} + \underset{\text{Cl}}{\overset{\text{Cl}}{\text{S}}}=\text{O} \longrightarrow \text{RCH}_2\text{—O—}\underset{\text{Cl}}{\overset{\text{Cl}}{\text{S}}}\text{—OH} \xrightarrow{-\text{HCl}} \text{RCH}_2\text{—O—}\overset{\text{O}}{\underset{\text{Cl}}{\text{S}}}=\text{O} \longrightarrow \text{RCH}_2\text{Cl} + \text{SO}_2\uparrow$$
(1° 或 2°)

醇与亚硫酰氯作用先生成氯代亚硫酸酯(RCH_2OSOCl)和氯化氢,接着氯代亚硫酸酯发生分解,在碳氧键发生异裂的同时,带有部分负电荷的氯原子恰好位于缺电子碳的前方并与之发生分子内的亲核取代反应。当碳氯键形成时,分解反应放出 SO_2,最后得到构型保持产物。这种取代反应犹如在分子内进行,所以叫作分子内亲核取代(Substitution nucleophilic internal),用 $\text{S}_\text{N}\text{i}$ 表示。

当醇和亚硫酰氯的混合物中加入弱碱吡啶或叔胺,则不发生 $\text{S}_\text{N}\text{i}$ 反应,而是进行 $\text{S}_\text{N}2$ 反应,结果使与羟基相连接的碳原子的构型发生转化[2]:

$$\text{Cl}^- + \underset{\underset{\text{H}}{|}}{\overset{\overset{\text{R}}{|}}{\text{C}}}\text{—OSOCl} \xrightarrow{\text{S}_\text{N}2} \left[\text{Cl}\overset{\delta-}{\cdots}\underset{\underset{\text{H}}{|}}{\overset{\overset{\text{R}}{|}}{\text{C}}}\overset{\delta-}{\cdots}\text{O}\text{—}\overset{\overset{\text{O}}{\|}}{\text{S}}\text{—Cl} \right] \longrightarrow \text{Cl—}\underset{\underset{\text{H}}{|}}{\overset{\overset{\text{R}}{|}}{\text{C}}}\cdots\text{R}' + \text{SO}_2\uparrow + \text{Cl}^-$$

醇和亚硫酰氯反应生成氯代亚硫酸酯(RCH_2OSOCl)和氯化氢时,形成的 HCl 被吡啶转化为 $\text{C}_5\text{H}_5\text{NH}^+\text{Cl}^-$,而游离的 Cl^- 离子是一个高效的亲核试剂,因而以正常的 $\text{S}_\text{N}2$ 反应方式从氯代亚硫酸酯的背面进攻碳而反转了构型。

羧酸(除甲酸外)与 SOCl_2、PX_3、PX_5 作用,羟基被卤素取代生成酰卤[3]。例如:

$$\text{R—}\overset{\overset{\text{O}}{\|}}{\text{C}}\text{—OH} + \begin{matrix}\text{PCl}_3\\ \text{PCl}_5\\ \text{SOCl}_2\end{matrix} \longrightarrow \text{R—}\overset{\overset{\text{O}}{\|}}{\text{C}}\text{—Cl} + \begin{matrix}\text{H}_3\text{PO}_3(200℃分解)\\ \text{POCl}_3(沸点107℃)\\ \text{SO}_2\uparrow + \text{HCl}\end{matrix}$$

酰卤非常活泼,易发生水解,通常采用蒸馏法将产物分离。如果生成的酰卤的沸点比较低,采用的试剂为 PX_3;生成的酰卤的沸点比较高,采用的试剂为 PX_5。由于副产物是 HCl

和 SO_2，不存在液体副产物，有利于分离，$SOCl_2$ 是制备酰氯最方便的试剂，且酰氯的产率比较高。例如：

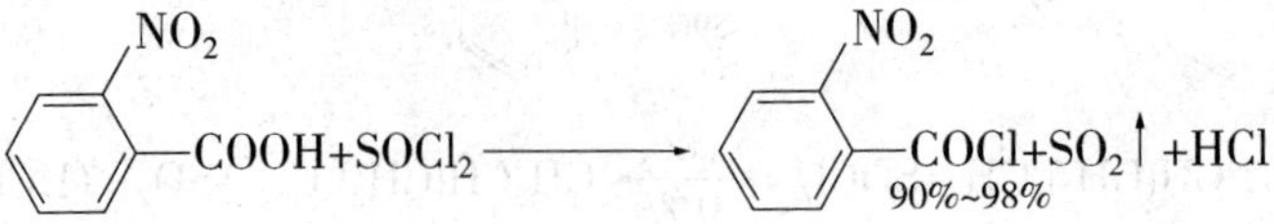

$$\text{o-}NO_2\text{-}C_6H_4\text{-}COOH + SOCl_2 \longrightarrow \text{o-}NO_2\text{-}C_6H_4\text{-}COCl + SO_2\uparrow + HCl$$
$$90\% \sim 98\%$$

有些时候，也采用酰氯交换的方式合成，常用草酰氯、乙酰氯等为原料合成相应低沸点的酰氯，例如：

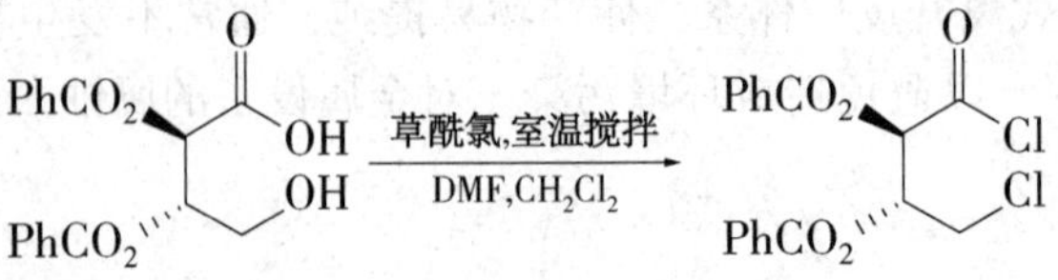

$$\underset{PhCO_2}{\overset{PhCO_2}{>}}\!\!CH\text{-}CH(OH)\text{-}COOH \xrightarrow[DMF, CH_2Cl_2]{\text{草酰氯,室温搅拌}} \underset{PhCO_2}{\overset{PhCO_2}{>}}\!\!CH\text{-}CHCl\text{-}COCl$$

2.8.2 曲美托嗪制备技术

1. 概述

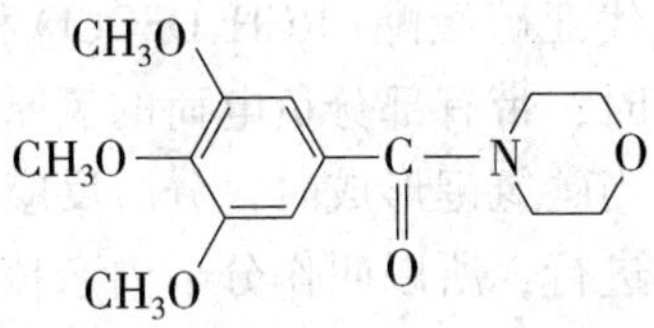

曲美托嗪又称三甲氧哌（Trimetozine），化学名为 4-(3,4,5-三甲氧基苯基酰基)吗啡啉，呈白色结晶，熔点 119~121℃，微溶于水、乙醇。为一种优良的镇定性安定剂，抗焦虑药。它的化学结构类似于南美仙人掌毒碱，能减弱紧张和焦虑。其优点在于对病人的活动无明显的抑制作用，如对运动神经系统、全身性血压和呼吸均无明显影响。临床用于伴有恐惧、紧张和情绪激动的精神神经症状。本药适用于儿童的行为障碍。对于带有神经质症状群的患者，是消除兴奋的有效药物。在精神病临床治疗上，可作为一种维持治疗用药。

2. 制备技术

没食子酸(3,4,5-三羟基苯甲酸)经甲基化得 3,4,5-三甲氧基苯甲酸、再与 $SOCl_2$ 氯化得 3,4,5-三甲氧基苯甲酰氯，最后与吗啡啉缩合得到三甲氧哌。

$$\text{3,4,5-(HO)}_3\text{C}_6\text{H}_2\text{COOH} \xrightarrow[NaOH]{(CH_3)_2SO_4} \text{3,4,5-(CH}_3\text{O)}_3\text{C}_6\text{H}_2\text{COOH} \xrightarrow[ClCH_2CH_2Cl]{SOCl_2}$$

$$\text{3,4,5-(CH}_3\text{O)}_3\text{C}_6\text{H}_2\text{COCl} \xrightarrow[ClCH_2CH_2Cl]{HN\text{(morpholine)}} \text{3,4,5-(CH}_3\text{O)}_3\text{C}_6\text{H}_2\text{CO-N(morpholine)}$$

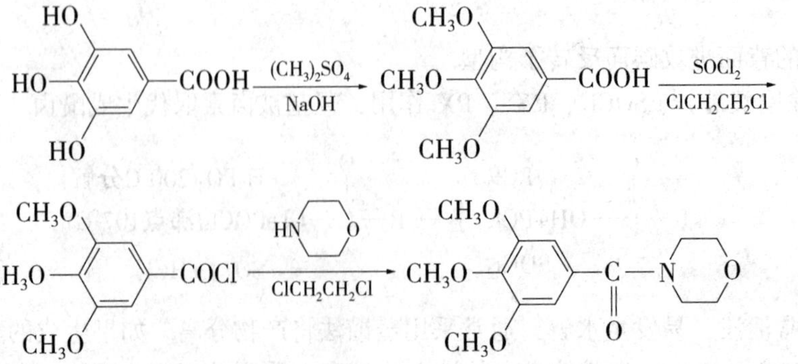

其生产工艺[4]如下。

（1）3,4,5-三甲氧基苯甲酸的制备

将没食子酸110g、硫酸二甲酯268 g与水1000 mL置于2 L二口瓶中，缓缓加30％氢氧化钠溶液380mL，在30~35℃反应20 min，40~45℃反应10min，然后加热回流1h。续加碱液50 mL，回流2h。再加碱液40mL，回流1h。冷却后用稀盐酸中和，过滤，即得粗品，收率97％，熔点168~170℃。

（2）三甲氧哌的制备

将3,4,5-三甲氧基苯甲酸10.6 g，二氯乙烷20 mL置于反应瓶中，在搅拌下加入亚硫酰氯20 mL，在80~83℃回流反应6h，减压抽去过量的氯化亚砜和二氯乙烷。冷至室温后另加二氯乙烷15mL搅拌溶解，冷至0℃以下，滴加吗啡啉6.5 mL（温度控制在0℃±5℃），加毕，在常温下反应1h，继用冰浴冷至0℃±5℃，以10％氢氧化钠调至pH值至7.5~8.0，常温反应1h，再升温回流0.5h，减压除去过量的二氯乙烷和吗啡啉，放置结晶，过滤得粗品，用3倍量95％乙醇重结晶，干燥得白色晶体，收率62.7％，熔点119~121℃。

2.8.3 加贝酯甲磺酸盐制备技术

1. 概述

$$H_2N-\overset{NH}{\underset{\|}{C}}-HN(CH_2)_5\overset{O}{\underset{\|}{C}}-O-\underset{}{\underset{}{\bigcirc}}-\overset{O}{\underset{\|}{C}}-CH_2CH_3 \cdot CH_3SO_3H$$

加贝酯甲磺酸盐（Gabexate mesilate）又称甲磺酸加贝酯、4-(6-胍基己酰氧基)苯甲酸乙酯甲磺酸盐、对-(6-胍基己酰氧基)苯甲酸乙酯甲磺酸盐，分子式 $C_{16}H_{23}N_3O_4 \cdot CH_4O_3S$，相对分子质量417.48。它是由日本在20世纪70年代开发的一种丝氨酸蛋白酶抑制剂。呈白色结晶或结晶性粉末。熔点90~91℃。对丝氨酸蛋白酶具有抑制作用，用于治疗胰腺炎和播散性血管内凝血等疾病。

2. 制备技术

己内酰胺经碱性水解得到6-氨基己酸钠，后者与甲基异硫脲缩合得到6-胍基己酸，再与甲磺酸成盐后与 $SOCl_2$ 氯化得6-胍基己酰氯的甲磺酸盐，与对羟基苯甲酸乙酯酯化得对-(6-胍基己酰氧基)苯甲酸乙酯甲磺酸盐，再中和、成盐得加贝酯甲磺酸盐[5]。

$$\underset{}{\underset{}{\bigcirc}}\!\!=\!\!O \xrightarrow{NaOH} H_2N(CH_2)_5COONa \xrightarrow{H_2N-\overset{NH}{\underset{\|}{C}}-SCH_3 \cdot 1/2H_2SO_4}$$

$$H_2N-\overset{NH}{\underset{\|}{C}}NH(CH_2)_5CO_2H \xrightarrow{CH_3SO_3H}$$

$$H_2N-\overset{NH}{\underset{\|}{C}}NH(CH_2)_5COOH \cdot CH_3SO_3H$$

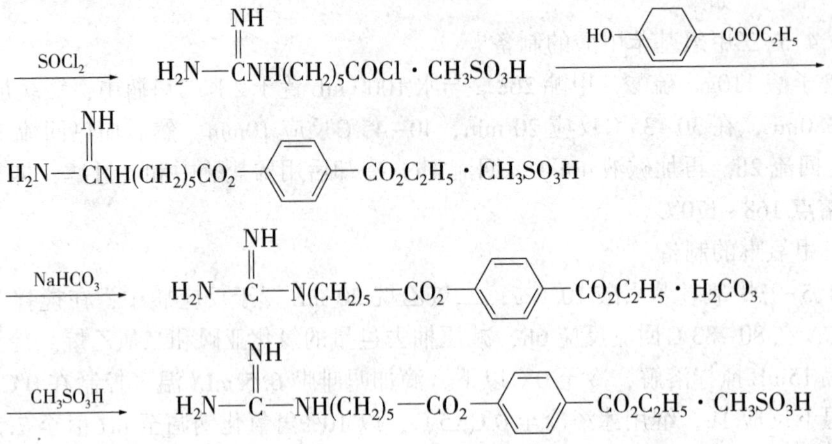

$$\xrightarrow{SOCl_2} H_2N-\overset{NH}{\underset{\|}{C}}NH(CH_2)_5COCl \cdot CH_3SO_3H \xrightarrow{HO-\bigcirc-COOC_2H_5}$$

$$H_2N-\overset{NH}{\underset{\|}{C}}NH(CH_2)_5CO_2-\bigcirc-CO_2C_2H_5 \cdot CH_3SO_3H$$

$$\xrightarrow{NaHCO_3} H_2N-\overset{NH}{\underset{\|}{C}}-N(CH_2)_5-CO_2-\bigcirc-CO_2C_2H_5 \cdot H_2CO_3$$

$$\xrightarrow{CH_3SO_3H} H_2N-\overset{NH}{\underset{\|}{C}}-NH(CH_2)_5-CO_2-\bigcirc-CO_2C_2H_5 \cdot CH_3SO_3H$$

其生产工艺[6-8]如下。

(1) 水解、缩合

将226g的己内酰胺与20%的氢氧化钠溶液400mL混合，回流3h，得到6-氨基己酸钠溶液。另取甲基异硫脲硫酸盐278g溶于水720mL，将6-氨基己酸钠溶液在剧烈搅拌下趁热加入上述溶液，析出白色沉淀，放置，过滤，固体用冷水洗后再用乙醇洗，干燥，得到6-胍基己酸264g，收率76%。

(2) 成盐

将胍基己酸105.0g、水180mL和甲磺酸60g，搅拌溶解，过滤去渣，滤液减压蒸出水分，然后加入150mL的丙酮，静置，过滤后，滤饼经干燥后用甲醇-乙醚重结晶，得到胍基己酸甲磺酸盐124.5g。熔点116~118℃，收率76%。

(3) 酯化、成盐

将胍基己酸甲磺酸盐80.7g，亚硫酰氯240mL搅拌回流3h，蒸去过量的亚硫酰氯，得到油状物酰氯。另取对羟基苯甲酸乙酯50g，四氢呋喃300mL、吡啶90mL，在冰盐浴冷却下，将上述制得的酰氯滴入其中，加入碳酸氢钠饱和溶液450mL，析出白色固体，过滤，干燥，得加贝酯甲碳酸盐63g。然后加入甲醇300mL，滴加甲磺酸使其溶解，再加入乙醚300mL，放置，析出结晶，过滤，丙酮重结晶，得加贝酯甲磺酸盐60g，收率50.4%，熔点90~91℃。

2.8.4 烟浪丁制备技术

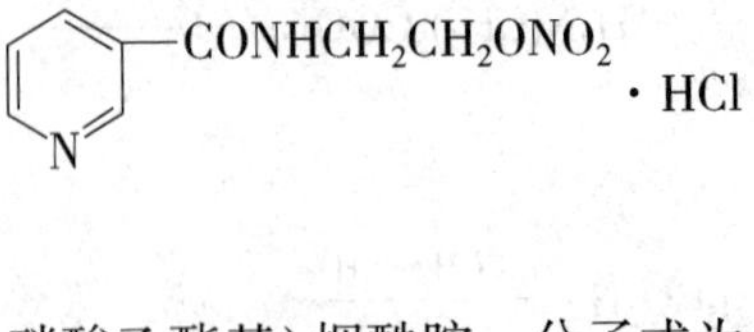

$$\underset{N}{\bigcirc}-CONHCH_2CH_2ONO_2 \cdot HCl$$

1. 概述

烟浪丁化学名称为 N-(2-硝酸乙酯基)烟酰胺，分子式为 $C_8H_9N_3O_4 \cdot HCl$，相对分子质量为247.5。无色针状结晶，熔点131~133℃，本品为抗高血压药。

2. 制备技术

抗高血压药烟浪丁的合成有多种方法，这里介绍酰氧法(美国专利US4200640)。

烟酸经 $SOCl_2$ 氯化得烟酰氯，再与氨基乙醇硝酸酯缩合，最后与盐酸成盐得到产物。

$$NH_2CH_2CH_2OH \xrightarrow{HNO_3} NH_2CH_2CH_2ONO_2 \cdot HNO_3$$

烟酸-COOH $\xrightarrow{SOCl_2}$ 烟酰氯-COCl·HCl $\xrightarrow[OH^-]{NH_2CH_2CH_2ONO_2 \cdot HNO_3}$

$\xrightarrow{HCl}$ 吡啶-CONHCH$_2$CH$_2$ONO$_2$ · HCl

其生产工艺[9-11]如下。

（1）氨基乙醇硝酸酯的制备

将发烟硝酸 138g 加入三颈瓶内，置冰浴中冷却至 0℃ 以下，在搅拌下，缓缓滴加氨基乙醇 61g，滴加完毕，于 0~5℃继续搅拌 0.5h。然后进行减压蒸馏，蒸除过量硝酸，将剩余物取出置于 200mL 乙醇中放置过夜，经处理得到氨基乙醇硝酸酯硝酸盐的无色结晶 141g，收率 83%。

（2）缩合反应

将碳酸氢钠 50g、水 150mL、氨基乙醇硝酸酯 141g 和氯仿 500mL 加入三颈瓶内，在搅拌下使之充分混合，用冰浴冷却至 5℃ 以下，缓缓加入烟酰氯盐酸盐 209g，加毕，保持原温继续搅拌 0.5h。然后静置分层，取出氯仿层，水层另用氯仿提取，将提取液与氯仿层合并，用碳酸钾溶液洗涤，再经无水硫酸钠干燥后，进行减压蒸馏蒸去氯仿。将剩余物用乙醚-异丙醇（1:1）溶解，并在冷却下通入氯化氢气体，经处理得烟浪丁盐酸盐粗品 167g，再用乙醇重结晶，即得无色针状结晶烟浪丁精品，熔点 132℃。

参 考 文 献

[1] 孔祥文. 有机化学[M]. 2 版. 北京：化学工业出版社，2018：252.
[2] 孔祥文. 有机化学反应和机理[M]. 北京：中国石化出版社，2018：33.
[3] 孔祥文. 有机化学[M]. 北京：化学工业出版社，2010：266.
[4] 薛万林，孙美祥，钟家义，等. 抗焦虑药——三甲氧哌的合成[J]. 医药工业，1980，(2)：6.
[5] 舒平，戴华成，梁晓勇. 甲磺酸加贝酯的合成[J]. 中国医药工业杂志，1994，25(9)：390.
[6] 卢学磊，陈宝泉，麻静，等. 甲磺酸加贝酯的合成工艺改进[J]. 中国药物化学杂志，2011，21(2)：141-143.
[7] Satoh T, Muramatu M, Ooi Y, et al. Medicinal chemical studies on synthetic proteaseinhibitors. Trans-4-guanidino methyleneohexanecarboxylicacid arylesters[J]. Chem Pharm Bull, 1985, 33 (2)：647-654.
[8] Fujii S, Ito H, Kayama N. p-Substituted phenyl guanidine caproates：JP, 79-76532[P]. 1979-06-19.
[9] Iwatsukih N., Tama T. M., Ageo S. T., et al. Nitric ester of N-(2-hydroxyethyl) nicotinamide and pharmaceutical use：US, 4200640[P]. 1980-4-29.
[10] 许景峰，宋颖. 石振武. 烟浪丁的酰氯法合成[J]. 医药工业，1984，(4)：34.
[11] 邢为凡，张效联，姜凯玲，等. 抗高血压新药烟浪丁的合成[J]. 医药工业，1983，(11)：2-3.

第3章 还原反应

3.1 催化加氢反应

3.1.1 原理

氢化(Hydrogenation)是用分子氢进行的还原反应[1]。由于分子氢在常温常压下还原能力弱，所以常在催化剂存在下，在一定的温度和压力下进行反应。催化剂的作用是降低反应的活化能，改变反应速度。催化氢化按反应机理和作用方式可分为三种类型，催化剂自成一相的称为非均相催化氢化；催化剂溶于反应介质的称为均相催化氢化；氢源为其他有机物分子的为催化转移氢化。按反应物分子在还原反应的变化情况，则可分为氢化和氢解。氢化是指氢分子加成到烯键、炔键、羰基、氰基、硝基等不饱和基团上使之生成饱和键的反应；而氢解则是指分子中的某些化学键因加氢而断裂，分解成两部分的反应。

1. 非均相催化氢化

常用的非均相催化剂有 Raney-Ni、Rh、Ru、Pt-C、Pd-C、Lindlar 催化剂($Pd/BaSO_4$ 或 $Pd/CaCO_3$)、Adams 催化剂(PtO_2)、铬催化剂等。催化氢化的优点是产品纯度较好、收率高，很多情况下氢化结束后，除去催化剂即可得到高收率的产物，而且应用广泛，可以用来还原各种不同的有机化合物，表3-1列出了可被还原的化合物类型及由易到难的大致顺序。

对于具体的氢化反应，加快反应速度可通过增加氢气压力、加大催化剂用量或提高反应温度来实现。实验室中的氢化反应，有时需用高压釜，有时采用常压法。一般常压法氢化装置如图3-1所示。

表3-1 催化氢化反应中官能团反应活性次序

官能团	反应产物	说明
R—COCl	R—CHO	最容易还原，Rosenmund 反应
R—NO_2	R—NH_2	芳香族硝基比脂肪族硝基易还原
R—C≡C—R	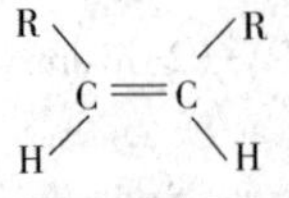 $\begin{matrix} R \quad R \\ C=C \\ H \quad H \end{matrix}$	Lindlar，P-2
R—CHO	R—CH_2OH	用 Pt 催化剂，Fe^{2+} 可加快速度
R—CH=CH—R	RCH_2CH_2R	氢化活性：孤立双键>共轭双键 取代基增多，还原困难
R—CO—R	R—CH(OH)—R	位阻小的酮易还原

续表

官能团	反应产物	说明
$C_6H_5CH_2—Y—R$ $Y=O, N$	$C_6H_5CH_3+HYR$	氢解活性： $PhCH_2—N^{\oplus}\diagup>PhCH_2—X>PhCH_2—O—>PhCH_2—N\diagdown$
$C_6H_5CH_2—X$ $X=Cl, Br$	$C_6H_5CH_3+HX$	碱性条件
$R—C\equiv N$	$R—CH_2NH_2$	用Ni时应在NH_3存在下反应；用Pd或Pt应在酸性条件下；在中性条件下有仲胺生成
萘	四氢萘	也可部分还原
$R—CO—OR'$	$RCH_2OH+R'CH_2OH$	用Pt和Pd不能实现还原，可在高温高压下用$Cu(CrO_2)_2$
$R—CO—NH_2$	RCH_2NH_2	活性：环酰胺>脂酰胺，常用二氧六环作溶剂
苯环-R	环己烷-R	一般催化剂难氢化，可选用PtO_2、RhO_2、RuO_2等，R为给电子基团，容易氢化
$RCOOH$	RCH_2OH	难氢化，可用RhO_2、RuO_2高温高压氢化

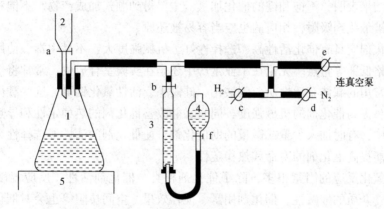

图 3-1 实验室常压氢化装置图
1—反应瓶；2—加料漏斗；3—气量计(酸式滴定管)；
4—平衡瓶(分液漏斗)；5—磁力搅拌器；a、b、c、d、e、f—活塞

首先在反应瓶1中加入被还原物质、溶剂和催化剂，再在气量计3和平衡瓶4中加入还原反应所用溶剂，使溶剂充满3，关闭活塞b。开启e抽真空，排除体系中的空气。关闭e，开启d，充入氮气，如此反复2~3次，用氮气置换空气。同样再用氢气置换氮气2~3次。开启b，用氢气充满3，调节4的高度以维持体系压力平衡。开动磁力搅拌器。如有氢气参加反应，则3中液面上升，若氢气不足，可随时开启c加以补充，直至反应结束。在给定的温度下氢气用量可按下式计算：

$$V=760nV_0T/273\times(P-p)$$

式中 n——反应所需的氢气物质的量；
  V_0——标准状况下1mol氢气的标准体积(22.4L)；

T——绝对温度;

P——大气压力,mmHg(1mmHg=133.322Pa);

p——该温度下水的蒸气压,mmHg。

关于催化氢化的反应机理,主要有两种解释。以烯烃的催化加氢为例,Polyani 提出的机理是两点吸附形成 σ 络合物而进行顺式加成,Bond 则提出了形成 π 络合物的顺式加成机理,在这里只介绍前者。Polyani 认为,首先氢分子在催化剂表面的活性中心上进行离解吸附,乙烯与相应的活性中心发生化学吸附,π 键打开形成两点吸附活化络合物,然后活化了的氢进行分步加成,首先生成半氢化中间产物,最后氢进行顺式加成得到乙烷[2],如图 3-2 所示。

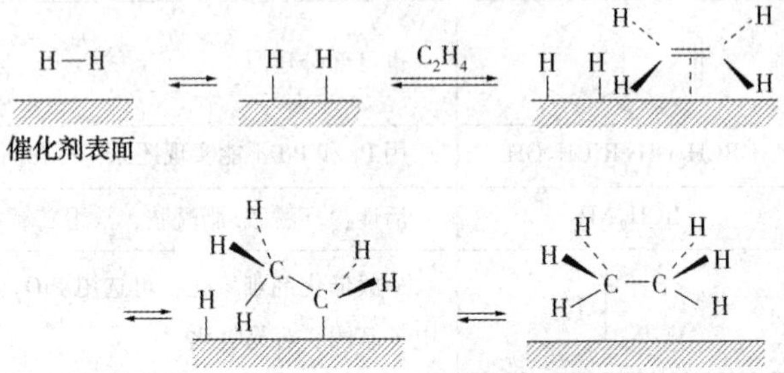

图 3-2 乙烯催化氢化反应机理的示意图

大量实验结果表明,不饱和键的催化加氢,主要得到顺式加成产物。不饱和键上空间位阻越小越容易被催化剂吸附,相应的也应当容易被还原。

优良的催化剂应具有催化活性高、选择性好、机械强度大、不易中毒、使用寿命长以及制备简单、价格低廉等特点。无论在工业生产中还是在实验室合成中,常常将催化剂附着在某种载体上。常用的载体有活性炭、碳酸钙、硅藻土、活性氧化铝等。这些载体能增加催化剂的比表面积,提高催化剂的机械强度,同时又能改善催化剂的热稳定性和导热性。在制备催化剂的过程中,有时加入少量或微量的助催化剂,使催化剂的活性或选择性大大改善,有的助催化剂还能提高催化剂的寿命和热稳定性。

影响催化氢化反应的因素很多,除了催化剂种类、催化剂活性、反应温度、反应压力外,诸如溶剂、介质的酸碱性、催化剂用量、搅拌效果、空间位阻等也会对催化氢化产生不同程度的影响。仅就溶剂而言,溶剂作为氢化的介质,有助于反应物与氢的充分接触,并能影响催化剂的状态,因而对催化剂的催化活性有影响。常用的溶剂有水、甲醇、乙醇、乙酸、乙酸乙酯、四氢呋喃等。一般的使用效果是乙酸>水>乙醇>乙酸乙酯。选用对氢化产物溶解度较大的溶剂,可以避免由于产物附于催化剂表面而引起的催化剂活性下降。

常用的催化氢化催化剂有镍催化剂,主要有 Raney-Ni(活性镍)、载体镍、还原镍、硼化镍等。

Raney-Ni(W-2)是具有多孔海绵状结构的金属镍颗粒。制备方法如下:

$$2Ni-Al+2NaOH+2H_2O \longrightarrow 2Ni+2NaAlO_2+3H_2$$

将氢氧化钠 25g 溶于 100mL 水中,搅拌下冷至 10℃,缓缓加入镍铝合金 20g,加入速度以控制反应温度不超过 25℃为宜。待全部加完,氢气发生缓和后,逐渐升温至沸,并及时补充水,直至氢气发生基本停止。静置,倾去水层,用蒸馏水倾洗。再用 10%的氢氧化钠倾洗一次。然后不断用倾泻法洗至中性,再洗 10 次,并用 95%的乙醇洗 3 次,无水乙醇洗

3次，贮存于无水乙醇中密闭备用。干燥的 Raney-Ni 在空气中剧烈氧化而自燃，据此可检查其有无活性。

在催化剂制备过程中，反应温度、碱的用量及浓度、反应时间、洗涤等条件不同，所制得的催化剂的分散程度、铝含量以及吸氢能力也不相同，因而催化活性也不相同。根据活性大小，Raney-Ni 分为 W1~W8 等不同型号。Raney-Ni 在中性或弱碱性条件下，可用于烯键、炔键、硝基、氰基、羰基、芳杂环和芳稠环等的氢化，也可用于碳-卤键、碳-硫键的氢解。在酸性条件下活性降低，pH 值<3 时失去活性。对苯环及羰基的催化活性弱，而对酯基、酰氨基几乎没有催化活性。例如：

$$\underset{\underset{COOCH_3}{|}}{NC-}\bigcirc \xrightarrow{\text{Raney-Ni}}_{NH_3, CH_3OH, 0.1MPa} \underset{\underset{CH_2NH_2}{|}}{H-}\bigcirc -COOCH_3$$

4-氰基-3-环己烯基甲酸甲酯氢化后得到的顺-4-氨甲基环己烯基甲酸甲酯，是制备止血药氨甲环酸的中间体。在本例中，由于羧酸甲酯基位于环平面的下方，空间位阻较大，主要产物是顺式产物[3]。

醋酸镍的水溶液用硼氢化钠或硼氢化钾还原所得到的催化剂称为 P-1 型硼化镍，而在乙醇溶液中还原得到的催化剂称为 P-2 型硼化镍。活性 P-2<P-1，但 P-2 选择性好。硼化镍催化剂适用于还原烯类化合物，不产生双键的异构化。对于烯键的氢化活性次序是：一取代烯>二取代烯>三取代烯>四取代烯；顺式烯>反式烯。分子中同时含有炔键和烯键时，P-2 可选择性地还原炔键，效果优于 Lindlar 催化剂。非端基炔还原生成顺式烯烃。例如：

$$HOCH_2C\equiv CCH_2OH \xrightarrow{P-2, H_2} \underset{H}{\overset{HOCH_2}{\diagdown}}C=C\underset{H}{\overset{CH_2OH}{\diagup}}$$

生成的产物顺式丁烯二醇为维生素 B6 的中间体。

腈催化加氢可生成伯胺，如：

$$CN-CH_2CH_2CH_2CH_2-CN \xrightarrow{H_2, Ni} H_2N-CH_2(CH_2)_4CH_2-NH_2$$

醛、酮的羰基在铂、镍等作为催化剂的条件下，进行加氢反应，羰基被还原为羟基，分别生成伯醇和仲醇。反应一般在较高的温度和压力下进行，产率较高。相对于烯烃的碳碳双键，羰基催化加氢的活性是：

醛的羰基>C=C>酮的羰基

对于 α, β-不饱和醛酮催化加氢，如果不控制催化反应条件，羰基和碳碳双键都会被氢原子饱和。使用选择性较好的 Pd—C 作催化剂控制催化加氢，可以优先还原碳碳双键并保留羰基，得到饱和的羰基化合物[4]。例如：

$$\underset{CH_3}{\bigcirc}=O + H_2 \xrightarrow{Pd-C} \underset{CH_3}{\bigcirc}=O$$

选用活性较高的雷尼镍(Raney Ni)作催化剂，进行催化加氢，反应不具有选择性，直接生成饱和的醇。例如：

$$CH_3CH=CH-CHO \xrightarrow[Ni]{H_2} CH_3CH_2CH_2CH_2OH$$

2. 钯和铂催化剂

钯和铂都属于贵金属，价格昂贵，但作为催化剂，它们的优点非常突出：催化活性高、反应条件要求低、应用范围广。就其应用范围而言，除了适用于 Raney-Ni 的应用范围外，还可用于酯基及酰氨基的氢化，以及具有苄基结构的化合物的氢解。可在中性或酸性条件下使用。铂催化剂易中毒，不适于含硫化合物及有机胺的还原，而钯则较不易中毒。

钯黑和铂黑是由相应金属的水溶性盐经还原而生成的极细的黑色金属粉末，其制备反应方程式如下：

$$PdCl_2 + H_2 = Pd\downarrow + 2HCl$$
$$PdCl_2 + HCHO + 3NaOH = Pd\downarrow + HCOONa + 2NaCl + 2H_2O$$
$$Na_2PtCl_6 + 2HCHO + 6NaOH = Pt\downarrow + 2HCOONa + 6NaCl + 4H_2O$$

载体钯和载体铂则是把钯和铂吸附于载体上而成，例如钯-炭、铂-炭催化剂。除炭以外，也可用硫酸钡等为载体。它们的催化活性好，而且可大大减少催化剂的用量。下面介绍钯-炭催化剂的一种简便制备方法。

先将活性炭用10%的硝酸溶液一起煮沸3h，用蒸馏水洗至近中性，于100~110℃干燥。取上述处理过的活性炭5.5g，加水60mL，加热至80℃。另取氯化钯1.0g加浓盐酸3mL及适量水，加热使之溶解。将此溶液慢慢地加入上述80℃的活性炭悬浮液中，剧烈搅拌，再加入37%的甲醛水溶液约1.5mL。用30%的氢氧化钠调至弱碱性，继续搅拌反应30min。过滤，滤饼用大量水洗涤。再用甲醇洗涤。于甲醇中密闭保存(也可保存在水中)。若催化剂活性好，少量 Pd-C 催化剂置于空气中可自燃。

有时为了降低催化剂的活性，提高催化剂的选择性，可加入一些抑制剂，如 Lindlar 催化剂就是以铅盐为抑制剂的钯催化剂，使用时再加些喹啉，能选择性地将炔键还原为烯键，使酰氯还原为醛。例如：

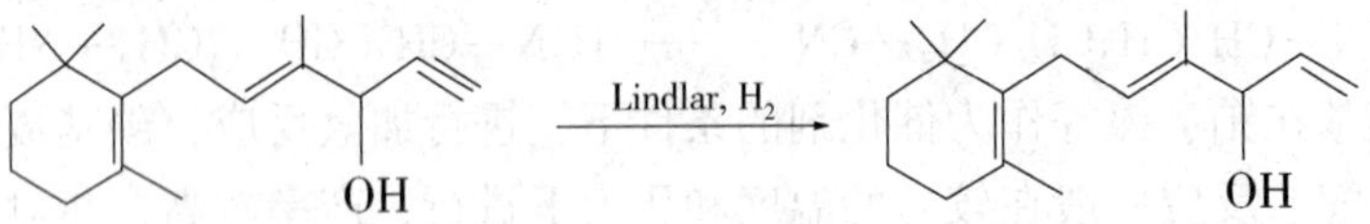

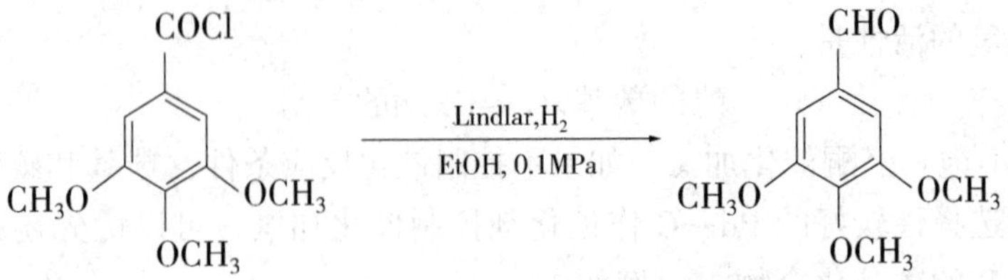

上面两种还原产物分别是维生素 A 和甲氧苄啶的中间体。

3. 铜铬催化剂

$CuO \cdot Cr_2O_3$、$CuO \cdot BaO \cdot Cr_2O_3$ 等统称为铜铬催化剂，为活性优良的催化剂，能使醛、

酮、酯、内酯氢化为醇，酰胺氢化为胺，由于价格低廉而广泛应用。$CuO \cdot Cr_2O_3$ 亦可写为 $Cu(CrO_2)_2$，称为亚铬酸铜催化剂，可由铬酸铜续加热分解制备，对烯键、炔键的催化活性较低，对苯环无活性。为了避免催化剂中的铜被还原，常加入适量的钡化合物作稳定剂，$CuO \cdot BaO \cdot Cr_2O_3$ 便是其中之一。

$$\text{C}_6\text{H}_5\text{—CO}_2\text{C}_2\text{H}_5 \xrightarrow[160℃, 2.7MPa]{CuO \cdot Cr_2O_3 \cdot H_2} \text{C}_6\text{H}_5\text{—CH}_2\text{OH}$$

羧酸衍生物一般比羧酸容易还原，酰氯、酸酐、酯、羧酸成为伯醇，酰胺还原成为胺[5]。在工业上，铜铬氧化物（$CuO \cdot CuCrO_4$）是应用最广泛的催化剂，主要用于催化氢解植物油和脂肪，来制取长链的醇类，如硬脂酸、软脂酸等，用来合成洗涤产品、化学试剂等。

$$RCOOR' + H_2 \xrightarrow[200\sim300℃, 20\sim30MPa]{CuO \cdot CuCrO_4} RCH_2OH + R'OH$$

如果羧酸酯分子中具有不饱和烃基或烃基上连有其他不饱和基团时，在反应过程中将同时被加氢还原，但苯环在催化氢解过程中不受影响。

$$\text{C}_6\text{H}_5\text{—COOC}_2\text{H}_5 + H_2 \xrightarrow[125℃, 30MPa]{CuO \cdot CuCrO_4} \text{C}_6\text{H}_5\text{—CH}_2\text{OH} + C_2H_5OH$$

酰胺不易还原，需要特殊的催化剂并在高温高压下进行。例如：

$$CH_3(CH_2)_9CH_2\text{—}\overset{O}{\overset{\|}{C}}\text{—}NH_2 + H_2 \xrightarrow[250℃, 30MPa]{CuCrO_4} CH_3(CH_2)_{10}CH_2NH_2$$

4. 均相催化氢化

均相催化氢化是指催化剂可溶于反应介质的催化氢化反应，其特点是反应活性高、条件温和、选择性好、不易中毒等，尤其适用于不对称合成，应用广泛，但催化剂价格高。均相催化剂主要是过渡金属钌、铑、铱、铂等的三苯基膦类络合物，磷可以和这些金属形成牢固的配位键。三(三苯基膦)氯化铑可由氯化铑同过量的三苯基膦在乙醇中回流来制备。

$$RhCl_3 \cdot 3H_2O + 3Ph_3P \xrightarrow[\triangle]{C_2H_5OH} (Ph_3P)_3RhCl$$

关于均相催化氢化的机理，以三(三苯基膦)氯化铑为例说明如下：

首先是三(三苯基膦)氯化铑在溶剂 S 和氢作用下，得到络合物 1，而后反应物分子的烯键置换 1 中的溶剂分子 S 生成中间络合物 2，2 迅速进行顺式加成生成络合物 3，随后 3 解离，生成还原产物和溶剂化的 1，并继续参加反应。

均相催化氢化，对羰基、氰基、硝基、卤素、重氮基、酯基等不加氢，选择性好。例如：

$$C_6H_5CH=CH-NO_2 \xrightarrow[H_2]{(Ph_3P)_3RhCl,C_6H_6} C_6H_5CH_2CH_2NO_2$$

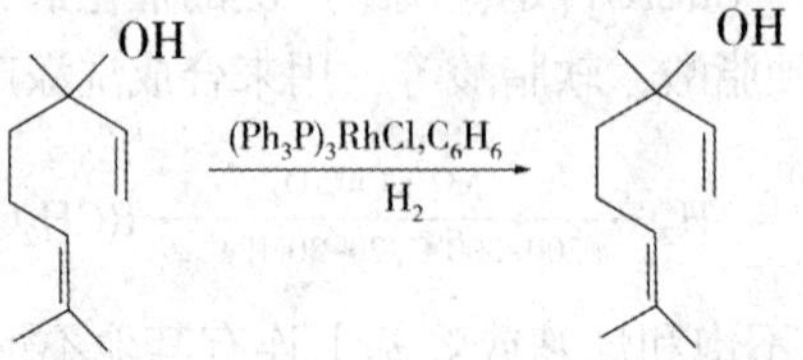

均相催化氢化不氢解苄基和碳-硫键等。例如：

$$C_6H_5CH=CHCOOCH_2C_6H_5 \xrightarrow[H_2]{(Ph_3P)_3RhCl,C_6H_6} C_6H_5CH_2CH_2COOCH_2C_6H_5$$

1996 年，蒋耀忠发明了一种手性催化剂——蒋氏催化剂，其结构如下：

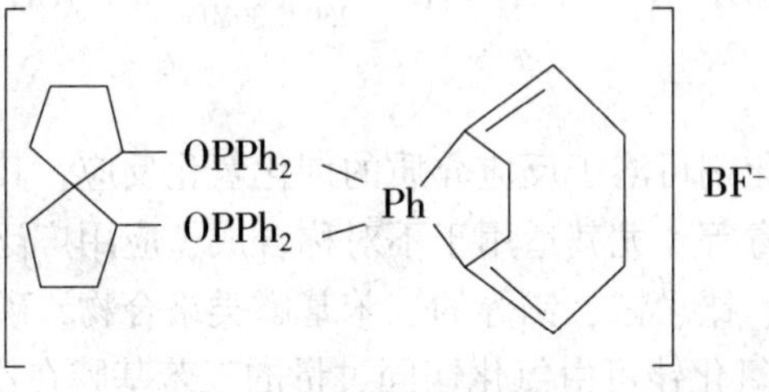

[(+) 或 (−)-(Ⅱ) Rh (COD)] X

COD=1,5-环辛二烯　　X=BF_4^-,Cl^-

该催化剂能特异性地催化 α,β-不饱和氨基酸衍生物不对称加氢，得到高光学活性的氨基酸衍生物，产物水解得光学纯氨基酸。

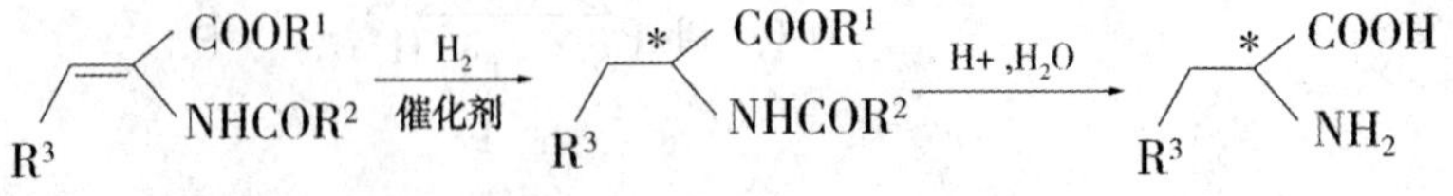

$$\underset{R^3}{\overset{COOR^1}{\diagup}}\underset{NHCOR^2}{\diagdown} \xrightarrow[催化剂]{H_2} \underset{R^3}{\overset{*\ COOR^1}{\diagdown}}\underset{NHCOR^2}{\diagup} \xrightarrow{H^+,H_2O} \underset{R^3}{\overset{*\ COOH}{\diagdown}}\underset{NH_2}{\diagup}$$

该催化剂催化的加氢反应条件温和，在 20℃、0.1MPa 的氢气压力下，10min 完成反应，收率几乎 100%，光学纯度 90%~99%，是一个理想的手性纯氨基酸合成方法通过改变底物和催化剂，可以得到不同构型的氨基酸。

5. 催化转移氢化

该类反应的特点是在催化剂存在下,氢源是有机物分子而非气态氢进行的还原反应。一般常用的氢的给予体是氢化芳烃、不饱和萜类及醇类。例如环己烯、环己二烯、四氢萘、α-蒎烯、乙醇、异丙醇、环己醇等。这类反应主要用于还原不饱和键、硝基、氰基,也可以使苄基、烯丙基以及碳-卤键发生氢解,例如:

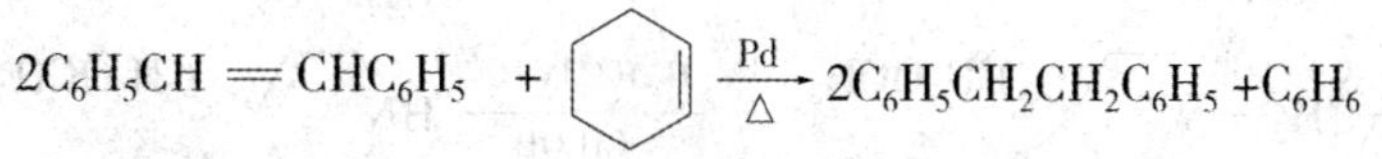

$$2C_6H_5CH = CHC_6H_5 + \bigcirc \xrightarrow[\triangle]{Pd} 2C_6H_5CH_2CH_2C_6H_5 + C_6H_6$$

其他催化转移氢化的具体例子见表3-2。

表3-2 催化转移氢化实例

反应类型	官能团	反应物	催化剂	氢给予体	产物	收率/%
氢化	烯键	辛烯-1	Pd	环己烯	正辛烷	70
		烯丙基苯	Pd	环己烯	正丙基苯	90
		2-丁烯酸	Pd-C	α-水芹烯	丁酸	100
	炔键	二苯乙炔	R-Ni	乙醇	1,2-二苯乙烷	77
	硝基	对硝基甲苯	Pd-C	环己烯	对甲苯胺	95
氢解	C—X	对氯苯甲酸	Pd-C	萜二烯	苯甲酸	90
	C—N	苄胺	Pd-C	四氢萘	甲苯	85

这类反应由于不需要加氢设备,操作简便、使用安全,因而在应用上得到迅速发展。在药物合成中,计划生育药甲羟孕酮(安宫黄体酮)的制备可用转移氢化反应。

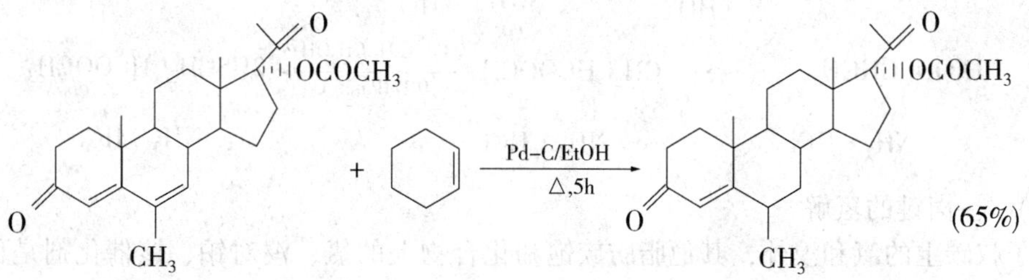

6. 氢解

氢解反应是在催化剂存在下,使碳杂键断裂,由氢取代离去的有机分子中某些不需要的原子或基团(脱卤、脱硫等)、脱除保护基(苄基、苄氧羰基等)。

$$\mathrm{-\overset{|}{\underset{|}{C}}-Y + H_2 \longrightarrow -\overset{|}{\underset{|}{C}}-H + HY}$$

含氮氧的基团如硝基、亚硝基与氨反应生成胺也可看作是氢解。氢解通常在比较温和的条件下进行,在药物合成中应用广泛。

(1) 氢解脱苄基

连在氮、氧原子上的苄基,在 Raney-Ni 或 Pd-C 催化剂存在下,与氢反应,苄基可以脱去，特别是 Pd-C 催化剂，在 0.1MPa、室温或稍高于室温的情况下，就能脱去苄基。例如：

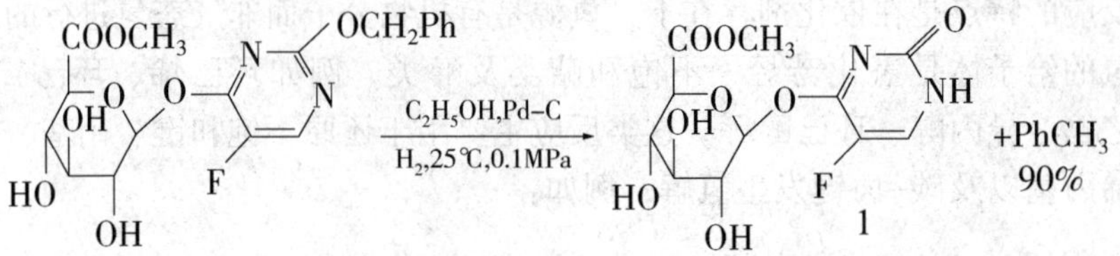

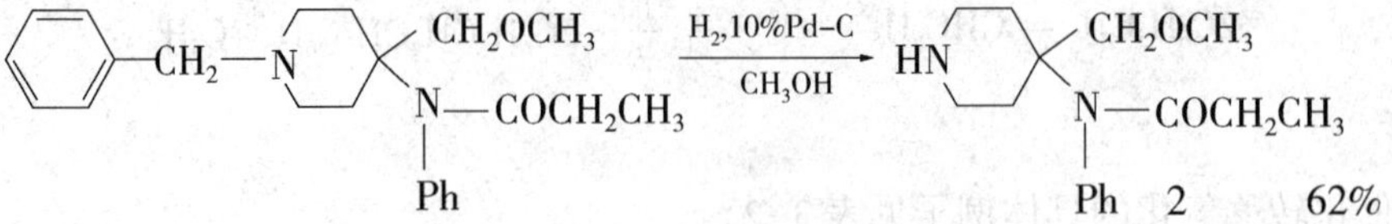

生成的两种产物，1 为抗癌化合物 FU-O-G 的原料，2 为镇痛药盐酸阿芬太尼（Alfentanil）的中间体。

苄基与氮、氧原子相连时，脱苄反应的活性大致有如下活性次序：

$$PhCH_2-\overset{|}{\underset{|}{N^+}}- > PhCH_2-O- > PhCH_2-N\overset{R}{\underset{R'}{\diagdown}} > PhCH_2-NHR$$

（2）碳-硫键、硫-硫键的氢解

硫醇、硫醚、二硫化物、亚砜、砜、磺酸衍生物以及含硫杂环等含硫化合物，可发生氢解，使碳-硫键、硫-硫键断裂。Raney-Ni 是常用的催化剂，有时也用 Pd-C 催化剂。

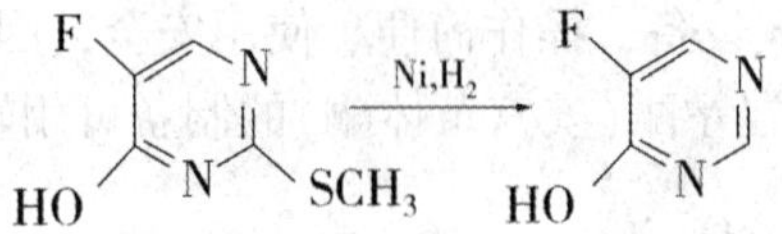

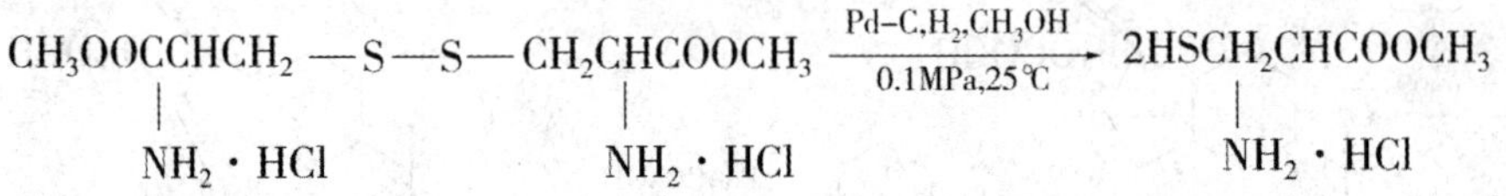

（3）碳-卤键的氢解

除了叔碳上的氯和溴外，其他脂肪族饱和化合物上的氯、溴对铂、铑催化剂是稳定的，碘最容易发生氢解。若卤素受到邻近不饱和键或基团的活化，或卤素与芳环、杂环相连，则容易发生氢解。烃基相同时，氢解活性 C-I>C-Br>C-Cl。卤素相同时，氢解活性酰卤>苄卤>烯丙基卤。芳环上电子云密度较小位置的卤原子容易氢解。例如：

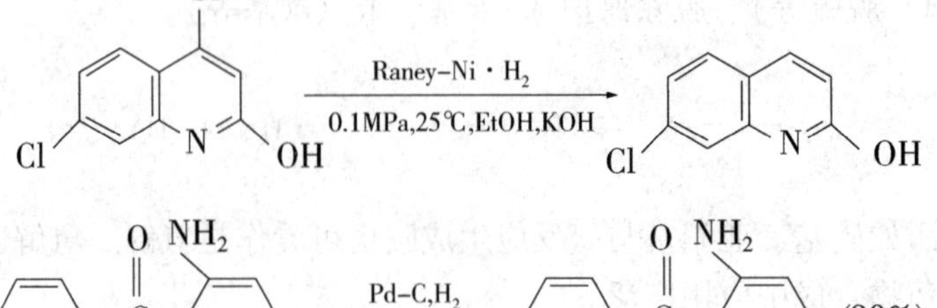

也可用化学法进行氢解。酮、腈、硝基、羧酸、酯、磺酸等的 α-位卤原子活泼,容易发生氢解。例如:

$$C_6H_5COCF_2CF_2COOH \xrightarrow{Zn/HCl} C_6H_5(CH_2)_3COOH \quad (90\%)$$

$$3\text{-}ClC_6H_4COOH \xrightarrow{Ni-Al/NaOH} C_6H_5COOH \quad (100\%)$$

$$\text{(亚甲二氧基苯甲酰)}N(CH_2CH_2F)_2 \xrightarrow{LiAlH_4/AlCl_3}_{THF,0\text{℃},2h} \text{(亚甲二氧基苯甲酰)}N(CH_2CH_3)_2 \quad (40\%)$$

3.1.2 美多心安制备技术

1. 概述

$$CH_3OCH_2CH_2\text{-}C_6H_4\text{-}OCH_2CH(OH)CH_2NHCH(CH_3)_2 \cdot HCl$$

美多心安(Metoprolol),化学名称为 1-异丙氨基-3-[4-(2-甲氧乙基)苯氧基]-2-丙醇盐酸盐(1-Isopropylamino-3-[4-(2-methoxyethyl)phenoxy]-2-propanolhydrochloride)。分子式 $C_{15}H_{25}NO_3 \cdot HCl$,相对分子质量 303.83。呈白色粒状结晶。易溶于水,溶于冰醋酸和乙醇,微溶于苯,不溶于丙酮。熔点 80~81℃。本品为选择性 β-受体阻滞剂。主要用于治疗高血压症,也应用于心绞痛的长期治疗。

2. 制备技术

苯乙醇与硫酸二甲酯发生甲基化后,经混酸硝化、催化氢化还原得到 4-甲氧基乙基苯胺,再经重氮化、水解得到 4-羟基-β-甲氧基乙苯,然后与氯代环丙烷醚化,与异丙胺加成开环,最后与盐酸成盐得美多心安。

$$C_6H_5CH_2CH_2OH \xrightarrow{(CH_3)_2SO_4, NaOH} C_6H_5CH_2CH_2OCH_3 \xrightarrow{HNO_3, H_2SO_4}$$

$$O_2N\text{-}C_6H_4\text{-}CH_2CH_2OCH_3 \xrightarrow{Ni, H_2} H_2N\text{-}C_6H_4\text{-}CH_2CH_2OCH_3 \xrightarrow{①NaNO_2, H_2SO_4}_{② H_2O}$$

$$HO\text{-}C_6H_4\text{-}CH_2CH_2OCH_3 \xrightarrow{ClCH_2CH\text{-}CH_2\text{(环氧)}}$$

$$CH_3OCH_2CH_2\text{-}C_6H_4\text{-}OCH_2CH\text{-}CH_2\text{(环氧)} \xrightarrow{异丙胺}$$

$$\text{CH}_3\text{OCH}_2\text{CH}_2-\bigcirc-\text{OCH}_2\text{CHCH}_2\text{NH}\overset{\text{CH}_3}{\underset{\text{CH}_3}{\text{CH}}} \xrightarrow{\text{HCl}}$$
$$\text{OH}$$

$$\text{CH}_3\text{OCH}_2\text{CH}_2-\bigcirc-\text{OCH}_2\text{CHCH}_2\text{NHCH(CH}_3)_2 \cdot \text{HCl}$$
$$\text{OH}$$

其生产工艺[6-8]如下。

(1) 甲基化

将苯乙醇 150.0g 和氢氧化钠加入反应瓶中，搅拌下于 95℃ 缓缓滴入硫酸二甲酯 175.2mL，加毕，保温 2h，反应完成加水水解，放冷后，用乙醚提取，提取液用无水硫酸钠干燥，回收乙醚，将残留液减压蒸馏，收集 84~86℃、22×133.3Pa 的馏分，即得无色透明液体苯乙基甲醚，收率 89%~93%。

(2) 硝化

在 0℃ 以下将苯乙基甲醚 36.0g，缓缓加入 100mL 硫酸及硝酸的混合液中，加毕继续搅拌 1h，反应完成后将反应液倾入冰水中析出固体，过滤得 4-硝基苯乙基甲醚的粗品，经重结晶得微黄色针状结晶，熔点 61~62℃，收率 46.5%~53%。

(3) 还原

将 4-硝基苯乙基甲醚溶于 5~10 倍体积的 95%乙醇中，加入适量的雷尼镍进行氢化，直至吸收氢气至理论量反应即完成。将反应液过滤，滤液回收乙醇后进行减压蒸馏，收集 117~122℃、8×133.3Pa 的馏分，即得无色透明液体 4-氨基苯乙基甲醚，收率 90%~93%。

(4) 重氮化水解

将 4-氨基苯乙基甲醚溶于约 20 倍体积的稀硫酸中，冷至 0℃，加入理论量的亚硝酸钠溶液。重氮化反应完成后，将产物进行水解。然后用醚提取生成的酚，提取液经硫酸钠干燥，回收乙醚，将残留液减压蒸馏，收集 127℃、8×133.3Pa 的馏分，即得黄色液体 4-羟基苯乙基甲醚，冷后即析出针状结晶，收率 86%~88%。

(5) 缩合

将 4-羟基苯乙基甲醚 20.0g 在碱的存在下与环氧氯代丙烷 18.4g 进行反应，反应完成后，用醚提取，提取液经干燥后蒸去乙醚，将残留液减压蒸馏，收集 118~128℃、35×133.3Pa 的馏分，即得淡黄色透明液体 3-[4-(2-甲氧乙基)苯氧基]-1,2-环氧丙烷，收率 89.0%~95%。

(6) 胺化

将 3-[4-(2-甲氧乙基)苯氧基]-1,2-环氧丙烷 24g 及异丙胺 40mL 溶于异丙醇中，于 100℃反应 5h。然后将反应液蒸去溶剂，残留物用石油醚重结晶即得白色针状结晶 1-异丙氨基-4-[4-(2-甲氧乙基)苯氧基]-2-丙醇，熔点 52~53℃，收率 77%~80%。

(7) 成盐

将 1-异丙氨基-4-[4-(2-甲氧乙基)苯氧基]-2-丙醇 18g 溶于醋酸乙酯中，通入干燥氯化氢使呈明显的酸性,放冷即析出白色粒状结晶美多心安,熔点80~81℃,收率87%。

3.1.3 水杨酸双乙丙胺制备技术

1. 概述

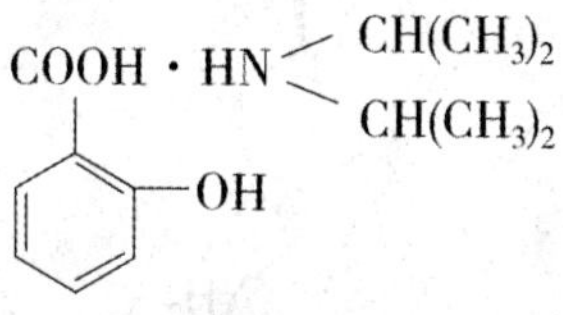

$$\text{COOH} \cdot \text{HN} \begin{smallmatrix} \text{CH(CH}_3)_2 \\ \text{CH(CH}_3)_2 \end{smallmatrix}$$

水杨酸双异丙胺(DiisoProPylamine salicylate,简称 DS),分子式 $C_{13}H_{21}NO_3$,相对分子质量 239.35,白色结晶,熔点 148~150℃。该药物具有快速持久和较强的降压作用及减慢心率作用,且毒性低,是一个有希望的降压新药[9]。

2. 制备技术

异丙胺与丙酮缩合得到 schiff 碱,再经雷尼镍催化氢化得到双异丙胺,最后与水杨酸在乙醇中成盐得到水杨酸双乙丙胺。

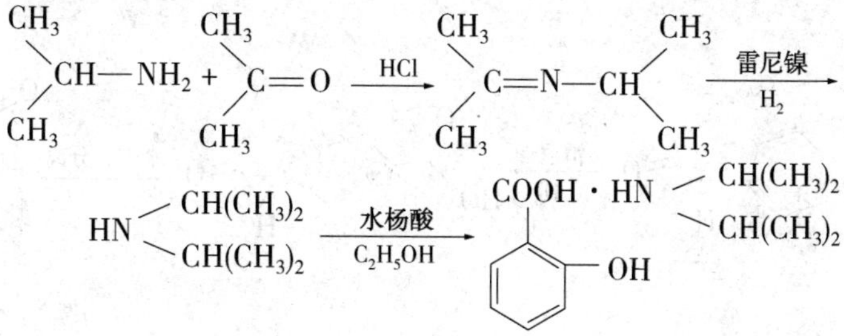

其生产工艺[10]如下。

(1) 异丙基异丙烯胺的制备

将异丙胺 59.1g,无水丙酮 58.1 置于棕色带盖瓶内,摇匀,缓缓滴入浓盐酸 0.6g,自然升温到 50℃,然后冷却至室温放置 48h,加入固体氢氧化钠放置一昼夜,分层,除去水层。常压蒸馏有机物层,收集 90~98℃馏分,得产物 85~90g。

(2) 双异丙胺的制备

取上述产物 80g,雷尼镍 8g 置于高压釜内,于 5MPa、通入氢气,维持内温 90℃左右进行反应,至不吸收氢气为止。反应结束后,停止搅拌,冷却至室温,过滤,滤液进行常压蒸馏。收集 75~85℃馏分即得到粗品。将粗品双异丙胺加至封口瓶内,加入质量浓度相当于 50%(质/体)的固体氢氧化钠,于室温放置 24h 以上。使自然分层,下层弃去。上层液进行水浴蒸馏。收集 78~85℃的馏分,得到产品 60~66g,含量在 85%以上。

(3) 水杨酸双异丙胺的合成

取药用水杨酸 47g 置于三口瓶中,加入无水乙醇 100mL,搅拌使之溶解。控制温度不超过 50℃,加入双异丙胺 70mL,滴加完毕后,如反应液 pH 尚未达偏碱性,加双异丙胺,然后于 50℃±2℃反应 1.5h,反应结束自然降温至 15℃,析出结晶于 80℃以下干燥。再用无水乙醇结晶,得白色结晶成品 65g,收率 82.9%,成品熔点 148~150℃。

3.1.4 凝血酸制备技术

1. 概述

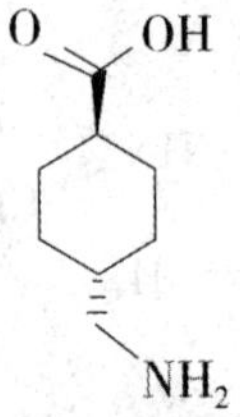

凝血酸，化学名称为反-4-氨甲基环己烷羧酸，分子式 $C_8H_{15}NO_2$，相对分子质量157。本品呈白色结晶性粉末，熔点386~392℃（分解），可溶于酸及碱，几乎不溶于有机溶剂[11]，用作止血剂。

2. 制备技术

在 Raney 镍存在下，4-乙酰氨甲基苯甲酸经加氢还原得到 4-乙酰氨甲基环己烷羧酸，后者水解后得到的 4-氨甲基环己烷羧酸，再经分离获得目标产物反-4-氨甲基环己烷羧酸即得凝血酸。

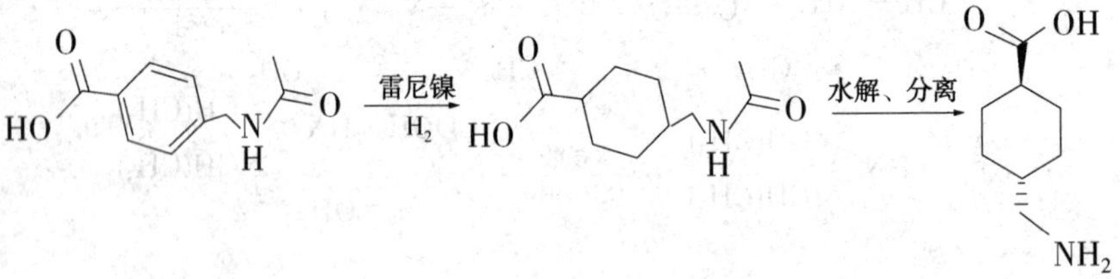

其生产工艺[12]如下。

将 4-乙酰氨甲基苯甲酸 7.8g 溶于氢氧化钠 16g 和水 30mL 的溶液中，加触媒雷尼镍 2.4g 放入高压釜中于氢气压力 8.9MPa（室温）下加热升温至 180℃。振摇 2.5h 进行接触还原，使其吸收理论量的氢，可生成 4-乙酰氨甲基环己烷-1-羧酸。冷却后，过滤除去触媒，滤液加氢氧化钠 1.76g 加热回流 4h。生成顺、反式混合的 4-氨甲基环己烷-1-羧酸。冷却后加对甲苯磺酸 24g，放置后析出无色板状结晶。过滤，用冷水洗净，可得熔点 258~260℃ 的结晶 44.2g。将此结晶溶于温水 50mL 中通过弱碱性离子交换树脂 Amberlile IR-4B（OH-）16mL 的柱除去对甲苯磺酸，收集流出的溶液，浓缩后，用丙醇-水重结晶，可得反-4-氨甲基环己烷-1-羧酸即凝血酸 0.88g。再用 3% 盐酸通过上述的弱碱性离子交换树脂塔，流出的溶液浓缩后，可回收对甲苯磺酸。

参 考 文 献

[1] 孙昌俊，曹晓冉，王秀菊. 药物合成反应——理论和实践[M]. 北京：化学工业出版社，2007：57-62.
[2] 孔祥文. 有机化学[M]. 2版：北京：化学工业出版社，2018：45-46.
[3] 陈宏博. 有机化学[M]. 4版：大连：大连理工大学出版社，2015：81.
[4] 孔祥文. 有机化学反应和机理[M]. 北京：中国石化出版社，2018：190-193.
[5] 孔祥文. 有机化学[M]. 北京：化学工业出版社，2010：36.

[6] 王朝阳,毛海舫,谭龙泉. 一种制备美多心安的方法:中国,105820057[P]. 2016-8-3.
[7] 田建文. 美多心安的合成进展[J]. 化工中间体,2007,(4):19-21.
[8] 费利浦·加里思·托马斯,罗伯特森·布朗·威廉姆,伯托拉·莫罗·阿蒂利奥. 生产4-(2-甲氧乙基)-苯基缩水甘油醚和(或)美多心安的方法:中国,86100965[P]. 1986-10-1.
[9] 陈修,刘立英,邓汉武,等. 水杨酸双异丙胺降压作用的药理研究[J]. 药学学报,1983,(7):481-486.
[10] 王万武,莫军武. 降压新药水杨酸双异丙胺的合成[J]. 中国药学杂志,1982,(4):59.
[11] Ramezani A. R.,Ahmadieh.,Ghaseminejad A. K.,et al. 凝血酸对早期玻璃体切除术后糖尿病性出血的影响:一项随机临床试验[J]. 世界核心医学期刊文摘·眼科学分册,2005,(11):32-33.
[12] 童菲. 新凝血药——凝血酸的合成方法[J]. 药学工业,1972,(3):31-32.

3.2 金属氢化还原反应技术

3.2.1 金属氢化物

金属氢化物(Metalhydride)包括四氢铝锂、硼氢化锂、硼氢化钠、硼氢化钾等,还原能力依次为:四氢铝锂>硼氢化锂>硼氢化钠>硼氢化钾,其中四氢铝锂还原能力最强,它是由粉状氢化锂与无水三氯化铝在干醚中反应制备的。

$$4LiH + AlCl_3 \longrightarrow LiAlH_4 + 3LiCl$$

$LiAlH_4$ 性质非常活泼,遇水、醇、酸等含活泼氢的化合物立即分解,所以反应要在无水条件下进行,常用的溶剂是无水乙醚和干燥的四氢呋喃。反应结束后可加入乙醇、含水乙醚、10%的氯化铵水溶液、水、饱和硫酸钠溶液等将未反应的四氢铝锂分解。

$$LiAlH_4 + H_2O \longrightarrow LiAlO_2 + 4H_2\uparrow$$

硼氢化钠、硼氢化钾还原能力比四氢铝锂弱,故可作为选择性还原剂,且操作简便、安全,为本类还原反应的首选试剂。在羰基化合物的还原中,分子中的硝基、氰基、亚氨基、双键、卤素等可不受影响,在制药工业中得到广泛应用。

羧基中的羰基由于 p-π 共轭效应的结果,失去了典型羰基的特性,所以羧基很难用催化氢化或一般的还原剂还原,只有特殊的还原剂如 $LiAlH_4$ 能将其直接还原成伯醇。$LiAlH_4$ 是选择性的还原剂,只还原羧基,不还原碳碳双键。例如:

$$CH_3-CH=CH-COOH \xrightarrow{LiAlH_4} CH_3-CH=CH-CH_2OH$$

Brown 发现乙硼烷(B_2H_6)在四氢呋喃中可以将脂肪酸和芳香酸快速而又定量地还原成伯醇,而其他活泼的基团(—CN、—NO_2、—CO—)不受影响。例如:

$$NC-\text{C}_6\text{H}_4-COOH \xrightarrow[0℃]{B_2H_6 \text{四氢呋喃}} NC-\text{C}_6\text{H}_4-CH_2OH$$

两个还原剂的区别在于:$LiAlH_4$ 不能还原碳碳双键,而 B_2H_6 能还原碳碳双键[1]。

羧酸衍生物一般比羧酸容易还原,酰氯、酸酐、酯还原成为伯醇,酰胺还原成为胺,腈还原成伯胺。

$$\text{R-CO-Cl} \xrightarrow{} \text{RCH}_2\text{OH} + \text{HX}$$

$$\text{R-CO-O-CO-R'} + \text{LiAlH}_4 \xrightarrow[\text{②H}^+]{\text{①乙醚}} \text{RCH}_2\text{OH} + \text{R'CH}_2\text{OH}$$

$$\text{R-CO-OR'} \xrightarrow{} \text{RCH}_2\text{OH} + \text{R'OH}$$

酰胺的还原需要过量的氢化铝锂，还原产物可以是不同类型的胺。例如：

$$\text{C}_6\text{H}_{11}\text{-CO-N(CH}_3)_2 \xrightarrow[\text{回流}]{\text{LiAlH}_4,\text{乙醚}} \text{C}_6\text{H}_{11}\text{-CH}_2\text{-N(CH}_3)_2 \quad 88\%$$

当氢化铝锂中的氢原子被烷氧基取代后，其还原能力减低，可以进行选择性还原。例如，三叔丁氧基氢化铝锂将酰卤还原至相应的醛，二乙氧基氢化铝锂或三乙氧基氢化铝锂可将酰胺还原成相应的醛。例如：

$$\text{NC-C}_6\text{H}_4\text{-COCl} \xrightarrow{\text{LiAlH[OC(CH}_3)_3]_3} \xrightarrow{\text{H}_2\text{O}} \text{NC-C}_6\text{H}_4\text{-CHO} \quad 80\%$$

$$\text{CH}_3(\text{CH}_2)_2\text{CON(CH}_3)_2 \xrightarrow{\text{LiAlH(OC}_2\text{H}_5)_3} \xrightarrow{\text{H}_2\text{O}} \text{CH}_3(\text{CH}_2)_2\text{CHO} + (\text{CH}_3)_2\text{NH}$$

使用 LiAlH_4、NaBH_4 等化学试剂也可将醛、酮还原成醇。氢化铝锂的还原能力强于硼氢化钠，对羰基、硝基、氰基、羧基、酯、酰胺、卤代烃等都能够还原[2]。但这两个试剂对于碳碳双键和三键都没有还原能力，因此可以作为选择性的还原试剂，把带有不饱和烃基的醛、酮还原成不饱和的醇。例如：

$$\text{CH}_3\text{CH}=\text{CH-CHO} \xrightarrow{\text{LiAlH}_4} \xrightarrow{\text{H}_3^+\text{O}} \text{CH}_3\text{CH}=\text{CHCH}_2\text{OH} \quad (90\%)$$

氢化铝锂能与质子溶剂反应，因而要在乙醚等非质子溶剂中使用，然后水解得到醇[3]，例如：

$$(\text{C}_6\text{H}_5)_2\text{CHCOCH}_3 \xrightarrow[\text{②H}_2\text{O,H}^+]{\text{①LiAlH}_4,\text{乙醚}} (\text{C}_6\text{H}_5)_2\text{CHCH(OH)CH}_3 \quad (84\%)$$

这种还原的过程一般认为是氢负离子转移到羰基的碳上，这与 Grignard 试剂中烃基对羰基的加成类似。

$$\text{C=O} + \text{H-AlH}_3^- \longrightarrow \text{H-C-OAlH}_3^- \xrightarrow{^3\text{C=O}}$$

$$\left[\text{H-C-O}\right]_4\text{Al}^- \xrightarrow{\text{H}_2\text{O}} \text{H-C-OH} + \text{Al(OH)}_3$$

LiAlH$_4$ 和 NaBH$_4$ 中的每个氢原子都可以还原一个羰基。硼氢化钠在碱性水溶液或醇溶液中是一种温和的还原试剂，例如：

$$\text{O}_2\text{N-C}_6\text{H}_4\text{-CHO} + \text{NaBH}_4 \xrightarrow{\text{C}_2\text{H}_5\text{OH}} \text{O}_2\text{N-C}_6\text{H}_4\text{-CH}_2\text{OH} \quad (82\%)$$

工业上一般用 KBH$_4$，因为 NaBH$_4$ 容易吸潮。

3.2.2 多巴酚丁胺制备技术

1. 概述

$$\text{HO-C}_6\text{H}_3(\text{OH})\text{-CH}_2\text{CH}_2\text{NHCH}(\text{CH}_3)\text{-CH}_2\text{CH}_2\text{-C}_6\text{H}_4\text{-OH} \cdot \text{HCl}$$

多巴酚丁胺(Dobutamine)化学名称为 dl-3,4-二羟基-N-3-(4-羟基苯胺)-1-甲基-β-苯乙胺盐酸盐，是多巴胺的衍生物。分子式为 C$_{18}$H$_{23}$NO$_3$·HCl，相对分子质量 337.85，呈白色结晶性粉末，无臭、味苦，易溶于甲醇、吡啶、N,N-二甲基甲酰胺，难溶于水和乙醇，几乎不溶于氯仿，熔点 188～191℃。本品为 β-受体兴奋剂，儿茶酚胺类增加心肌收缩力的药物，可增强心肌收缩力，增加心排血量，还用于急性循环功能不全的治疗[4]。

2. 制备技术

将 4-(对甲氧苯基)丁烯-2-酮催化氢化得 4-(对甲氧苯基)-2-丁酮，再与 2-(3,4-二甲氧苯基)乙胺缩合得亚胺经 KBH$_4$ 还原得叔胺，与溴化氢作用发生醚键断裂，再与 HCl 成盐即得目标产物。

$$\text{CH}_3\text{O-C}_6\text{H}_4\text{-CH=CHCOCH}_3 \xrightarrow[\text{H}_2]{\text{Rency-Ni}} \text{CH}_3\text{O-C}_6\text{H}_4\text{-CH}_2\text{CH}_2\text{COCH}_3$$

$$\xrightarrow{\text{CH}_3\text{O-C}_6\text{H}_3(\text{OCH}_3)\text{-CH}_2\text{CH}_2\text{NH}_2} \text{CH}_3\text{O-C}_6\text{H}_3(\text{OCH}_3)\text{-CH}_2\text{CH}_2\text{N=C(CH}_3\text{)-CH}_2\text{CH}_2\text{-C}_6\text{H}_4\text{-OCH}_3$$

$$\xrightarrow{\text{KBH}_4} \text{CH}_3\text{O-C}_6\text{H}_3(\text{OCH}_3)\text{-CH}_2\text{CH}_2\text{NHCH(CH}_3\text{)-CH}_2\text{CH}_2\text{-C}_6\text{H}_4\text{-OCH}_3$$

$$\xrightarrow[\text{HCl}]{42\%\text{HBr}} \text{HO-C}_6\text{H}_3(\text{OH})\text{-CH}_2\text{CH}_2\text{NHCH(CH}_3\text{)-CH}_2\text{CH}_2\text{-C}_6\text{H}_4\text{-OH} \cdot \text{HCl}$$

其生产工艺[5,6]如下。

(1) 4-(对甲氧苯基)-2-丁酮的制备

将 4-(对甲氧苯基)丁烯-2-酮 360g，Raney-Ni 40g，乙酸乙酯 1L 置于氢化反应瓶中，在室温下常压催化氢化，当吸氢至理论量时停止氢化反应，出料、过滤、滤液回收溶剂后经减压蒸馏得 4-(对甲氧苯基)-2-丁酮 350g，收率 88.71%。

(2) dl-3,4-二甲氧基-N-[3-(4-甲氧基苯基)-1-甲基丙基]-β-苯乙胺的制备。

将4-(对甲氧苯基)-2-丁酮98g、2-(3,4-二甲氧苯基)乙胺90.5g、苯200mL、对甲基苯磺酸少量置于反应瓶中，回流，分水，待分出的水达到理论量时，回收溶剂而得亚胺，加甲醇600mL，分次加入钾硼氢80g，搅拌回流14h，回收甲醇，然后加水溶解，用乙醚提取、干燥，然后加乙醚-盐酸溶液，析出结晶，再用乙醇重结晶，得叔胺127g，收率66.9%，熔点146~148℃。

(3) 多巴酚丁胺的制备。

将叔胺40g、42%的溴化氢700 mL混合于反应瓶中，搅拌回流6.5h，冷却至室温，滤出结晶，然后加水溶解，加浓盐酸析出结晶，再用4mol/L盐酸重结晶1次，得产物20g，收率56.2%，熔点188.5~190.5℃。

3.2.3 益康唑制备技术

1. 概述

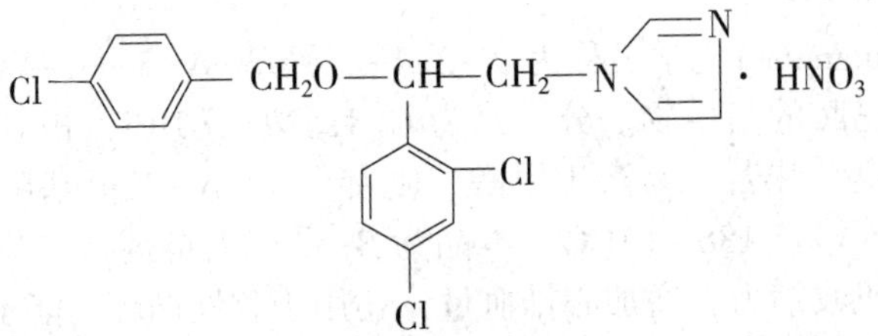

益康唑（Econazol）化学名称为1-[2-(2,4-二氯苯基)-2-(4-氯苄氧基)乙基]咪唑硝酸盐（1-[2-(2,4-dichlorophenyl)-2-(4-chlorobenzyloxy)-ethyl]imidazde nitrate），分子式$C_{18}H_{15}Cl_3N_2O$，相对分子质量381.68。本品为白色结晶，游离碱的熔点86~87℃，具有抗真菌作用，用作广谱抗真菌药，对皮肤癣菌、皮肤念珠菌与阴道念珠菌等感染有显效，副作用小[7]。

2. 制备技术

1,3-二氯苯与α-氯乙酰氯发生Friedel-Crafts酰化、金属氢化物法还原，再与咪唑缩合，与对氯苄氯醚化，与硝酸成盐得益康唑。

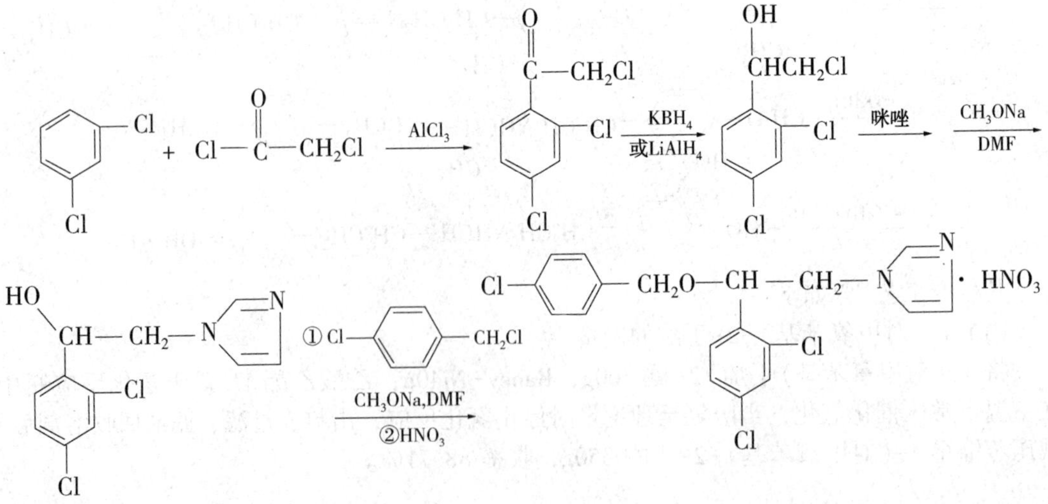

其生产工艺[8-11]如下。

（1）酰化

在装有回流器，搅拌器的反应瓶中，加入间二氯苯和无水三氯化铝，搅拌下滴加氯乙酰氯，滴加完毕，于50℃下保温反应3h，将反应物倒入冰-盐酸中，油相干燥后减压分馏，得到α,2,4-三氯苯乙酮。

（2）还原

在三颈瓶中，加入硼氢化钠16.0g，甲醇100mL，开始搅拌，将含有60g(2,4-二氯苯基)-α-氯乙酮的300mL甲醇溶液，在室温下滴入，滴完，在40~50℃下搅拌5h后，加入稀盐酸至反应液呈中性，蒸出甲醇，加入水，析出油状物。用乙醚抽提，合并乙醚提取液，用无水硫酸钠干燥，蒸去乙醚，再减压除去残余溶剂，即得无色还原物2,4-二氯-α-氯甲基苯甲醇48.4g，熔点50~51℃。

（3）缩合、醚化、成盐

在三颈瓶中加入2,4-二氯-α-氯甲基苯甲醇34.0g、咪唑10.2g、催化剂乙醇钠和DMF 180mL，于114℃下搅拌反应3h。然后于搅拌下滴加对氯苄氯28.8g，滴完，40~50℃搅拌3h，然后加入适量水，析出黄色油状物，用乙醚提取数次，合并乙醚提取液，加入70%浓硝酸12mL，冷却后析出结晶，过滤，烘干，得到益康唑粗品，用乙醇重结晶得到白色结晶43.5g，产率65%，熔点164~165℃。

参 考 文 献

[1] 孔祥文.有机化学[M].2版.北京：化学工业出版社，2018：303.
[2] 孔祥文.有机化学反应和机理[M].北京：中国石化出版社，2018：197-200.
[3] 孙昌俊，曹晓冉，王秀菊.药物合成反应——理论和实践[M].北京：化学工业出版社，2007：57-62.
[4] 鲍德喜，王红喜.抗休克新药多巴酚丁胺的合成[J].中国医药工业杂志，1981，(9)：7.
[5] 徐少民，吴双俊.盐酸多巴酚丁胺注射液处方及制备工艺研究[J].北方药学，2010，(5)：16-18.
[6] 王贵法，黄萍.盐酸多巴酚丁胺葡萄糖注射液制备工艺研究[J].中国药业，2003，(9)：43-44.
[7] 廖永卫，李鸿勋.光学活性益康唑和咪康唑的对映体选择性合成及其抗真菌活性[J].药学学报，1993，(1)：22-27.
[8] Godefroi E. Heeres J. 1-(beta-aryl)ethylimidazolederivatives：US, 3717655[P].1973-02-20.
[9] 邵律成，陈红，王小燕，等.正交设计法优化硝酸益康唑的合成工艺[J].药学实践杂志，2007，(2)：102-103.
[10] 杨济秋，周克亮，孙常晟，等.抗霉菌药益康唑的合成[J].第二军医大学学报，1982，(1)：84-86.
[11] 唐仕昆，钱虎，庄毅，等.益康唑合成方法改进[J].医药工业，1985，(6)：42-43.

第4章 氧化反应

4.1 高锰酸钾氧化

4.1.1 高锰酸钾

高锰酸钾是很强的氧化剂，可在酸性、中性及碱性条件下使用，由于介质的pH值不同，氧化能力也不同。氧化反应通常在水中进行，若被氧化的有机物难溶于水，可用丙酮、吡啶、冰醋酸等有机溶剂溶解。高锰酸钾可与冠醚（例如二苯并-18-冠-6）形成络合物，增加在非极性有机溶剂中的溶解度，而使其氧化能力增强[1]。

在中性或碱性介质中，高锰酸钾的反应为：

$$2KMnO_4 + H_2O \longrightarrow 2MnO_2 + 2KOH + 3[O]$$

反应中由于生成氢氧化钾而使碱性增强，因此，可加入 $MgSO_4$、$Al_2(SO_4)_3$ 等，使之生成碱式硫酸镁、碱式硫酸铝以降低溶液的碱性，也可通入 CO_2 气体。例如：

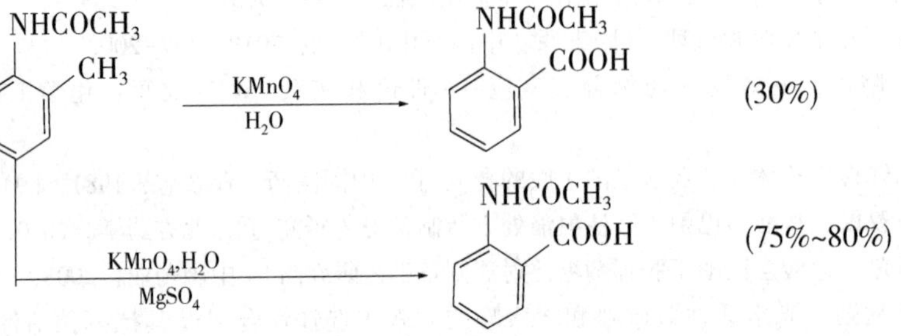

有时可向反应体系中加入一定量的 Na_2CO_3，可以减少 MnO_2 过滤时的困难。

中性介质中，高锰酸钾可将芳环上的乙基氧化成乙酰基，例如：

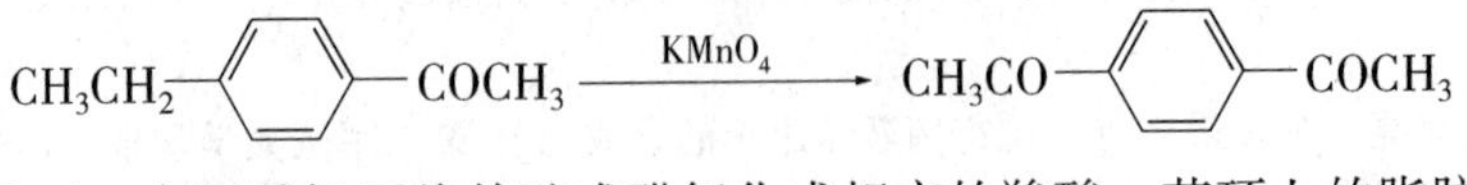

在碱性条件下，高锰酸钾可将伯醇或醛氧化成相应的羧酸，芳环上的脂肪族侧链氧化成羧基，芳基甲基酮的甲基也可氧化成羧基，生成 α-酮酸。四氢萘在碱性条件下可被氧化为邻羧基苯乙酮酸。

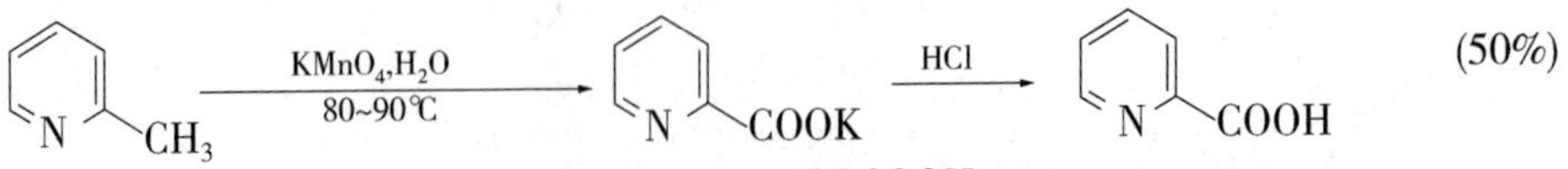

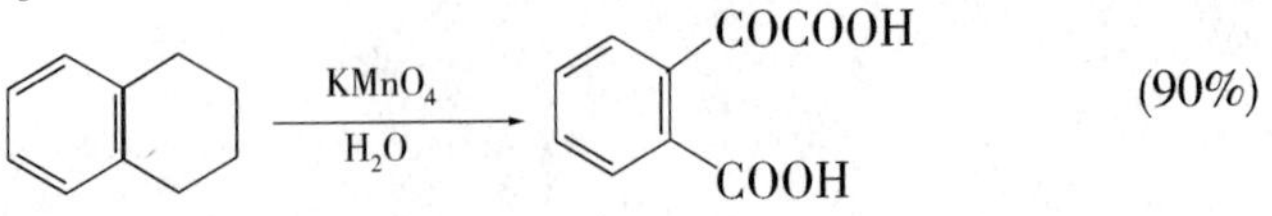

仲醇氧化生成酮，若酮羰基的α-碳上有氢，则易发生烯醇化，后者也进一步氧化，发生碳-碳键断裂，使氧化产物复杂化，无制备价值。

若将$KMnO_4$，载在沸石分子筛(Zeolite)上，能很好地氧化二苯甲烷以及不饱和醇中的羟基生成不饱和酮而不引起不饱和键的氧化。

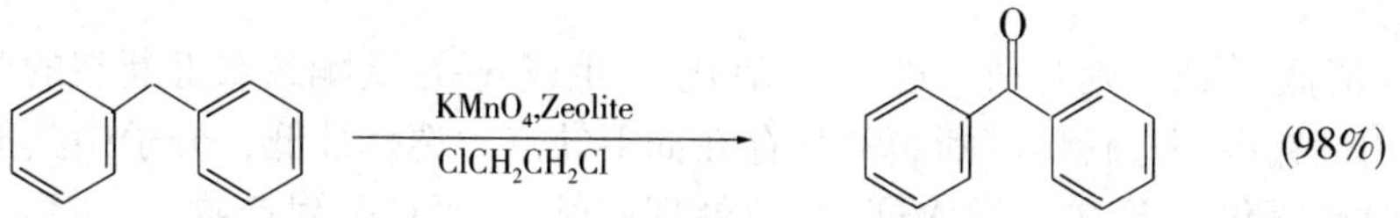

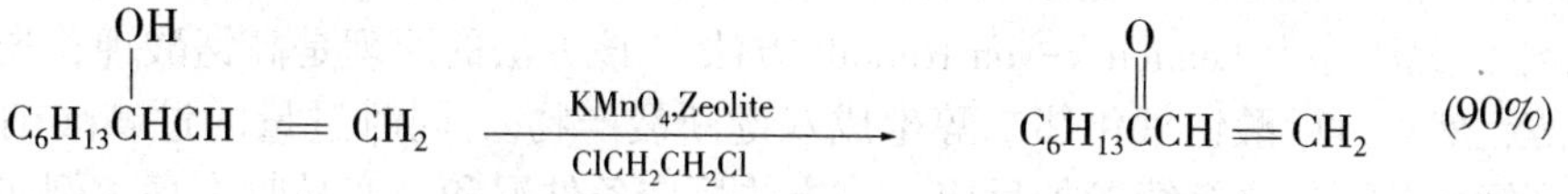

在酸性条件下，高锰酸钾的反应为：

$$2KMnO_4+3H_2SO_4 \longrightarrow K_2SO_4+2MnSO_4+3H_2O+5[O]$$

很显然，高锰酸钾在酸性条件下的氧化能力远远大于中性或碱性条件，但选择性差，因此其应用范围也受到限制。在酸性条件下，氧化芳香族及杂环化合物的侧链时，可伴有脱羧反应，芳环有时也被氧化。适用于产物比较稳定的化合物的合成。稠环化合物经高锰酸钾氧化时，部分芳环被破坏，例如α-硝基萘氧化为硝基邻苯二甲酸。

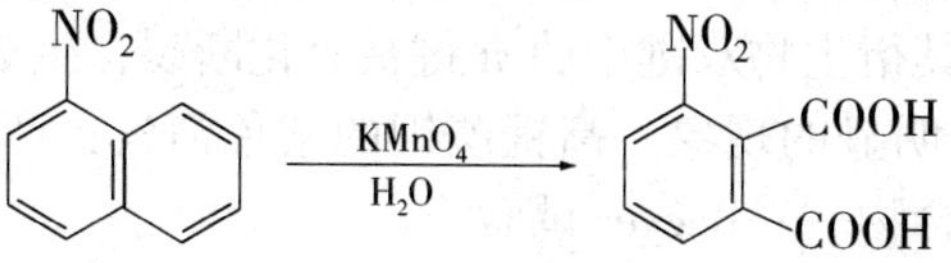

氧化反应可看作是一种亲电过程，电子云密度较大的环容易被氧化。在上述例子中，与硝基相连的苯环电子云密度低，环较稳定，不容易被氧化。

在温和的条件下，可将烯烃氧化成邻二醇。高锰酸钾氧化烯烃的机理，是首先生成环状锰酸酯，后者水解生成顺1,2-二醇。

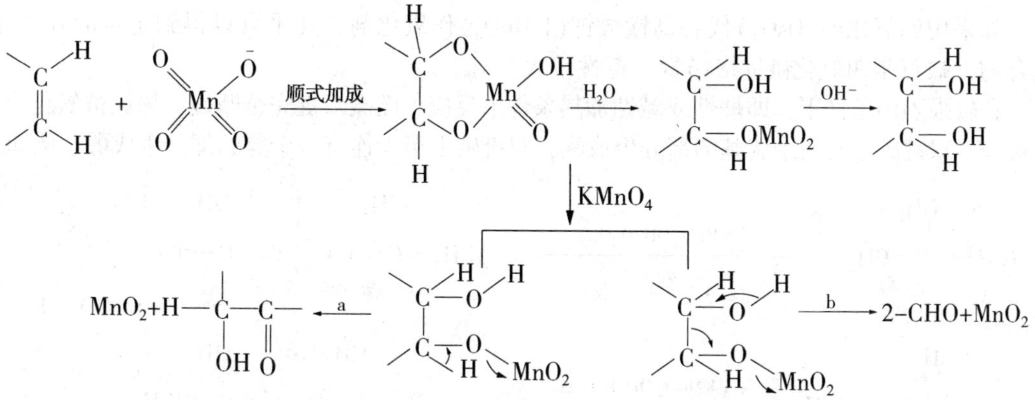

中间体锰酸酯水解生成邻二醇，但也可以进一步被氧化，究竟发生何种反应，取决于反应液的pH值。pH值保持在12以上，并使用计算量的低浓度高锰酸钾，则生成邻二醇，例如：

[反应式：甾体化合物经 KMnO₄, CH₃COCH₃, HCOOH, 0℃ 氧化生成 16,17-二羟基产物 (90%)]

若 pH 值低于 12,则有利于进一步氧化,生成 α-羟基酮或双键断裂的产物。

单独用高锰酸钾进行烯键断裂氧化存在如下缺点：选择性低,分子中其他容易氧化的基因可能同时被氧化；产生大量 MnO_2,后处理麻烦,而且吸附产物。使用 Lemieux 试剂可克服以上缺点。将高锰酸钾和过碘酸钠按一定的比例配成溶液([$NaIO_4$]∶[$KMnO_4$] = 6∶1)作氧化剂,此法称为 Lemieux-von Rudolff 方法。该方法的原理是高锰酸钾首先氧化双键生成邻二醇,然后过碘酸钠氧化邻二醇生成双键断裂产物。同时过量的过碘酸钠将锰化合物氧化成高锰酸盐,使之继续参加反应。该方法反应条件温和,产品收率高。例如：

$$CH_3(CH_2)_7CH=CH(CH_2)_7COOH \xrightarrow[H^+,20℃]{KMnO_4/NaIO_4/K_2CO_3} CH_3(CH_2)_7COOH + (CH_2)_7\begin{matrix}COOH\\COOH\end{matrix}\quad(100\%)$$

4.1.2 高锰酸钾的应用

烯烃可以用高锰酸钾氧化,条件不同,产物也不同。在冷、稀、中性高锰酸钾或在碱性室温条件下进行,烯烃或其衍生物双键中的 π 键被氧化断裂,生成顺式邻二羟基化合物(顺式-α-二醇)。此反应具有明显的现象,高锰酸钾的紫色消失,产生褐色二氧化锰。故可用来鉴别含有碳碳双键的化合物——Baeyer 试验[2]。

[反应式：烯烃与 MnO_4^- 冷反应生成环状锰酸酯中间体,再经 H_2O/⁻OH 水解生成顺式邻二醇]

如果用四氧化锇(OsO_4)代替高锰酸钾($KMnO_4$)作氧化剂,几乎可以得到定量的 α-二醇化合物,缺点是四氧化锇价格昂贵、毒性较大。

在较强烈的条件下,即酸性或碱性加热条件下反应,碳碳双键完全断裂,烯烃被氧化成酮或羧酸。双键碳连有两个烷基的部分生成酮,双键碳上至少连有一个氢的部分生成酸。例如：

$$C_2H_5-\underset{\underset{CH_3}{|}}{C}=CH_2 \xrightarrow[②H^+]{①KMnO_4,OH^-,H_2O,\Delta} C_2H_5-\underset{\underset{CH_3}{|}}{C}=O + \left[O=\underset{\underset{OH}{|}}{C}-OH\right] \longrightarrow CO_2+H_2O$$

丁酮

$$CH_3-\underset{\underset{CH_3}{|}}{C}=CH-C_2H_5 \xrightarrow[②H^+]{①KMnO_4,OH^-,H_2O,\Delta} CH_3-\underset{\underset{CH_3}{|}}{C}=O + O=\underset{\underset{OH}{|}}{C}-C_2H_5$$

丙酮　丙酸

烯烃结构不同,氧化产物也不同,此反应可用于推测原烯烃的结构。

$$R-\underset{H}{\overset{R}{C}}= \xrightarrow{\text{被氧化为}} R-\overset{R}{\underset{}{C}}=O$$

$$R-\underset{H}{\overset{H}{C}}= \xrightarrow{\text{被氧化为}} R-\overset{OH}{\underset{}{C}}=O$$

$$H-\underset{H}{\overset{H}{C}}= \xrightarrow{\text{被氧化为}} HO-\overset{OH}{\underset{}{C}}=O$$

与烯烃相似，炔烃也可以被高锰酸钾溶液氧化。较温和条件下氧化时，非端位炔烃生成 α-二酮。

$$CH_3(CH_2)_7C\equiv C(CH_2)_7COOH \xrightarrow[\text{pH值=7.5}]{KMnO_4, H_2O, \text{常温}} CH_3(CH_2)_7\underset{O}{\overset{}{C}}-\underset{O}{\overset{}{C}}(CH_2)_7COOH \quad (92\%\sim 96\%)$$

在强烈条件下氧化时，非端位炔烃生成羧酸（盐），端位炔烃生成二氧化碳和水。

$$C_4H_9-C\equiv CH \xrightarrow[H_2O, OH^-]{KMnO_4} C_4H_9-COOH + CO_2 + H_2O$$

炔烃用高锰酸钾氧化，即可用于炔烃的定性分析，也可用于推测三键的位置。

反应的用途：鉴别烯烃、炔烃；制备一定结构的顺式-α-二醇、α-二酮、有机酸和酮；推测烯烃、炔烃的结构等方面都很有价值。

烷烃和苯对于氧化剂都是比较稳定的，难于氧化。但在烷基苯中，烷基中 α-H 受苯环的影响易被氧化。在氧化剂（如：$KMnO_4$、$K_2Cr_2O_7$ 或 HNO_3）或催化剂作用下，含有 α-H 的烷基能够被氧化成羧基。含有 α-H 的烷基苯，无论侧链长短，氧化后均生成苯甲酸。如果烷基苯的侧链不含 α-H（如叔丁基苯），则侧链难以被氧化。强烈条件下反应，氧化将发生在苯环上。例如：

$$\text{苯} + O_2 \xrightarrow[400℃]{V_2O_5} \text{顺丁烯二酸酐} \quad (55\%)$$

当苯环上连有多个烷基时，提高反应条件，可将多个烷基都氧化成羧基。

萘比苯容易氧化，不同条件下，得到不同的氧化产物。萘在醋酸溶液中用氧化铬进行氧化，则其中一个苯环被氧化成醌，生成 1,4-萘醌，但产率较低。在强烈条件下氧化时，则其中一个苯环破裂，生成邻苯二甲酸酐[3]。

$$\text{萘} \xrightarrow[10\sim 15℃]{CrO_3, CH_3COOH} \text{1,4-萘醌} \quad (20\%)$$

$$\text{萘} \xrightarrow[385\sim 390℃]{O_2(\text{空气}), V_2O_5-K_2SO_4} \text{邻苯二甲酸酐} \quad (69\%)$$

当含有取代基的萘氧化时,哪一个环被氧化破裂,依赖于取代基的性质。例如:

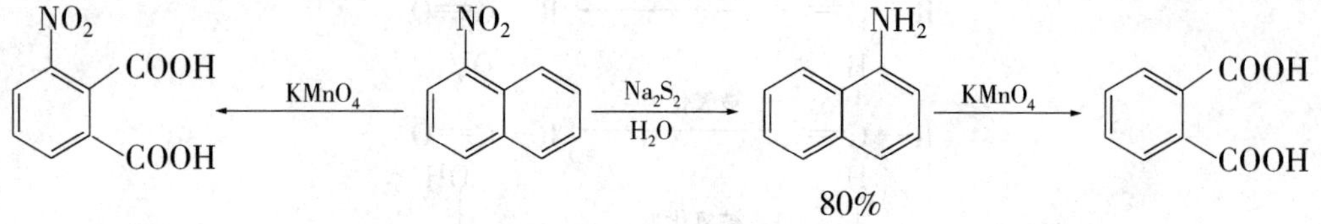

从上可以看出,连有第一类致活定位基的苯环,更容易被氧化。这是由于该类定位基对与其相连苯环的活化作用,使得此苯环上电子云密度增大,氧化反应活性也因此升高。可以推断出,当连接的是第二类定位基时,氧化反应的取向恰好相反。

由于萘环易氧化,所以不能像单环芳烃那样通过氧化侧链烃基来制备萘甲酸。

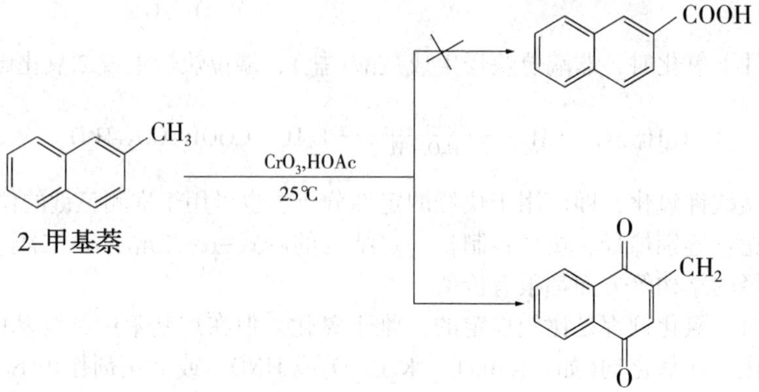

4.1.3 肼屈嗪制备技术

1. 概述

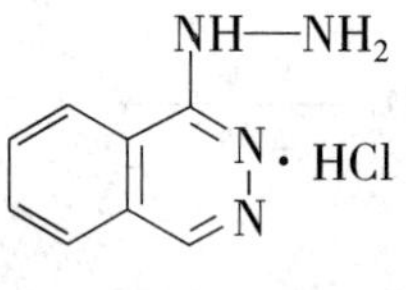

肼屈嗪(Hydralazine)又称肼肽嗪,化学名称为 1(2H)-2,3-二氮杂萘酮腙,分子式 $C_6H_8N_4 \cdot HCl$,相对分子质量 196.6。呈白色或类白色结晶性粉末。无臭,味苦咸。熔点 273~275℃(分解)。溶于水,微溶于乙醇。2%水溶液 pH 值 3~4。本品具有血管松弛作用,常用于中度高血压。临床应用时,通常与 β-受体阻滞剂、利尿剂合用[4,5]。

2. 制备方法学

(1) 萘氧化法

萘在碱性条件下经高锰酸钾氧化得到邻羧基苯甲酰羧酸,与肼环合,再脱羧、氯化、肼化、成盐得肼屈嗪盐酸盐。

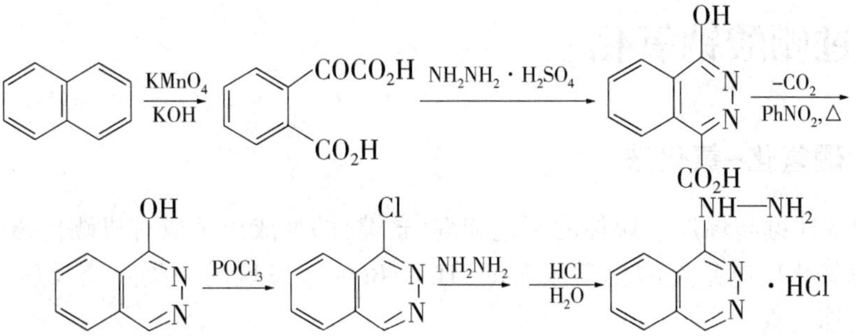

(2) 邻氰基苯甲醛法

一种工业化生产盐酸肼屈嗪的工艺方法，以邻氰基苯甲醛为原料，经与盐酸肼环化、缩合，生成肼屈嗪，再与盐酸成盐制得盐酸肼屈嗪。

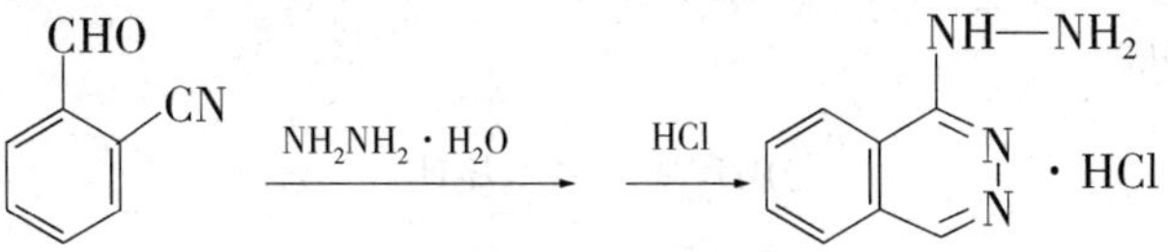

3. 制备工艺[6,7]

(1) 盐酸肼的制备

将50%的水合肼150mL与乙醇150mL混合液，滴加入乙醇850mL和36%盐酸溶液200mL的混合液中，控制温度在-15~-10℃，生成盐酸肼乙醇溶液，最终pH值为2~4。

(2) 盐酸肼屈嗪的制备

在盐酸肼乙醇溶液中分批加入邻氰基苯甲醛100g，缓慢升温并将反应温度控制在45~50℃，反应24~48h，反应结束后，加入浓盐酸调整pH值至1~2，再降温，析晶，甩滤，洗涤干燥。

(3) 精制

将粗品按质量体积比1:1的比例投入乙醇溶液中进行重结晶，升温溶解，再加入适量活性炭脱色，压滤，降温析晶、甩滤、烘干，得107.0g，熔点273~275℃。

参 考 文 献

[1] 孙昌俊，曹晓冉，王秀菊. 药物合成反应——理论和实践[M]. 北京：化学工业出版社，2007：5-8.

[2] 孔祥文. 有机化学[M]. 2版. 北京：化学工业出版社，2018：59-62.

[3] 孔祥文. 有机化学反应和机理[M]. 北京：中国石化出版社，2018：145-149.

[4] 张鸿利. 一种肼屈嗪纳米乳抗高血压药物：中国，201610545328[P]. 2016-06-23.

[5] 陈玉庆，陈天生，季桂兰，等. 一种工业化生产盐酸肼屈嗪的工艺方法：中国，200510040953 [P]. 2007-1-17.

[6] Gardner J H, Naylor C A. Phthalaldehydic acid[J]. Organic Syntheses, 1936, 16：68-70.

[7] Liu Z J , Wang, R , Guo R M. Synthesis and biological evaluation of novel 6, 7-disubstituted-4-phenoxyquinoline derivatives bearing 4-oxo-3, 4-dihydrophthalazine-1-carboxamide moieties as c-Met kinase inhibitors [J]. Bioorganic & Medicinal Chemistry, 2014, 22(14)：3642-3653.

4.2 过硼酸钠氧化

4.2.1 硼氢化-氧化法

硼烷以 B—H 键与烯烃、炔烃的不饱和键(π 键)的加成,生成有机硼化物的反应称为硼氢化反应。硼氢化反应是美国化学家布朗(H. C. Brown)发现的一类重要反应,在有机合成中有重要的用途[1]。

最简单的硼氢化合物为甲硼烷(BH_3)。硼原子有空的外层轨道,硼烷的亲电活性中心是硼原子。两个甲硼烷分子互相结合生成乙硼烷(B_2H_6)。实际使用的是乙硼烷的醚溶液,硼氢化反应常用的试剂是乙硼烷的四氢呋喃、纯醚、二缩乙二醇二甲醚等溶液($CH_3OCH_2CH_2OCH_2CH_2OCH_3$),在反应时乙硼烷离解成两分子甲硼烷与溶剂形成络合物,然后甲硼烷与烯烃反应。

$$2BH_3 \rightleftharpoons B_2H_6$$

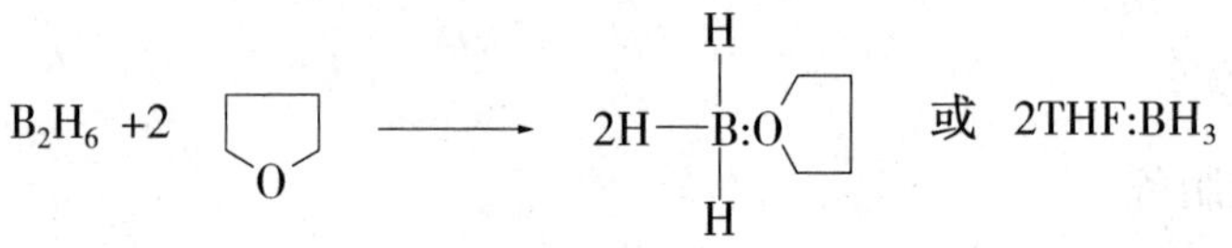

$$B_2H_6 + 2\,\underset{O}{\triangle} \longrightarrow 2H-B\underset{H}{\overset{H}{<}}O\!\!<\quad 或\quad 2THF \cdot BH_3$$

甲硼烷有三个硼氢键,可以和三分子烯烃反应而且速率很快,空间位阻小的简单烯烃只能得到三烷基硼化合物。

$$\tfrac{1}{2}(BH_3)_2 \xrightarrow{CH_2=CH_2} CH_3CH_2BH_2 \xrightarrow{CH_2=CH_2} \xrightarrow{CH_2=CH_2} (CH_3CH_2)_3B$$

$$RCH=CH_2 + BH_3 \xrightarrow{THF} (RCH_2CH_2)_3B$$

空间位阻大的烯烃可以分离出一烷基硼和二烷基硼化合物。例如:

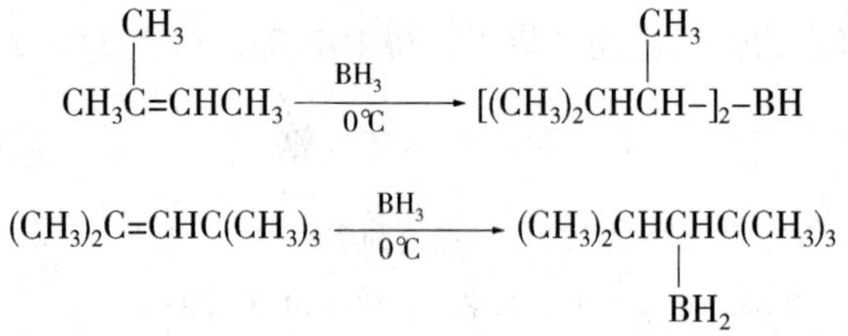

$$CH_3\overset{CH_3}{\underset{}{C}}=CHCH_3 \xrightarrow[0\,℃]{BH_3} [(CH_3)_2CHCH-]_2-BH$$

$$(CH_3)_2C=CHC(CH_3)_3 \xrightarrow[0\,℃]{BH_3} (CH_3)_2CHCHC(CH_3)_3 \atop \quad\quad\quad\quad\quad\;\; BH_2$$

硼烷的亲电活性中心是硼原子,由于硼原子有空的外层轨道,所以硼原子加到带有部分负电荷的含氢较多的双键碳原子上,而氢原子带着一对键合电子加到带有部分正电荷的含氢较少的双键碳原子上,硼氢化反应是反 Markovnikov 规则的。一方面,硼氢化反应受立体因素的控制,硼原子主要加在取代基较少、位阻较小的双键碳原子上;另一方面,因为氢的电负性为 2.1,大于硼的电负性 2.0。下列烯烃硼氢化反应加成的方向如箭头所示:

$$(CH_3)_2CHCH=CHCH_3 \quad CH_3CH_2CH_2CH=CH_2 \quad (CH_3)_2C=CHCH_3 \quad CH_3\underset{|}{\overset{CH_3}{C}}=CH_2$$

$$\quad 43\% \; 57\% \qquad\qquad 6\% \quad 94\% \qquad\qquad 2\% \; 98\% \qquad\qquad 1\% \; 99\%$$

烯烃的硼氢化反应，首先是缺电子的硼进攻电子云密度较高的双键碳原子，经环状四中心过渡态，随后氢由硼迁移到碳上。反应机理如下：

$$\underset{}{C=C} \xrightarrow{BH_3} \underset{\delta^+ \; \delta^+}{\overset{H_2\overset{\delta^-}{B}-H}{C=C}} \longrightarrow \left[\overset{H_2B\cdots H}{\underset{C-C}{|\quad|}}\right]^{\neq} \longrightarrow \overset{H_2B \; H}{\underset{C-C}{|\quad|}}$$

四中心过渡态

烯烃与硼烷的加成，B 和 H 从碳碳双键的同侧加到两个双键碳原子上为顺式加成。例如：

环戊烯-CH₃ + 1/2(BH₃)₂ ⟶ 产物（含CH₃、H、H、BH₂的环戊烷）

综上，硼氢化反应的特点是：①反应为顺式加成；②当双键两侧空间位阻不同时，在位阻较小的一侧形成四中心过渡态；③与不对称烯烃反应时，硼与空间位阻小的双键碳结合。

烯烃的硼氢化反应生成的烷基硼，通常不分离出来，继续将硼原子置换成其他原子或基团，使烯烃转变为其他类型的有机化合物，其中应用最广的是在碱性条件下，烷基硼与过氧化氢反应生成醇，该反应称为烷基硼的氧化反应。过氧化氢有弱酸性，它在碱性条件下转变为它的共轭碱。

$$HO-OH + {}^-OH \rightleftharpoons HOO^- + H_2O$$

在三烷基硼的氧化反应中，过氧化氢的共轭碱进攻缺电子的硼原子，在生成的产物中含有较弱的 O—O 键，使碳原子容易由硼转移到氧上。

$$\underset{}{R_2B}\underset{}{\overset{}{\underset{|}{C}}} \xrightarrow{{}^-OOH} \underset{}{R_2B}\overset{O-OH}{\underset{|}{\overset{|}{C}}} \longrightarrow \underset{}{R_2BO}\underset{|}{\overset{}{\underset{|}{C}}} + {}^-OH$$

硼氢化反应和烷基硼的氧化反应合称硼氢化-氧化反应，它是烯烃间接水合制备醇的方法之一。与烯烃直接水合法以及烯烃经硫酸间接水合法制备醇不同，α-烯烃经硼氢化-氧化反应得到伯醇。

环戊烷（含CH₃、H、H、BH₂） $\xrightarrow{H_2O_2, OH^-, H_2O}$ 环戊烷（含CH₃、H、H、OH）

$$RCH=CH_2 + BH_3 \xrightarrow{THF} (RCH_2CH_2)_3B \xrightarrow{H_2O_2, OH^-, H_2O} 3RCH_2CH_2OH$$

$$CH_3(CH_2)_7-\underset{\delta^+}{CH}=\underset{\delta^-}{CH_2} \xrightarrow[\text{二甘醇二甲醚}]{1/2(B\overset{H}{\underset{H}{\cdot}}H)_2} (CH_3(CH_2)_7-CH_2-CH_2)_3B \xrightarrow[25\sim30℃]{H_2O_2, NaOH, H_2O} CH_3(CH_2)_7-CH_2-CH_2OH$$

炔烃的硼氢化反应可以停留在生成含烯键的一步：

$$H_5C_2C\equiv CC_2H_5 \xrightarrow[\text{二甘醇二甲醚}]{B_2H_6, 0℃} \left[\underset{H}{\overset{H_2C_2}{\diagup}}C=C\underset{H}{\overset{C_2H_5}{\diagdown}} \right]_3 B$$

炔烃硼氢化产物用酸处理生成顺式烯烃，氧化则生成醛或酮。

硼氢化酸化-顺式烯烃

硼氢化氧化-醛或酮

采用空间位阻大的二取代硼烷作试剂，可以使末端炔烃只与1mol硼烷加成，产物经氧化水解可以制备醛：

$$CH_3(CH_2)_5C\equiv CH + [(CH_3)_2CH]_2BH \xrightarrow[\text{二甘醇二甲醚}]{0\sim10℃} CH_3(CH_2)_5CH=CH-B[CH(CH_3)_2]_2 \xrightarrow{H_2O_2, HO^-/H_2O}$$

$$CH_3(CH_2)_5\underset{OH}{CH}=CH \xrightarrow{重排} CH_3(CH_2)_5CH_2CHO$$

而前面介绍的炔烃(乙炔除外)的直接水合只能得到酮。

4.2.2 环己醇制备技术

1. 概述

环己醇是一种非常重要的有机化工原料，是合成己二酸、己内酰胺[2]以及医药[3,4]、农药[5]、染料[6]等精细化学品的重要中间体，也可用作燃料助剂[7,8]。近年来科学家研究发现，以环己醇为原料合成的聚酰亚胺薄膜[9]具有很好的透明度，极佳的导电性能，在导电薄膜、二极管晶体及印刷电路基板中都有广泛的作用。

2. 制备方法学

环己醇的制备也是有机化学实验教学中的一个基本合成实验，传统的制备方法[10]是环己酮被异丙醇铝还原，然后在酸性条件下水解合成，但该方法反应时间冗长，操作繁琐，原料价格昂贵，对生产设备要求高，并且产生大量的废酸，危害生态环境。孔祥文等[11]以过硼酸钠为氧化剂，采用改进的硼氢化-氧化法[12,13]合成环己醇，考察了合成反应的影响因素，确定了反应的优化条件。

$$3\text{NaBH}_4 + 4\text{BF}_3 \longrightarrow 3\text{NaBF}_4 + 2\text{B}_2\text{H}_6$$

环己烯 $\xrightarrow{\text{B}_2\text{H}_6}$ (环己基)$_3$B $\xrightarrow[\text{NaOH}]{\text{NaBO}_3}$ 环己醇

3. 制备工艺过程

在装有搅拌器、恒压滴液漏斗及温度计的 250mL 三口瓶中，加入 0.65g(0.016mol) 粉状硼氢化钠、4.1g(0.05mol) 环己烯、25mL 四氢呋喃，开动搅拌器，用水浴将反应物保持在 (25±1)℃。在滴液漏斗中加入 2.6mL(2.85g, 0.02mol) 三氟化硼和 5mL 四氢呋喃，混合均匀，极缓慢地滴入三口瓶中，30min 内滴完，保温搅拌 30 min。反应完成后，从滴液漏斗慢慢滴入 5mL 水，约 10 min 滴完，继续搅拌 10 min。升温至 (40±2)℃ 缓慢滴加 5mL 过硼酸钠(5g, 0.05mol) 水溶液，控制加入速度，以便反应放出的热使温度保持在 (40±2)℃，约 25 min 加完，保温搅拌 60min，停止加热。用冷水将反应物冷却至室温，加入氯化钠饱和溶液，分出有机层，水层用 10mL 四氢呋喃萃取，分出有机层，合并有机层，用 20mL 饱和氯化钠水溶液洗两次，分出有机层，用无水硫酸镁干燥。干燥后的溶液用水浴加热蒸去溶剂，将残留液(黄色，约 10mL) 移入 50mL 蒸馏瓶中，加热蒸馏，收集 150~159℃ 馏分；产物为具有似樟脑气味的无色透明油状液体，沸点为 155℃。

参 考 文 献

[1] 孔祥文. 有机化学[M]. 2 版. 北京：化学工业出版社，2018：55-56.

[2] 王殿中，舒兴田，何鸣元. 环己烯水合制备环己醇 I. 分子筛结构及晶粒大小的影响[J]. 催化学报，2002，23(6)：503-506.

[3] Shirokova E A, Jasko M V, Khandazhinskaya A L, et al. New phosphonoformic acid derivatives of 3′-azido-3′ deoxythymidine[J]. Russian Journal of Bioorganic Chemistry, 2004, 30(3): 242-249.

[4] Carrico D, Ohkanda J, Kendrickh, et al. In vitro and in vivo antimalarial activity of peptidomimetic protein farnesyltransferase inhibitors with improved membrane permeability[J]. Bioorganic & Medicinal Chemistry, 2004, 12(24): 6517-6526.

[5] XUhui, WANG Qing-Tian, GUO Yong. Stereoselective synthesis of 4-alkyloxy-2-/-bromopodophyllotoxin derivatives as insecticidal agents[J]. Chemistry——A European Journal, 2011, 17(30): 8299-8303.

[6] 张丽芳，陈赤阳，项志军. 环己烷氧化制备环己酮和环己醇的工艺研究进展[J]. 2004，12(2)：39-43.

[7] 张爱华，李昌珠，袁强，等. 一种发动机用醇基燃料复合助剂及其制备方法：中国，102212401[P]. 2011-10-12.

[8] 安家驹，王伯英. 实用精细化工词典[M]. 北京：轻工业出版社，1989.

[9] Jeong Yh, Parkh J. Polyimide film：WO，2011122842[P]. 2011-10-6.

[10] 高占先. 有机化学实验[M]. 北京：高等教育出版社，2004：97-98.

[11] 孔祥文，邱锦锋. 环己醇的合成工艺改进[J]. 实验技术与管理，2013：30(5)：17-18，21.

[12] 孔祥文. 有机化学实验[M]. 北京：化学工业出版社，2011：87-88.

[13] 孔祥文. 有机化学[M]. 北京：化学工业出版社，2010：44-46.

4.3 过酸氧化反应

4.3.1 原理

1. Baeyer-Villiger 氧化反应

羰基化合物用过酸如过氧苯甲酸、间氯过氧苯甲酸、三氟过氧乙酸、过氧乙酸等氧化，可在羰基旁边插入一个氧原子生成相应酯的反应称为 Baeyer-Villiger 氧化反应[1]。反应通式为：

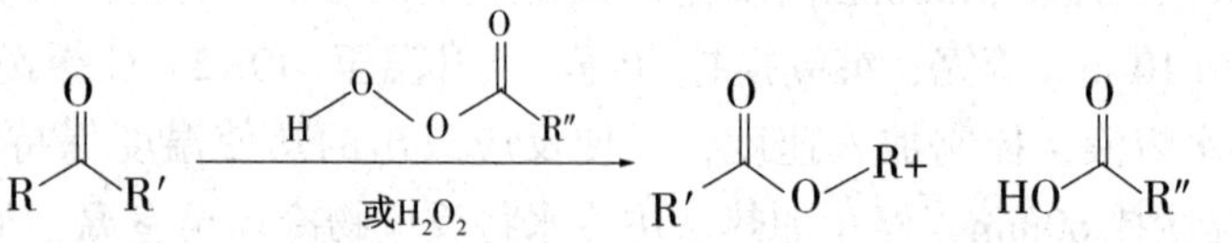

反应机理：

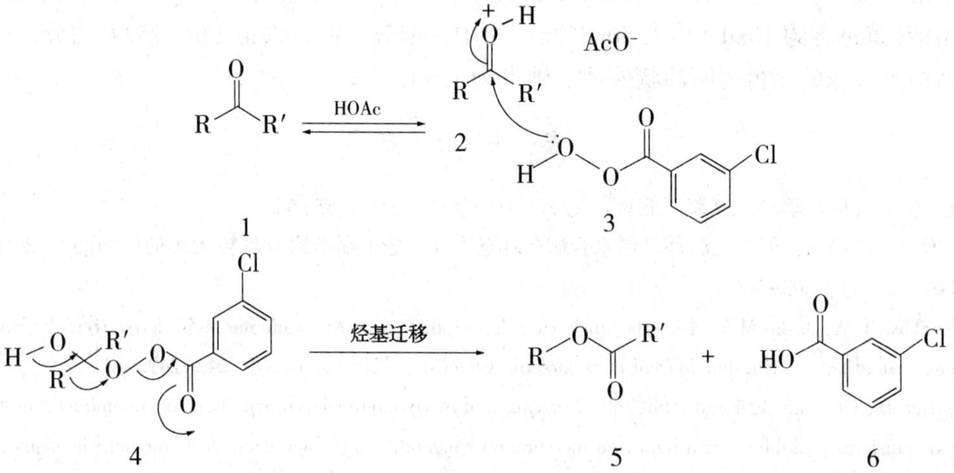

首先酮(1)在乙酸存在下羰基和氢离子形成锌盐(2)，增加羰基碳原子的亲电性，然后 2 与间氯过氧苯甲酸(3)作用，发生亲核加成反应形成 α-羟基烷基间氯过氧苯甲酸酯(4)；接着 4 中羟基相连碳原子(原酮羰基碳原子)上的一个烃基(R—)带着一对电子迁移到—O—O—基团中与之邻近的氧原子上，同时发生 O—O 键异裂，形成酯(5)和间氯苯甲酸(6)。因此，这是一个重排反应。

不对称酮氧化时，在重排步骤中，两个烃基均可迁移，但还是有一定的选择性，按迁移能力其顺序为[2]：

$R_3C-> R_2CH-$, 环己基 $> PhCH_2-> Ph-> RCH_2-> CH_3-$

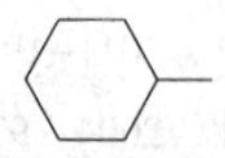

$p\text{-MeO-Ar} > p\text{-Me-Ar} > p\text{-Cl-Ar} > p\text{-Br-Ar} > p\text{-O}_2\text{N-Ar}$

当迁移基团为手性碳原子时，其构型保持不变[3]。

氧化剂过氧酸可以是过氧乙酸、过氧苯甲酸、间氯过氧苯甲酸、三氟过氧乙酸等。其中三氟过氧乙酸最好。反应温度一般在 10~40℃之间，产率高。

Baeyer-Villiger 反应经常用于由环酮合成内酯,内酯是分子内的羧基和羟基进行酯化失水的产物。

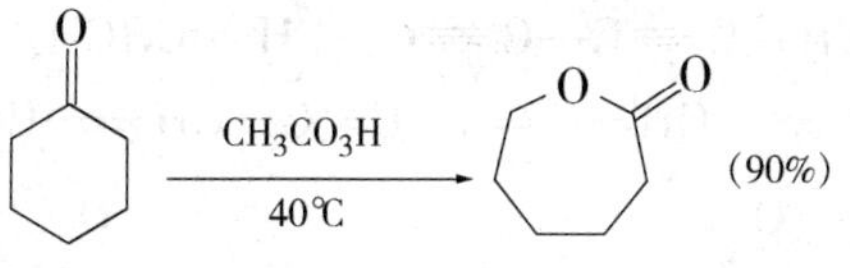

$$\text{环己酮} \xrightarrow[40°C]{CH_3CO_3H} \text{己内酯} \quad (90\%)$$

2. 环氧化反应

烯烃在惰性溶剂(如氯仿、二氯甲烷、乙醚、苯)中与过氧酸反应生成环氧化合物的反应称为环氧化反应[4-6]。实验室中常用有机过氧酸(简称过酸)作环氧化试剂,烯烃反应生成 1,2-环氧化物。常用的过氧酸有过氧甲酸、过氧乙酸、过氧苯甲酸、间氯过氧苯甲酸、过氧三氟乙酸等。过氧酸分子中含有吸电子取代基时,它的反应活性远比烷基过氧酸活泼。过氧酸的氧化性顺序为:

过氧三氟乙酸>间氯过氧苯甲酸>过氧苯甲酸>过氧乙酸

有时用 H_2O_2 代替过酸。例如:

$$CH_3(CH_2)_5CH=CH_2 + H_2O_2 \xrightarrow{\text{二氯甲烷}} CH_3(CH_2)_5CH\underset{O}{-}CH_2 \quad (80\%)$$

过氧酸氧化烯烃时,过氧酸中的氧原子与烯烃双键进行立体专一的顺式加成。

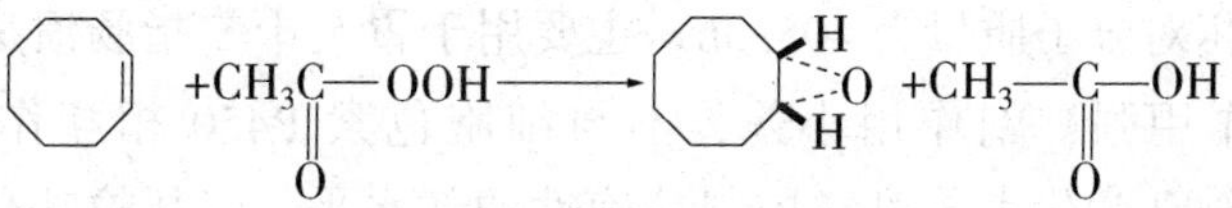

$$\text{环辛烯} + CH_3C(O)OOH \longrightarrow \text{环氧化物} + CH_3C(O)OH$$

烯烃与过氧酸的反应机理表示如下:

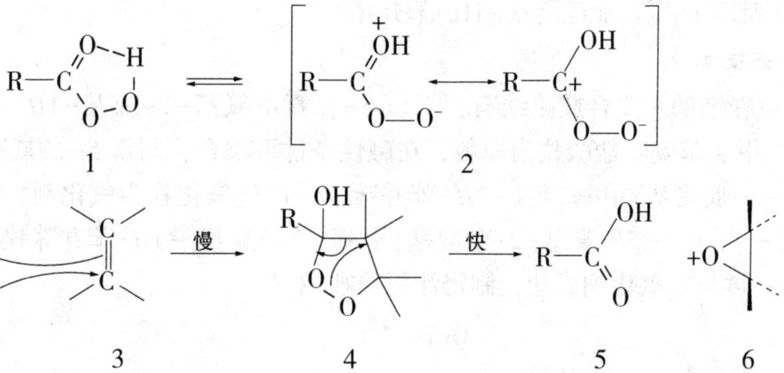

过氧酸(1)通过分子内氢键异构为碳正离子(2),然后 2 与烯烃(3)经亲电加成环化形成 1,2-二氧五环(4),4 不稳定开环生成羧酸(5)和目标产物环氧化合物(6)。

过氧酸是亲电试剂,双键碳原子连有供电基时,连接的电子基团越多反应越容易进行。烯烃进行环氧化的相对活性次序是[7]:

$R_2C=CR_2>R_2C=CHR>RCH=CHR,\ R_2C=CH_2>RCH=CH_2>CH_2=CH_2$

如果两个不同的烯键存在于同一分子中,电子云密度较高的烯键容易氧化;当烯键与羰基共轭或连有其他强吸电子基团时,它的活性很低,只有用很强的氧化性过氧酸(如三氟过氧乙酸)时,才能把它成功地环氧化。

双键和三键同时存在,优先氧化双键:

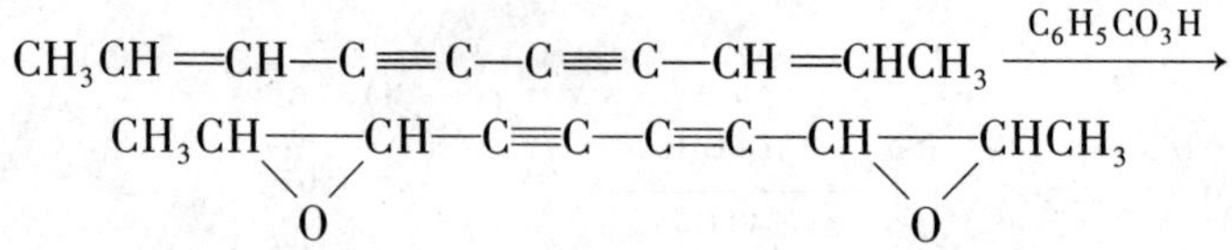

$$CH_3CH=CH-C\equiv C-C\equiv C-CH=CHCH_3 \xrightarrow{C_6H_5CO_3H}$$

$$CH_3CH\underset{O}{-\!-\!-}CH-C\equiv C-C\equiv C-CH\underset{O}{-\!-\!-}CHCH_3$$

环氧化反应一般在非水溶剂中进行,反应条件温和,产物容易分离和提纯,产率较高,是制备环氧化合物的一种很好的方法。

4.3.2 泮托拉唑钠制备技术

1. 概述

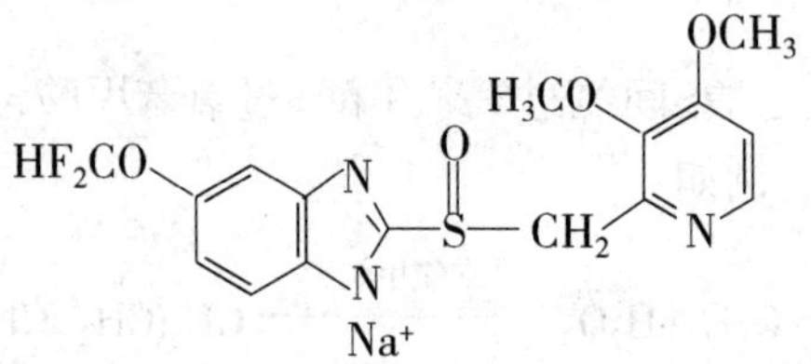

泮托拉唑钠(Pantoprazole Sodium)是一新的 H^+,K^+-ATP 酶抑制剂,化学名称为 5-二氟甲氧基-2-{[(3,4-二甲氧基-2-吡啶基)甲基]亚磺酰基}-1H-苯并咪唑钠盐[8]。分子式为 $C_{16}H_{14}F_2N_3NaO_4S$,相对分子质量为 405.36。主要用于胃及十二指肠溃疡和反流性食管炎的治疗,起效迅速,作用强,副作用小[9],不与细胞色素 P450 相互作用,无药物协同作用[10],其高选择性被认为代表着对酸控制精确性的新水平。泮托拉唑化合物是一种白色固体,熔点 139~140℃(分解),pK_{a1}3.92;pK_{a2}8.19,化学名为 5-二氟甲氧基-2-[(3,4-二甲氧基-2-吡啶基)甲基]亚硫酰基-1H-苯并咪唑。

2. 制备技术

泮托拉唑钠的主要合成路线有:①以 5-二氟甲氧基-2-巯基-1H-苯并咪唑和 2-氯甲基-3,4-二甲氧基吡啶盐酸盐为原料,在碱性条件下缩合,制得 5-二氟甲氧基-2-{[(3,4-二甲氧基-2-吡啶基)甲基]硫}-1H-苯并咪唑;以过氧化物为氧化剂,氧化,制得 5-二氟甲氧基-2-{[(3,4-二甲氧基-2-吡啶基)甲基]亚磺酰基}-1H-苯并咪唑,即泮托拉唑(Pantoprazole);再与氢氧化钠成盐,制得泮托拉唑钠[11,12]。

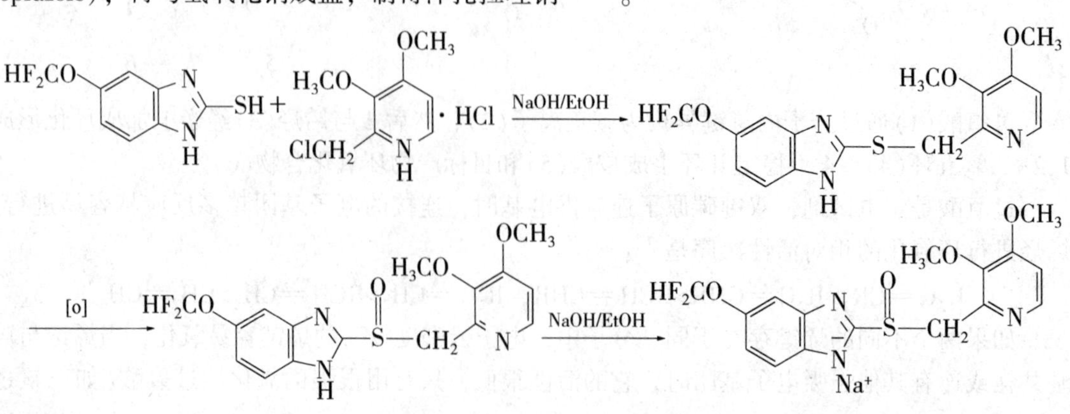

② 以对酰氨基苯酚为起始原料,经氧烃基化、硝化、还原、环合4步反应,制得5-二氟甲氧基-2-巯基-1H-苯并咪唑[13]。

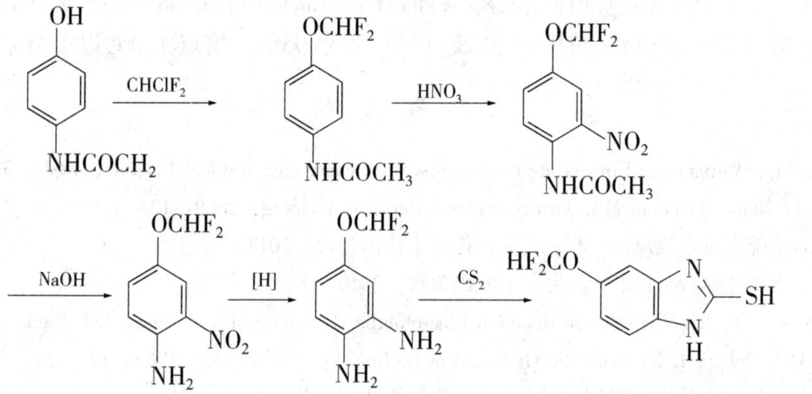

③ 以麦牙酚为起始原料,经甲基化、氮取代、氯代、氧化、甲氧基取代、重排、氯化等七步反应,制得2-氯甲基-3,4-二甲氧基吡啶盐酸盐[12]。

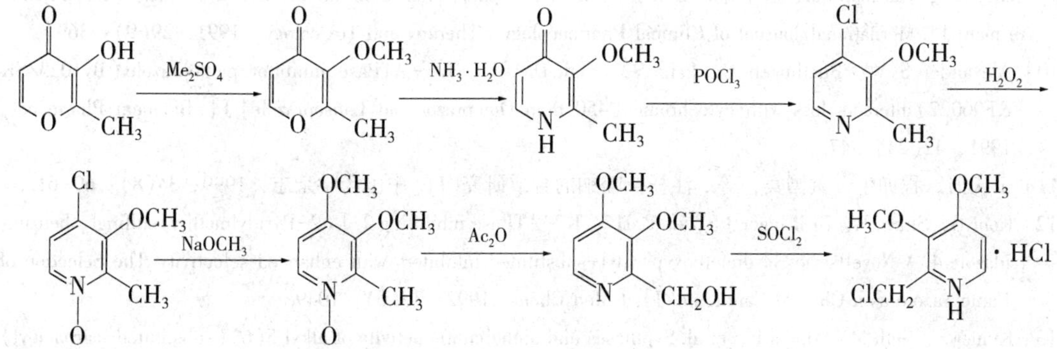

合成工艺[11,12]如下。

(1) 5-二氟甲氧基-2-{[(3,4-二甲氧基-2-吡啶基)甲基]硫}-1H-苯并咪唑的制备

将5-二氟甲氧基-2-巯基-1H-苯并咪唑21.6g、2-氯甲基-3,4-二甲氧基吡啶盐酸盐22.4g、80g/L的氢氧化钠溶液110mL、乙醇150mL依次加入反应瓶中,搅拌下加热回流8h,回收乙醇,剩余物用二氯甲烷萃取,无水硫酸钠干燥过夜,减压回收二氯甲烷得粗品,经乙酸乙酯-石油醚重结晶得白色产物5-二氟甲氧基-2-{[(3,4-二甲氧基-2-吡啶基)甲基]硫}-1H-苯并咪唑34.2g,收率93%,熔点117~119℃(文献[5]:收率2%,熔点118~119℃)。

(2) 5-二氟甲氧基-2-{[(3,4-二甲氧基-2-吡啶基)甲基]亚磺酰基}-1H-苯并咪唑的制备

5-二氟甲氧基-2-{[(3,4-二甲氧基-2-吡啶基)甲基]硫}-1H-苯并咪唑(Ⅳ)11g,溶于50mL氯仿中,冷至0℃,加入间氯过氧苯甲酸6.9g,搅拌反应4h,加入饱和碳酸钠溶液50mL,分取氯仿层,水层用氯仿萃取,合并氯仿层,无水硫酸钠干燥,减压回收氯仿得粗品,经乙酸乙酯重结晶得产物5-二氟甲氧基-2-{[(3,4-二甲氧基-2-吡啶基)甲基]亚磺酰基}-1H-苯并咪唑9.8g,收率86.5%,熔点138~140℃(分解),[文献[12]:收率85%,熔点139~140℃(分解)]。

(3) 泮托拉唑钠的制备

泮托拉唑 7.7g，氢氧化钠 1.0g，乙醇 50mL 依次加入反应瓶中，搅拌下加热回流 5h，冷却至 10℃ 以下，析出白色固体经乙醇-石油醚重结晶得白色结晶 7.7g（含一分子结晶水），收率 96%，熔点 156~158℃（分解）（文献[12]：收率 95%，熔点 130℃以上分解）。

参 考 文 献

[1] V. Baeyer A., Villiger V.. Einwirkung des Caro'schen Reagens auf Ketone[J]. Ber., 1899, 32：3625-3633.
[2] Jie Jack Li. Name Reaction[M]. Springer-Verlag Berlin Heidelberg, 2009：12.
[3] 孔祥文. 基础有机合成反应[M]. 北京：化学工业出版社，2014.
[4] 孔祥文. 有机化学[M]. 北京：化学工业出版社，2010.
[5] Prilezhaeva E. N.. The Prilezhaeva Reaction Electrophilic Oxidation[M]. Moscow：Izd. Nauka, 1974.
[6] Voge H H., Adams C R.. Catalytic Oxidation of Olefins[J]. Adv. Catal., 1967, 17：151.
[7] 孔祥文. 有机化学反应和机理[M]. 北京：中国石化出版社，2018：158.
[8] Kohl B, Sturm E, Raiser G, et al. Fluoroalkory substituted as gastric acid seceretioninhibitors：US, 4758579[P]. 1988-07-19.
[9] Schul HV, Hartmann M, Steinijans S W, et al. Lack of pant oprazole on the disposition kinetics of theophylline in man[J]. Mernational Journal of Clinical Pharmacology：Therapy and Toxicology, 1991, 29(9)：369.
[10] Alexander S W, Buedingen C, Fahr S, et al. The H^+, K^+-ATPase inhibitor pantoprazole (By1023/SK&F96022) interacts less with cytochrome P450 than Omeprazol and Lansoprazole[J]. Biochem Pharmacol, 1991, 42(2)：347.
[11] 王庆河，程卯生，黄国宾，等. 泮托拉唑钠的合成研究[J]. 中国药学杂志，1999, 34(8)：60-61.
[12] Kohl B, Sturm E, Bi lf inger J S, et al. H^+, K^+-ATPase inhibiting 2-[(2-Pyridylmethyl)sulfingl] benzimidazole 4. A Novel series of dimethoxypyridyl-substituted inhibitors with enhanced selectivity. The Selection of Pantoprazole as a Clinical Candidate[J]. J Med Chem, 1992, 35(6)：1049.
[13] Kumer S, Seth M, Amiya P, et al. Syntheses and anthelmintic activity of alkyl 5(6)(substituted-carbamoyl) and 5(6)-(Disubstituted-carbamoyl)benzimidazole 2-carbamates and relatedcompounds[J]. J Med Chem, 1984, 27(8)：1083.

4.4 硝酸银氧化反应

4.4.1 氧化银、碳酸银

硝酸银及氧化银的氨水溶液（Tollens 试剂）都是弱氧化剂。氧化银由硝酸银及氢氧化钠制备，将其溶于氨水中则制成 Tollens 试剂[1]。

$$Ag_2O + 4NH_4OH \longrightarrow 2Ag(NH_3)_2OH + 3H_2O$$

氧化银可使醛基氧化成羧基，酚羟基氧化成醌，分子中的双键及对强氧化剂敏感的基团不受影响。但银盐价格昂贵，常加入氧化铜组成混合催化剂并通入空气进行氧化。

邻苯二酚 $\xrightarrow[\text{Et}_2\text{O}]{\text{Ag}_2\text{O}}$ 邻苯醌

硝酸银与碳酸钠反应，可生成碳酸银。可直接用碳酸银作催化剂，也可将其沉积在硅藻土上作催化剂，碳酸银是氧化伯醇、仲醇的较理想的氧化剂，氧化反应有一定的选择性。位阻大的羟基不容易被氧化；优先氧化仲醇；烯丙位羟基比仲醇更容易被氧化。1,4-二醇、1,5-二醇、1,6-二醇等二元伯醇，可氧化生成环内酯。

$$HOCH_2(CH_2)_3CH_2OH \xrightarrow[C_6H_6]{Ag_2CO_3} \text{(δ-戊内酯)} \quad (95\%)$$

$$CH_3CHCH_2CH_2OH \xrightarrow[C_6H_6]{Ag_2CO_3} CH_3CCH_2CH_2OH \quad (80\%)$$

碳酸银氧化醇的反应机理，一般认为是协同机理：

$$\text{(过渡态)} \longrightarrow \text{C=O} + 2Ag + CO_3^{2-} + 2H^+$$

4.4.2 Darzens 反应

醛或酮在强碱（如醇钠、醇钾、氨基钠等）作用下与 α-卤代羧酸酯发生缩合生成 α,β-环氧羧酸酯（即缩水甘油酸酯）的反应称为 Darzen 反应[2]。例如：

$$R-\overset{O}{\underset{(H)}{C}}-R(H) + XCHCO_2C_2H_5 \xrightarrow{EtONa} \underset{(H)R}{\overset{R'}{R'}}\overset{O}{C}-CO_2C_2H_5$$

该反应适用于脂肪族、脂环族、芳香族、杂环以及 α,β-不饱和醛或酮，但脂肪醛的反应产率较低。含 α-活泼氢的其他化合物，如 α-卤代醛、α-卤代酮、含 α-卤代酰胺等亦能与醛类或酮类发生类似的反应[3]。例如：

$$C_6H_5CHO + C_6H_5COCH_2Cl \xrightarrow[EtOH]{EtOK} C_6H_5-CH-CH-COC_6H_5$$

反应通式：

$$\underset{R}{\overset{X}{\underset{CO_2Et}{|}}} + \underset{R^1}{\overset{O}{\underset{}{\parallel}}}R^2 \xrightarrow{^-OEt} \underset{R^2}{\overset{R^1}{\underset{CO_2Et}{\overset{O}{\triangle}}}}R$$

反应机理[4]：

$$\underset{R}{\overset{X}{\underset{}{|}}}\overset{H}{\underset{}{|}}\overset{O}{\underset{OEt}{\parallel}} \overset{^-OEt}{\rightleftharpoons} \underset{R}{\overset{X}{\underset{}{|}}}\overset{R^1}{\underset{OEt}{\overset{R^2}{\underset{}{|}}}}\overset{O^-}{\rightleftharpoons} \underset{R^2}{\overset{R^1}{\underset{X}{\overset{O^-}{\underset{CO_2Et}{|}}}}}R \xrightarrow{S_N2} \underset{R^2}{\overset{R^1}{\underset{CO_2Et}{\overset{O}{\triangle}}}}R$$

α-卤代羧酸酯在碱的作用下,形成α-碳负离子,随即与醛或酮的羰基碳原子进行亲核加成得烷氧负离子,接着发生分子内的亲核取代反应,烷氧负离子进攻C—X键的碳原子,卤原子离去,生成α,β-环氧羧酸酯[5]。例如:

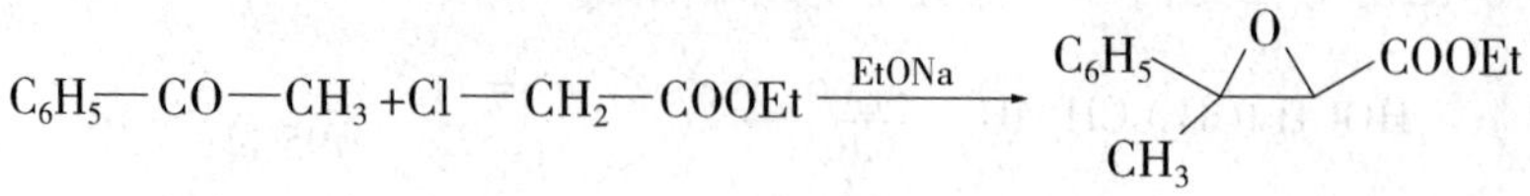

$$C_6H_5-CO-CH_3 + Cl-CH_2-COOEt \xrightarrow{EtONa} \text{环氧酯产物}$$

生成的α,β-环氧羧酸酯性质比较活泼,经水解、加热脱羧可制得较原来多一个碳原子的醛或酮:

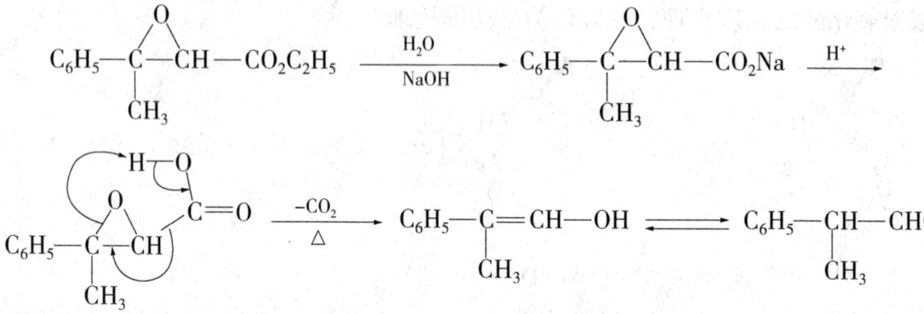

$$\text{环氧酯} \xrightarrow[\text{NaOH}]{H_2O} \text{钠盐} \xrightarrow{H^+} \xrightarrow[\Delta]{-CO_2} C_6H_5-C(CH_3)=CH-OH \rightleftharpoons C_6H_5-CH(CH_3)-CHO$$

通常是将α,β-环氧酸酯用碱水解后,继续加热脱羧,也可以将碱水解物用酸中和,然后加热脱羧制得醛或酮,如维生素A中间体十四碳醛制备[6]。

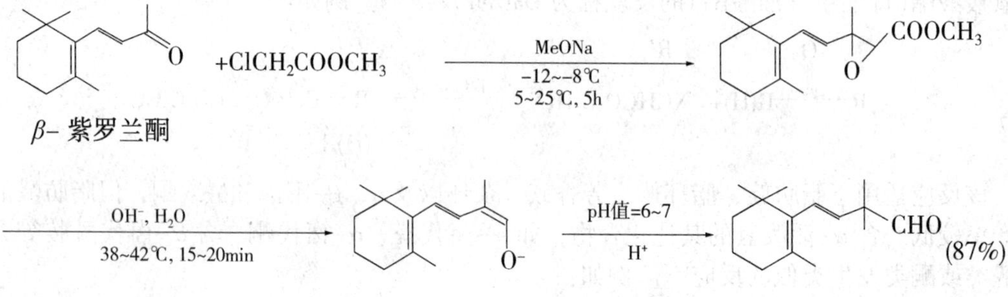

β-紫罗兰酮 + ClCH$_2$COOCH$_3$ $\xrightarrow[\text{5~25℃, 5h}]{\text{MeONa}, -12~-8℃}$ 环氧酯中间体

$\xrightarrow[\text{38~42℃, 15~20min}]{OH^-, H_2O}$ 烯醇负离子中间体 $\xrightarrow[H^+]{\text{pH值}=6~7}$ 十四碳醛 (87%)

4.4.3 布洛芬制备技术

1. 概述

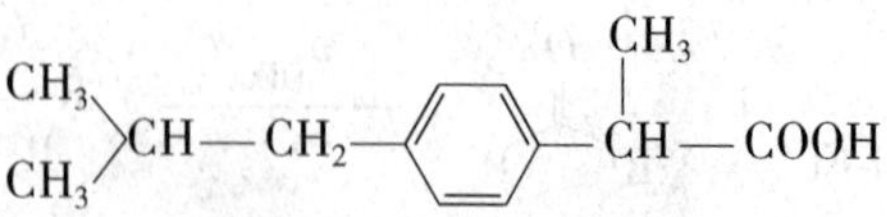

布洛芬结构式:(CH$_3$)$_2$CHCH$_2$-C$_6$H$_4$-CH(CH$_3$)COOH

布洛芬(Brufen),又名异丁苯丙酸、异丁洛芬、拔怒风,化学名称为2-(4′-异丁苯基)丙酸,2-甲基-4-(2-甲基丙基)苯乙酸)。本品为白色结晶或结晶性粉末,有异臭,无味,不溶于水,易溶于甲醇、乙醇、丙酮等有机溶剂及碱性溶液,熔点74~76℃。本品是一种非甾体消炎镇痛药物。其消炎镇痛、解热作用比阿司匹林强16~32倍。与一般消炎镇痛药相比,其作用强而副作用小,对肝、肾及造血系统无明显副作用,特别是对胃肠道的副作用小是其优点。口服后,吸收迅速,1~1.5h血中达到最高浓度,24h后70%以代谢物自尿中排

出。本品适用于治疗风湿性关节炎、类风湿性关节炎、骨关节炎、强直性脊椎炎、神经炎、红斑狼疮、咽喉炎及支气管炎等。布洛芬是 1967 年由英国试制成功的。其后英、美、加拿大等国陆续生产。1972 年被国际风湿病学会推荐为优秀的风湿病药品之一,山东新华制药厂于 1975 年 7 月开始试制,经过一年多的时间完成了试制工作。布洛芬是近年来比较热销的消炎镇痛药物,其与阿司匹林、扑热息痛共同被认作三大支柱产品。在国内及国外,布洛芬的销量都在逐年递增,其药用机理就是通过控制环氧化酶的合成来降低前列腺素的形成,从而产生消炎镇定的效果[7]。

2. 制备技术

布洛芬的制备方法较多[8],本书介绍 Darzens 反应合成法,以异丁基苯为原料,经 Friedel-Crafts 酰基化反应得到 4-异丁基苯乙酮,在与 2-氯乙酸乙酯经 Darzens 反应得到 2-(4′-异丁苯基)丙醛,最后经硝酸银氧化得到 2-(4′-异丁苯基)丙酸即布洛芬。

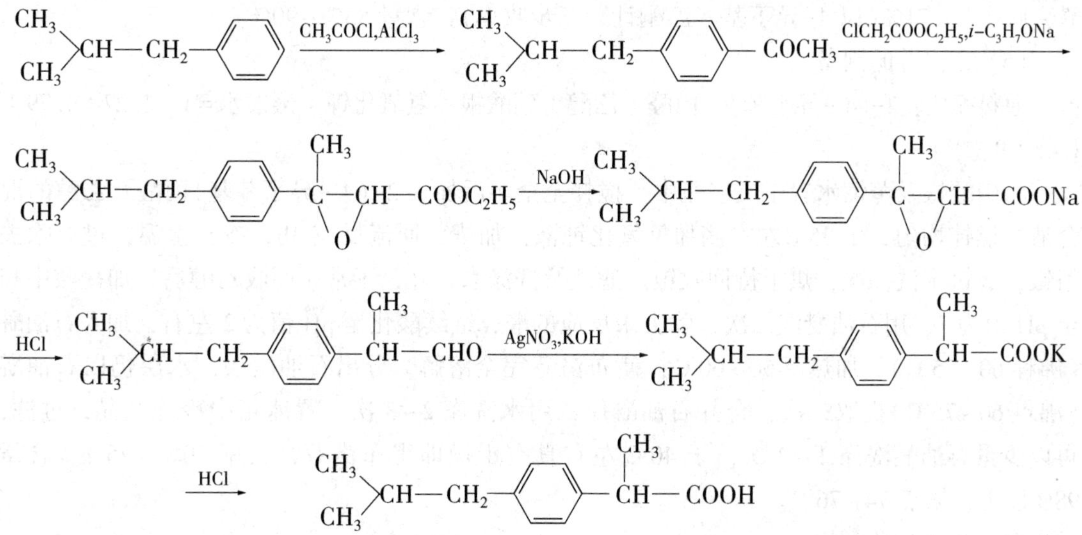

其制备过程如下[9,10]。

(1) 4-异丁基苯乙酮的制备

原料配比:异丁苯:乙酰氯:无水三氯化铝:石油醚 = 1 : 0.7015 : 1.194 : 3.9925。

将异丁苯、无水三氯化铝和石油醚加入烧瓶中,在搅拌下于 17~21℃ 滴加乙酰氯,约 2~2.5h 加完,继续搅拌反应 1h,然后逐渐加入 9 倍量的水(对异丁苯计),控制温度不超过 40℃,加毕,继续搅拌 30min,倒入分液漏斗静置分层,分出石油醚,水层再用石油醚提取三次,合并石油醚,用水洗涤三次。回收石油醚后,减压蒸馏收集 108~115℃/5mmHg (1mmHg = 133.3224Pa)馏分即得 4-异丁基苯乙酮,收率 95%,含量 95%~97%。

(2) 3-(4′-异丁苯基)-2,3-环氧丁酸酯的制备

原料配比:4′-异丁基苯乙酮:氯乙酸乙酯:金属钠:异丙醇 = 1 : 1.017 : 0.256 : 1.028。

将异丙醇置于反应瓶中,加热至 65~70℃,在搅拌下分次加入小块金属钠,待全溶后,用冰盐水降温至 5℃ 以下,滴加 4-异丁基苯乙酮及氯乙酸乙酯混合液,约 30min 加完,保持 35℃ 搅拌下反应 3h,再回流反应 1h,即得 3-(4′-异丁苯基)-2,3-环氧丁酸酯(不经分离直接供下步水解用)。

(3) 3-(4′-异丁苯基)-2,3-环氧丁酸钠的制备

原料配比：环氧丁酸酯粗品∶氢氧化钠∶水=1∶0.29∶0.34。

将上步反应液冷却至20℃，加入氢氧化钠液于20℃搅拌反应2h，减压回收异丙醇，残留物加8倍量水，加热使钠盐全部溶解，用石油醚洗涤二次，除去未反应物，即得3-(4′-异丁苯基)-2,3-环氧丁酸钠水溶液(不经分离直接供下步脱羧用)。

(4) 2-(4′-异丁苯基)丙醛的制备

原料配比：环氧丁酸钠∶盐酸=1∶0.98(质量体积比)。

将钠盐水溶液置于反应瓶中，加热至50~60℃，在搅拌下滴加盐酸，约于40min加完，回流反应至以饱和石灰水检查无二氧化碳逸出即为脱羧结束。冷至室温，分出油层即为粗醛。水层用石油醚提取二次，合并石油醚层及油层，用水洗涤三次，以无水硫酸钠干燥。油层回收石油醚后，再减压分馏，收集120~130℃/8mmHg的馏分即得2-(4′-异丁苯基)丙醛，收率74.71%(以4-异丁基苯乙酮计，三步收率)，含量85%~90%。

(5) 布洛芬的制备

原料配比：2-(4′-异丁苯基)丙醛∶乙醇∶硝酸银∶氢氧化钾∶蒸馏水=1∶1.27∶1.79∶1.48∶9。

将硝酸银及蒸馏水置于反应瓶中，搅拌至全溶后加入2-(4′-异丁苯基)丙醛及乙醇的混合液，搅拌均匀，于35℃左右滴加氢氧化钾液，加毕，回流反应3h，冷至室温，过滤除去粗银，滤饼水洗二次，烘干待回收银。滤液及洗涤水合并，于常压回收乙醇后，加盐酸中和至pH值为7，用石油醚洗二次，除去未反应的醛，继续酸化至pH值为2左右，加入石油醚(沸程60~75℃)，加热至50~60℃，使布洛芬完全溶解，分出石油醚层，水层仍以石油醚(沸点60~75℃)提取二次，合并石油醚层，用水洗涤2~3次，置冰箱中冷冻结晶，过滤，再以少量石油醚洗涤1~2次，于40℃左右真空干燥即得布洛芬，收率70%~75%，含量98%以上，熔点74~76℃。

(6) 银的回收利用

氧化反应副产的粗银，以石油醚及热水分别洗涤二次后，置于容器中，加水，在搅拌下慢慢加入硝酸，搅拌至粗银全部溶解后，过滤除去少量杂质，滤液浓缩至有少量硝酸银结晶析出，冷却过滤，用少量异丙醇洗涤硝酸银结晶，烘干，即得硝酸银(回收硝酸银可用于氧化)。含量99.5%以上，回收率96%以上。

参 考 文 献

[1] 孙昌俊，曹晓冉，王秀菊. 药物合成反应——理论和实践[M]. 北京：化学工业出版社，2007：17.

[2] Darzens G. A.. Method generale de synthese des aldehyde a l'aide des acides glycidique substitues[J]. Compt. Rend. Acad. Sci., 1904, 139: 1214-1217.

[3] 孔祥文. 有机化学[M]. 北京：化学工业出版社，2010：114.

[4] Jie Jack Li. Name Reaction[M]. Springer-Verlag Berlin Heidelberg, 2009: 169.

[5] 孔祥文. 有机化学反应和机理[M]. 北京：中国石化出版社，2018：220-223.

[6] 孔祥文. 基础有机合成反应[M]. 北京：化学工业出版社，2014：177-181.

[7] 许炎森. 布洛芬的合成工艺研究[J]. 化工设计通讯，2018，44(4)：186.

[8] 何宗士. 非甾消炎药——布洛芬的合成方法[J]. 医药工业, 1979, (8): 52-60.
[9] 山东新华制药厂. 消炎镇痛药布洛芬的合成[J]. 医药工业, 1978, (4): 1-4.
[10] 曹崇, 何鑫, 李馨阳, 等. 布洛芬的合成新方法[J]. 中国药物化学杂志, 2017, 27(6): 446-447, 458.

4.5 乙酸铜催化氧化反应

4.5.1 2-吲哚酮氧化技术

于静文等[1]报道了一种以2-吲哚酮为底物经 Cu(Ⅱ) 催化空气氧化合成靛红的方法。

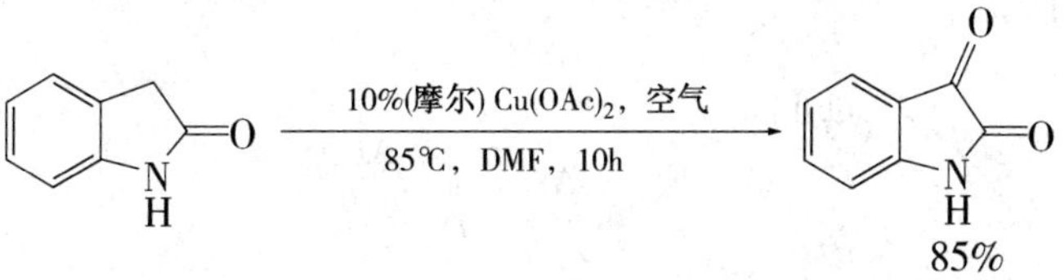

反应机理如下所示:

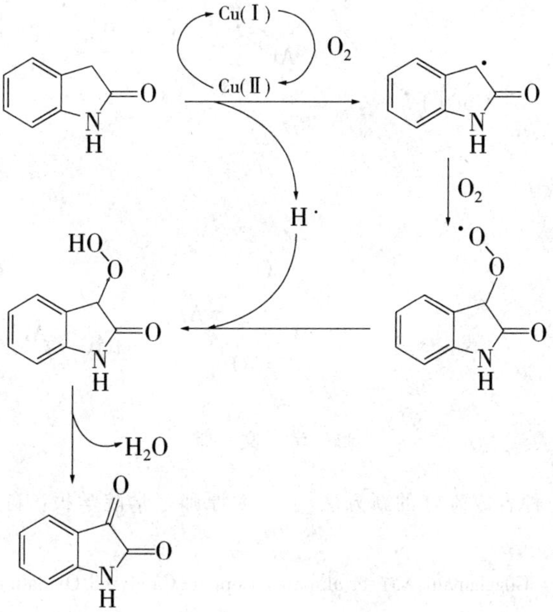

氧化工艺过程:

于25mL圆底烧瓶中依次加入 2.5mmol 2-吲哚酮, 10%(摩尔) 无水醋酸铜和 10mL N,N-二甲基甲酰胺(DMF), 保持瓶口敞开, 搅拌, 将混合物油浴至80℃, 用 TCL 分析监测反应进度, 10h 后停止反应, 反应混合物自然冷却至室温后, 用乙醚稀释至 100mL, 再用饱和食盐水洗 5 次, 得到的有机相用无水硫酸钠干燥 20min, 干燥后的液体经减压浓缩得到粗产品, 最后经柱层析(乙酸乙酯/石油醚=1/2)得到橘红色固体, 干燥, 称量, 计算产率为85%。

4.5.2 苯基苄基酮氧化技术

2013 年 Goggiamani 等[2]报道了以 15%（摩尔）$Cu(OAc)_2$作催化剂，30%（摩尔）Ph_3P 作配体，空气作氧化剂，反应温度 100℃，1,2,4-三甲苯作溶剂的条件下，将苯基苄基酮氧化为苯偶酰的反应方法学，二苯乙二酮收率为 95%。

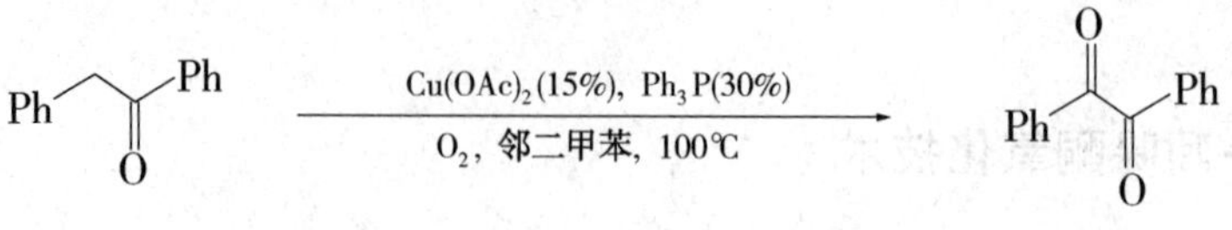

反应机理如下所示：

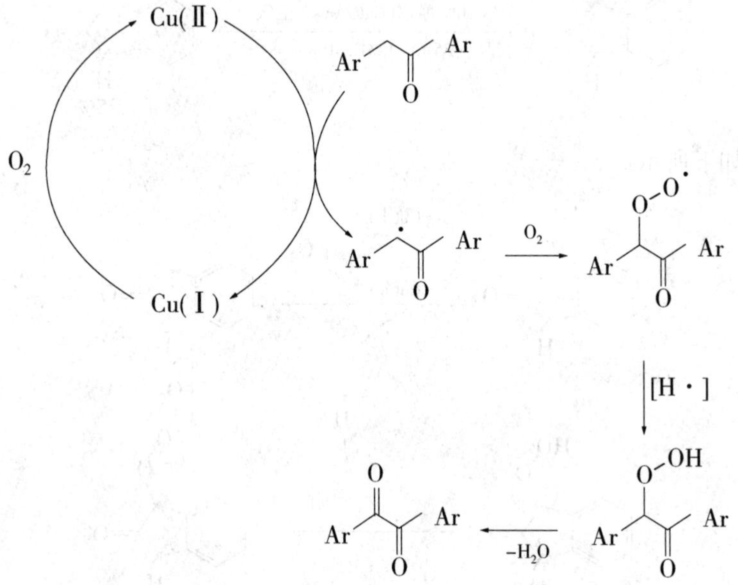

参 考 文 献

[1] 于静文，宋璐娜．一种合成靛红的新方法[J]．太原师范学院学报：自然科学版，2016，15(4)：76-80．

[2] Cacchi S., Fabrizi G., Goggiamani A., et al. paper Copper-Catalyzed Oxidation of Deoxybenzoins to Benzils under Aerobic Conditions Oxidation of Deoxybenzoins to Benzils[J]. Synthesis, 2013, 45：1701-1707.

4.6 重铬酸钠氧化反应技术

4.6.1 铬酸、重铬酸盐

重铬酸盐、三氧化铬在酸性条件下生成铬酸与重铬酸的动态平衡体系。

$$H_2CrO_4 \rightleftharpoons H^+ + HCrO_4^- \rightleftharpoons 2H^+ + CrO_4^{2-}$$

$$2HCrO_4^- \rightleftharpoons Cr_2O_7^{2-} + H_2O$$

在稀水溶液中，几乎都以 $HCrO_4^-$ 的形式存在，在很浓的水溶液中，则以 $Cr_2O_7^{2-}$ 存在。铬酸溶液呈橘红色，反应后变为绿色的 Cr^{3+}，从而可观察到反应的进行[1]。

常用的铬酸是三氧化铬的稀硫酸溶液，有时也可加入醋酸，以利于三氧化铬的解聚。由 60g 重铬酸钾、80g 浓硫酸和 270mL 水配成的氧化剂称为 Beckmann 重铬酸钾氧化剂，可用于氧化伯醇和仲醇，例如将薄荷醇氧化为薄荷酮，收率可达到 83%~85%。

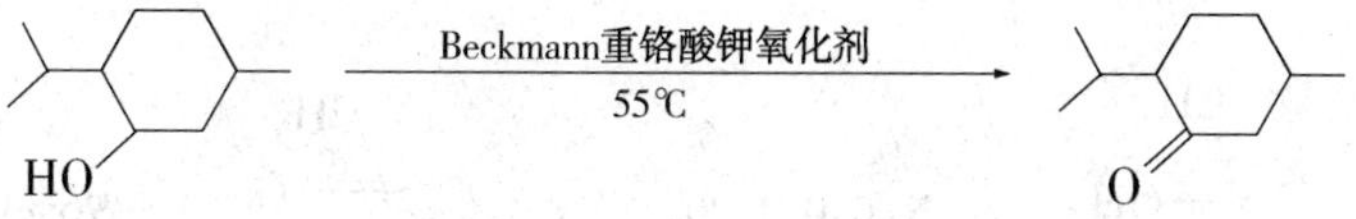

铬酸及其衍生物的氧化机理十分复杂，尚不十分清楚。铬酸氧化醇的机理一般认为是醇和铬酸首先生成铬酸酯，而后酯分解断键生成醛、酮。通常铬酸酯的分解是决定反应速率的步骤，但对于位阻大的醇来说，铬酸酯的生成是决定反应速率的步骤，关于铬酸酯分解断键的过程，有分子内过程和分子间过程两种解释。

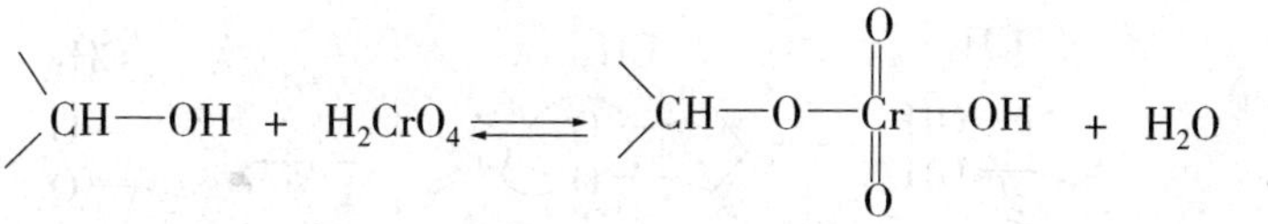

分子内断裂：

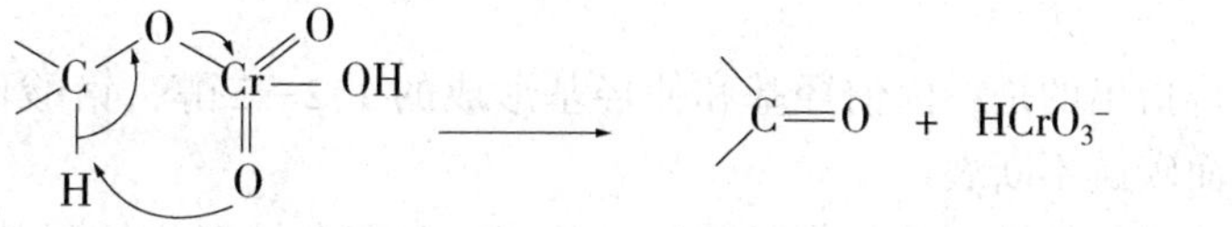

分子间断裂：

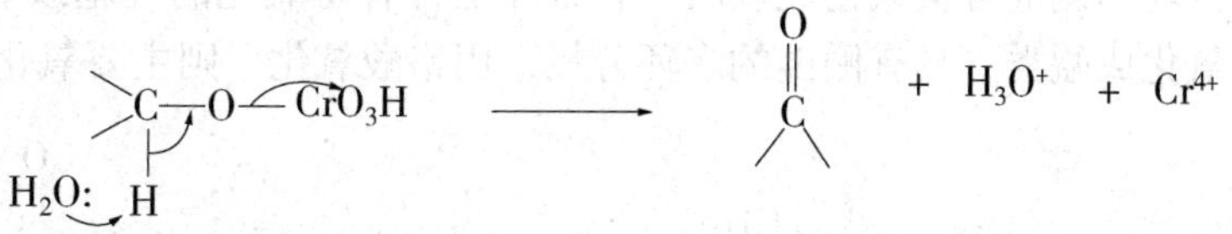

以上两种断裂，均涉及羟基碳原子上氢的转移。这个氢原子的转移受醇的立体结构的影响。例如下面两种冰片铬酸酯的裂解：

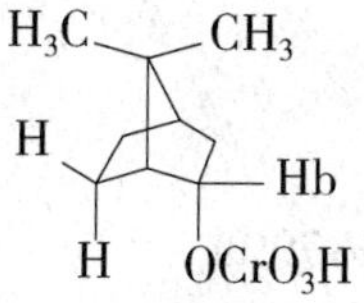

内冰片(endo-Borneol) 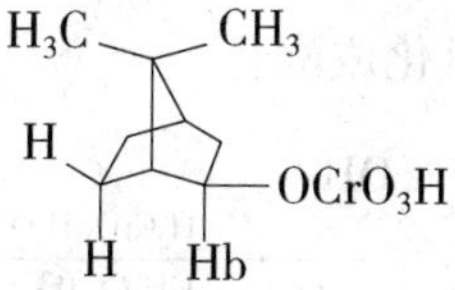　　　　外冰片(exo-Borneol)

内冰片 H_b 的转移受到桥甲基的立体障碍而造成内、外冰片的氧化速率之比为 25:49.1。一般而言，在甾醇或环己醇类化合物在被氧化时，处在直立键上的羟基比处在平伏键上的羟基易氧化。

铬酸可以直接将苄位伯醇的酯氧化为酸。例如治疗关节炎的消炎镇痛药双醋瑞因(Diacerein)合成中，其中一条路线是以芦荟大黄素为原料，酰基化生成三酰化物，再用铬酸氧化时，伯醇酯氧化成羧酸，而两个酚酯保持不变。

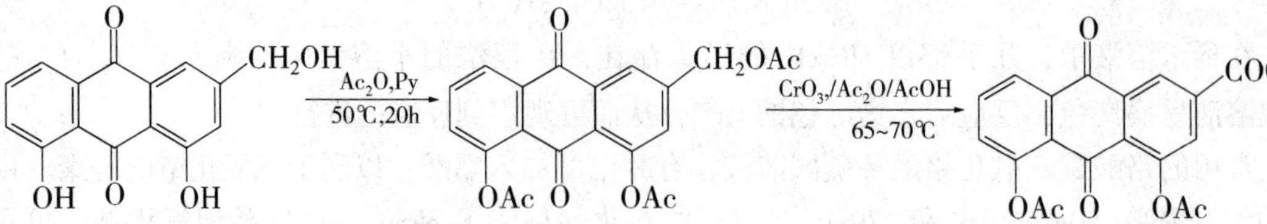

[反应式：1,8-二羟基-3-羟甲基蒽醌 经 Ac₂O, Py, 50℃, 20h 得乙酰化产物，再经 CrO₃/Ac₂O/AcOH, 65~70℃ 得相应羧酸化合物]

铬酸可氧化由两个叔羟基形成的1,2-二醇，发生碳—碳键断裂，生成羰基化合物。例如：

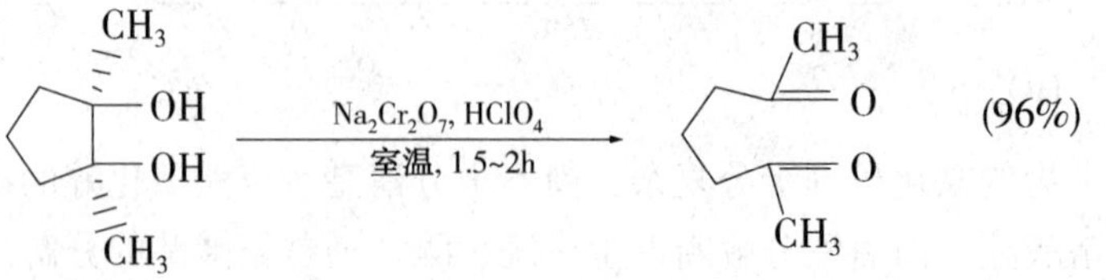

[反应式：顺式-1,2-二甲基-1,2-环戊二醇 经 Na₂Cr₂O₇, HClO₄, 室温, 1.5~2h 得 2,6-庚二酮 (96%)]

该化合物的氧化，比反式异构体快1700倍，因而可以认为该反应过程中形成了环状中间体。

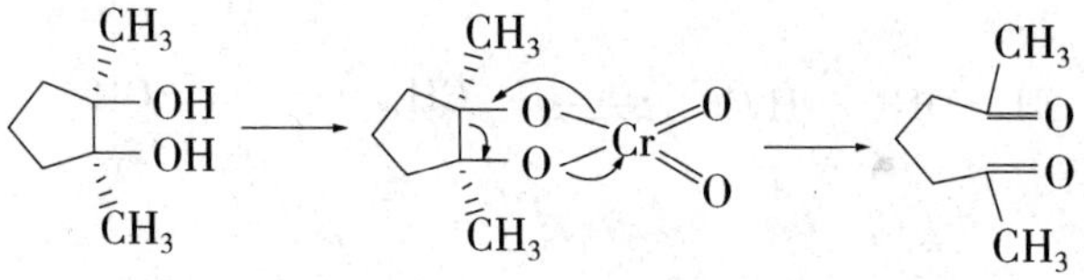

[反应机理示意图：二醇与铬酸形成环状中间体，再分解为二酮]

值得指出的是，由伯羟基和仲羟基形成的1,2-二醇，铬酸仅将其氧化成相应的羰基化合物，而碳链不断裂。

单芳环的侧链可被氧化成羧酸，若芳环上含有易氧化的羟基或氨基，则必须加以保护，否则会氧化成醌类。具有侧链的多环芳烃，用铬酸氧化，则主要氧化芳环生成醌类，例如：

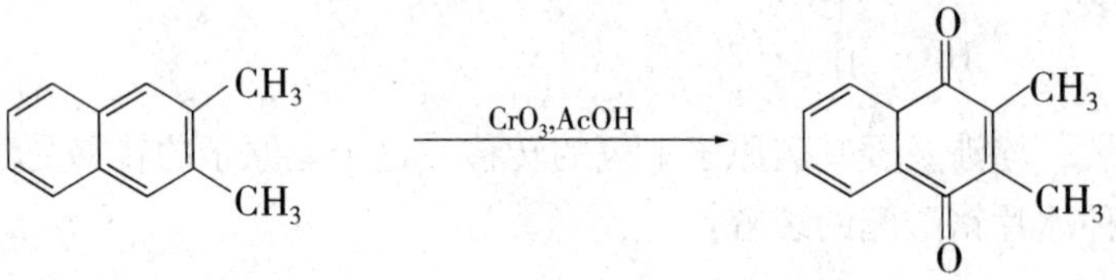

[反应式：2,3-二甲基萘 经 CrO₃, AcOH 得 2,3-二甲基-1,4-萘醌]

芳环上的亚甲基可被氧化成酮：

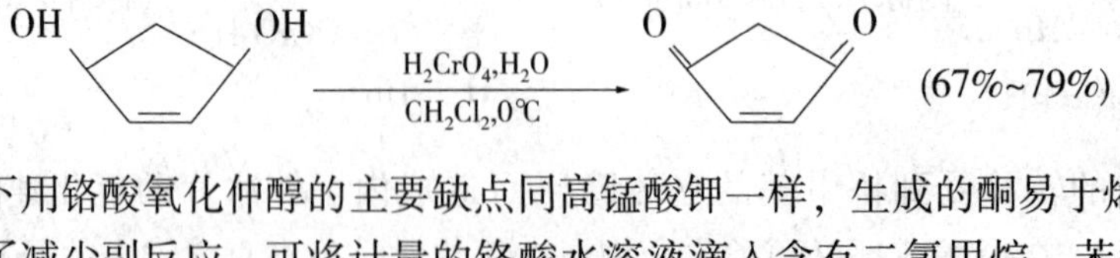

[反应式：4-环戊烯-1,3-二醇 经 H₂CrO₄, H₂O, CH₂Cl₂, 0℃ 得 4-环戊烯-1,3-二酮 (67%~79%)]

酸性条件下用铬酸氧化仲醇的主要缺点同高锰酸钾一样，生成的酮易于烯醇化而生成羧酸混合物。为了减少副反应，可将计量的铬酸水溶液滴入含有二氯甲烷、苯等的反应液中，并控制在室温以下，在非均相条件下进行，使生成的酮溶于有机溶剂，减少与水相中氧化剂的接触，而得到较好的实验结果。

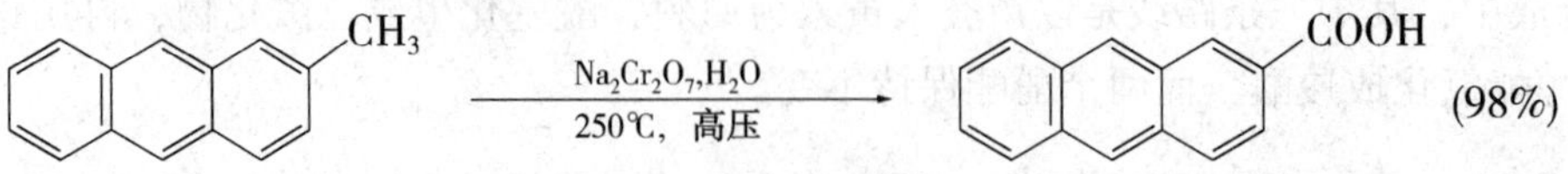

[反应式：2-甲基蒽 经 Na₂Cr₂O₇, H₂O, 250℃, 高压 得 蒽-2-甲酸 (98%)]

在中性条件下，重铬酸盐的氧化能力很弱，稠环芳烃侧链需在高温、高压下才能氧化为相应的羧酸而芳环不受影响。

$$\text{PhCH}_2\text{CH}_3 \xrightarrow[275℃，高压]{\text{Na}_2\text{Cr}_2\text{O}_7(1\text{mol}), \text{H}_2\text{O}} \text{PhCH}_2\text{COOH} \quad (96\%)$$

4.6.2 Collins 氧化

$$\text{环戊基-CH}_2\text{OH} \xrightarrow{\text{CrO}_3\text{-Py}_2} \text{环戊基-CHO}$$

二氯甲烷溶剂中，伯醇经 CrO_3-Py_2 氧化得醛[2]。该氧化剂 $CrO_3 \cdot 2\text{Pyridine}$ 称为 Collins 试剂[3]。这种氧化剂可将伯醇氧化为醛、仲醇氧化为酮，此反应称为 Collins 氧化反应[4]，醇分子中的重键不受影响。$CrO_3 \cdot 2\text{Pyridine}$ 为吸潮性红色结晶，一般在非极性溶剂如二氯甲烷中使用。

$$\text{CrO}_3(无水) + 2\text{Pyridine}(无水) \rightarrow \text{CrO}_3 \cdot 2\text{Pyridine} \downarrow$$

Collins 氧化法是 Sarett 氧化法(以吡啶为溶剂)的改进[5,6]。
$CrO_3 \cdot 2\text{Pyridine}$ 的(Sarett 试剂)的二氯甲烷溶液被称为"Collins 试剂"。

$$2\,\text{Py} + \text{CrO}_3 \longrightarrow (\text{PyH}^+)_2 \text{CrO}_4^{2-}$$

(Collins 试剂)

Collins 试剂较 Sarett 试剂的一个优势是制备方便和安全，室温搅拌下慢慢将一当量的三氧化铬加入两个当量的吡啶在二氯甲烷中的溶液中即可。此外，使用二氯甲烷作为溶剂和化学计量的吡啶使得 Collins 试剂的碱性较 Sarett 试剂弱。因此，大多数的酸和碱敏感的底物可以被 Collins 试剂氧化，而 Sarett 试剂和 Jones 试剂有局限[7]。

由于 Collins 试剂不含水(比较 Jones 试剂)，不像 Sarett 试剂具有吸湿性，该氧化剂特别适合氧化伯醇为醛，但痕量的水可以导致过度氧化[8]。

注意：二氯甲烷溶液为 Collins 试剂，性质较稳定；无二氯甲烷的为 Sarett 试剂；含水的为 Corforth 试剂。

4.6.3 Jones 氧化

$$\text{环戊基-CH}_2\text{OH} \xrightarrow{\text{CrO}_3/\text{H}_2\text{SO}_4} \text{环戊基-CO}_2\text{H}$$

环戊基甲醇经 CrO_3/H_2SO_4 氧化可得环甲酸。该反应中用的"三氧化铬的稀硫酸溶液"即为 Jones 试剂。它的配制方法为：由三氧化铬、硫酸与水配成的水溶液。将 26.72g CrO_3 溶于 23mL 浓硫酸中，然后以水稀释至 100mL 即得[9]。在 0~20℃滴加到溶有醇的丙酮中进行氧化。

Jones 试剂能将伯醇氧化成酸,将仲醇氧化成酮,反应条件下醛也会被氧化为羧酸,分子中的双键或叁键不受影响;也可氧化烯丙醇(伯醇)成醛。一般把仲醇或烯丙醇溶于丙酮或二氯甲烷中,然后在 0~20℃滴加该试剂进行氧化反应。例如:

$$RCH_2OH \xrightarrow[\text{丙酮}]{CrO_3/H_2SO_4\text{水溶液}} RCOOH$$

$$\underset{R^1}{\underset{|}{R-CH-OH}} \xrightarrow[\text{丙酮}]{CrO_3/H_2SO_4\text{水溶液}} \underset{R^1}{\underset{\|}{R-C-R^1}}$$

反应机理[10]:

$$R-\underset{H}{\overset{R}{\underset{|}{C}}}-OH + HO-\overset{O}{\underset{O}{\overset{\|}{Cr}}}-OH \rightleftharpoons R-\underset{H}{\overset{R}{\underset{|}{C}}}-O-\overset{O}{\underset{O}{\overset{\|}{Cr}}}-OH + H_2O$$

Cr(Ⅵ)　　　　　　　铬酸酯

上述的水作为碱。也可以不是外来的碱,而是通过环状机制,把一个氢质子传给氧的:

$$R_2C\underset{H}{\overset{}{-}}O-\overset{O}{\underset{O}{\overset{\|}{Cr}}}-OH \longrightarrow R_2C=O + HCrO_3^- + H_3O^+$$

Cr(Ⅳ)

$$R-\underset{H}{\overset{R}{\underset{|}{C}}}\cdots O \overset{O}{\underset{OH}{\overset{\|}{Cr}}} \longrightarrow R_2C=O + H_2CrO_3$$

Cr(Ⅳ)

4.6.4 PCC 氧化反应

PCC 自 1975 年 Corey 等[11]首次将它成功地应用于有机合成之后,在伯醇氧化为醛的反应中得到广泛应用[12]。PCC,氯铬酸吡啶盐(Pyridinium Chlorochromate)试剂,CrO_3 在水存在下与氯化氢作用形成氯铬酸,加入吡啶则析出黄到橙黄色晶体[13]。

$$\overset{O}{\underset{O}{\overset{\|}{Cr}}}=O \xrightarrow{HCl} Cl-\overset{O}{\underset{O}{\overset{\|}{Cr}}}-OH \xrightarrow{Pyridine} Cl-\overset{O}{\underset{O}{\overset{\|}{Cr}}}-O^-PyH^+$$

它溶于二氯甲烷(DCM),使用很方便,在室温下便可将伯醇氧化为醛,而且基本上不发生进一步的氧化作用。由于其中的吡啶是碱性的,因此对于在酸性介质中不稳定的醇类氧化为醛(或酮)时,是很好的方法,不但产率高,而且对分子中存在的 C=C、C=O、C=N 等不饱和键不发生破坏作用。

PCC 的制备：在搅拌下，将 100g(1mol) CrO_3 迅速加入 184mL(6mol/L)盐酸中，5min 后将均相体系冷却至 0℃，在至少 10min 内小心加入 79.1g 吡啶，将反应体系重新冷却至 0℃，得橙黄色固体，过滤，真空干燥 1h，得 PCC 180.8g，产率 84%。例如，由异丁醇合成 3,3-二甲基-α-羟基丁内酯，合成路线如下所示：

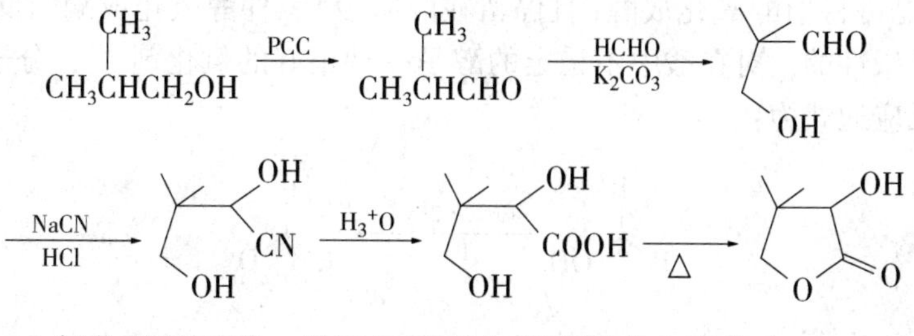

异丁醇经 PCC 氧化得异丁醛，然后与甲醛在碳酸钾存在下发生 Aldol 缩合反应得到 α-羟甲基异丁醛，接着在酸性条件下与氰化钠进行亲核加成反应得到 3,3-二甲基-α,γ-二羟基丁氰，氰基水解得 3,3-二甲基-α,γ-二羟基丁酸，最后受热环化得到 3,3-二甲基-α-羟基丁内酯。

4.6.5 PDC 氧化反应

CrO_3/Py 即为氧化剂 PDC，重铬酸吡啶盐(Pyridinium dichromate)，是将吡啶加入 CrO_3 的水溶液中，析出的亮橙黄色晶体。

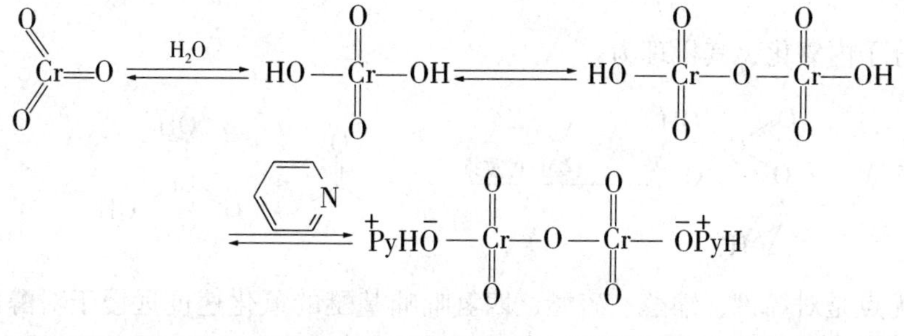

因为 PDC 不溶于水，溶于有机溶剂，因而使用、保存方便，通常在室温下在二氯甲烷中使用，分别将伯醇和仲醇氧化成相应的醛和酮，分子中的重键不受影响[14]。

PDC 的氧化能力较 PCC 强，其氧化作用一般在二氯甲烷中进行，如在 DMF 中进行，氧化性增强，能将伯醇最终氧化成酸。

PDC 的制备[15]：边搅拌边快速向 18.5mL 6.00mol/L(0.111mol)盐酸溶液中加入 14.7g(0.050mol)重铬酸钾，搅拌 20min 后用冰水冷却至 0℃，10min 内将 7.9g(0.100mol)无水吡啶缓慢加入溶液中，得到橙红色固体，得到 PDC 氧化剂 18.0g(0.048mol)，相对分子质量 376，熔点 40~41℃。

4.6.6 Sarett 氧化反应

Sarett 试剂是铬酐(CrO_3)与吡啶反应形成的铬酐-双吡啶络合物($CrO_3 \cdot 2Py$，以吡啶为溶剂)，吸潮性红色结晶。

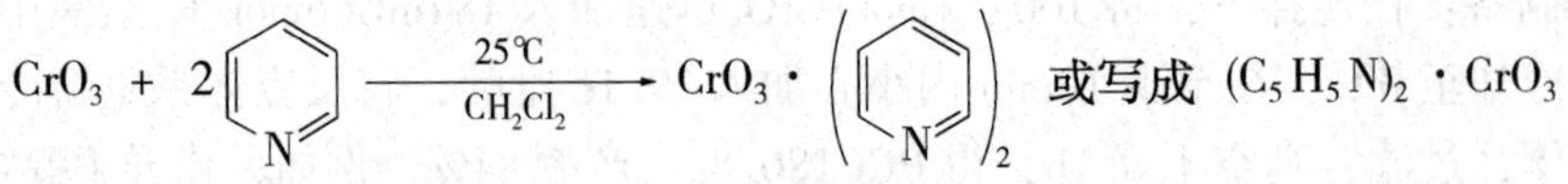

$$CrO_3 + 2 \underset{N}{\bigcirc} \xrightarrow[CH_2Cl_2]{25℃} CrO_3 \cdot \left(\underset{N}{\bigcirc}\right)_2 \text{ 或写成 } (C_5H_5N)_2 \cdot CrO_3$$

Sarrett 试剂

Sarett 试剂是可将伯醇氧化成醛（且停留在醛阶段）、仲醇氧化成酮的反应[16]。产率很高，因为吡啶是碱性的，对在酸中不稳定的醇是一种很好的氧化剂[17]，分子中有双键、三键不受影响。反应通式为：

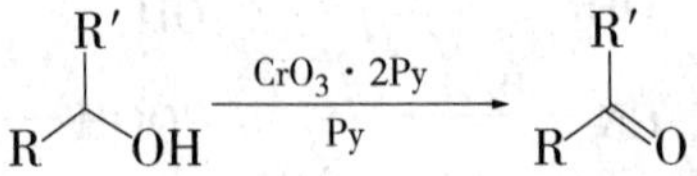

$$\underset{OH}{\overset{R'}{R-CH}} \xrightarrow[Py]{CrO_3 \cdot 2Py} \underset{O}{\overset{R'}{R-C}}$$

反应机理[18,19]：

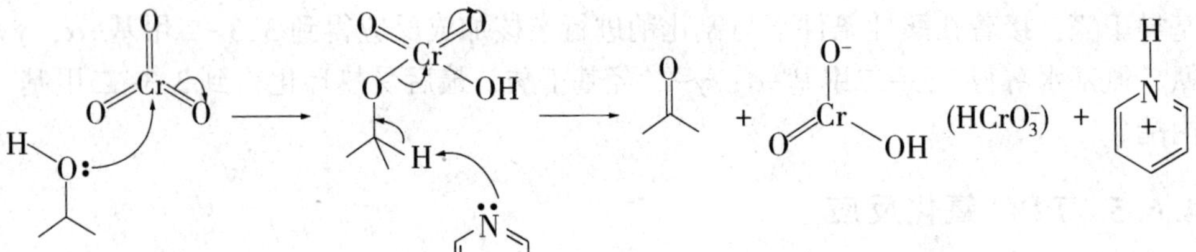

反应中，醇羟基进攻三氧化铬形成铬酸酯，后者在吡啶作用下消去 α-H 得到羰基化合物。

若采用分子内氧化，其机理为：

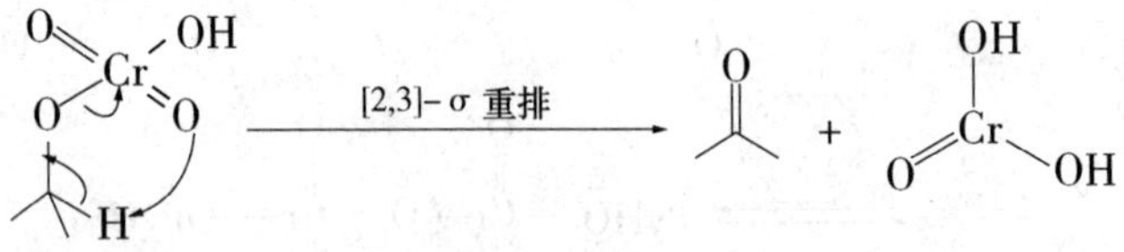

该方法优点是对烯键、缩醛、硫醚、四氢吡喃基醚的氧化速度远慢于对醇的氧化速度。仲醇氧化成酮收率良好，氧化伯醇收率低，但也可以氧化烯丙醇、苄醇。该法的一种改良方法是 Collins 氧化。Collins 氧化、Jones 氧化和 Corey 的 PCC 及 PDC 氧化都有相同的机理。

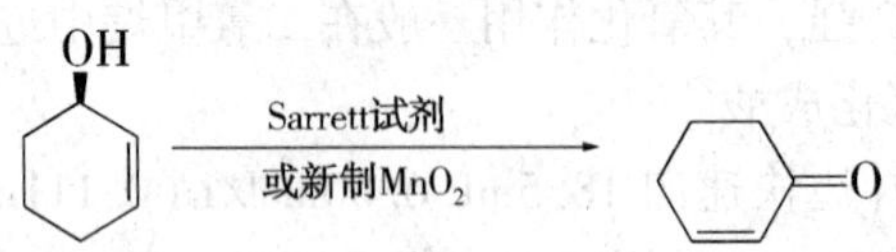

4.6.7 盐酸普鲁卡因制备技术

1. 概述

盐酸普鲁卡因，别名奴佛卡因，化学名称为 4-氨基苯甲酸-2-(二乙胺基)乙酯盐酸盐，英文名称为 Procaine Hydrochloride，2-(Diethylamino)ethyl 4-aminobenzoate，Procaine HCl，Atoxicaine，2-(Diethylamino)ethyl 4-aminobenzoate hydrochloride(1∶1)，2-Methylpropyl 4-aminobenzoate。本品为白色结晶或结晶性粉末；无臭，味微苦，随后有麻痹感。本品在水中

易溶,在乙醇中略溶,在氯仿中微溶,在乙醚中几乎不溶。本品的熔点为 154~157℃。盐酸普鲁卡因是一种局部麻醉药能阻断周围神经末梢和纤维的传导,使相应的组织暂时丧失感觉,而起麻醉作用。在医疗上广泛用于浸润麻醉、传导麻醉脊椎麻醉、硬膜外麻醉,以及封闭疗法等方面,疗效确实,使用安全,刺激性及毒性均小,且无药瘾。

2. 制备方法学

盐酸普鲁卡因的制备方法有如下几种[20,21]。

(1) 酰氯化法

$$O_2N-C_6H_4-COOH \xrightarrow{SOCl_2/POCl_3} O_2N-C_6H_4-COCl \xrightarrow{HOCH_2CH_2N(C_2H_5)_2} O_2N-C_6H_4-COOCH_2CH_2N(C_2H_5)_2$$

$$\xrightarrow{[H]} H_2N-C_6H_4-COOCH_2CH_2N(C_2H_5)_2 \xrightarrow{HCl} H_2N-C_6H_4-COOCH_2CH_2N(C_2H_5)_2 \cdot HCl$$

(2) 氯代乙酯法

$$O_2N-C_6H_4-COOH \xrightarrow{SOCl_2/POCl_3} O_2N-C_6H_4-COCl \xrightarrow{HOCH_2CH_2Cl} O_2N-C_6H_4-COOCH_2CH_2Cl$$

$$\xrightarrow{HN(C_2H_5)_2} O_2N-C_6H_4-COOCH_2CH_2N(C_2H_5)_2 \xrightarrow{[H]} H_2N-C_6H_4-COOCH_2CH_2N(C_2H_5)_2$$

$$\xrightarrow{HCl} H_2N-C_6H_4-COOCH_2CH_2N(C_2H_5)_2 \cdot HCl$$

(3) 苯佐卡因法

$$O_2N-C_6H_4-COOH \xrightarrow{C_2H_5OH/H_2SO_4} O_2N-C_6H_4-COOC_2H_5 \xrightarrow[C_2H_5OH,CH_3COOH]{[H]} H_2N-C_6H_4-COOC_2H_5$$

$$\xrightarrow{HOCH_2CH_2N(C_2H_5)_2} H_2N-C_6H_4-COOCH_2CH_2N(C_2H_5)_2 \xrightarrow{HCl} H_2N-C_6H_4-COOCH_2CH_2N(C_2H_5)_2 \cdot HCl$$

3. 制备工艺过程

本工艺采用第 3 种方法即苯佐卡因法。

(1) 对硝基苯甲酸的制备

在 250mL 三颈瓶中,加入重铬酸钠(含两个结晶水)23.6g、水 50mL,开动搅拌,待重铬酸钠溶解后,加入对硝基甲苯 8g,用滴液漏斗滴加 32mL 浓硫酸。滴加完毕,直火加热,保持反应液微沸 60~90min。冷却后,将反应液倾入 80mL 冷水中,抽滤。残渣用 45mL 水分 3 次洗涤。将滤渣转移到烧杯中,加入 5%(质)硫酸 35mL,在沸水浴上加热 10min,并不时搅拌,冷却后抽滤,滤渣溶于温热的 5%(质)氢氧化钠溶液 70mL 中,在 50℃左右抽滤,滤液加入活性炭 0.5g 脱色(5~10min),趁热抽滤。冷却,在充分搅拌下,将滤液慢慢倒入

15%（质）硫酸 50mL 中，抽滤，洗涤，干燥得对硝基苯甲酸[22]。

（2）对硝基苯甲酸乙酯的制备

抽 250~300L 乙醇于酯化锅中，开动搅拌，滴加硫酸于 15~20min 内滴完。再将对硝基苯甲酸加入锅内，补加乙醇 45kg，待至糊状物后，开始加热进行酯化反应，于 85~87℃ 回流 7h，反应液澄清透明，即为回流反应终点。回收乙醇，温度 80~103℃，时间 6~10h，降温至 90℃ 左右出料，放入冰水中，乙酯即析出。待至 30℃ 下过滤，水洗涤，用酸碱精制之。

（3）苯佐卡因的制备

将对硝基苯甲酸乙酯加入酯交换锅，再抽入二乙胺基乙醇，加热至 70℃，减压至 300mmHg，反应 7h，进行酯交换馏出低沸点，继续升温至 120℃ 值（保持最大真空度），蒸出二乙胺基乙醇；6~8h 酯交换反应完毕，出料至 6% 盐酸水溶液中，pH 值 1~1.5，10℃ 下过滤，洗涤，得对硝基苯甲酸二乙胺基乙酯盐酸盐（简称硝基卡因）。继用铁粉还原，碱化，得普鲁卡因盐基，用盐酸酸化（pH 值 5~5.5）后用水重结晶，精制，干燥，即得成品。

参 考 文 献

[1] 孙昌俊，曹晓冉，王秀菊. 药物合成反应——理论和实践[M]. 北京：化学工业出版社，2007：5-8.

[2] Corey E J, Achiwa K, Katzenellenbogen J A. Total synthesis of dl-sirenin[J]. J. Am. Chem. Soc., 1969, 91(15)：4318-4320.

[3] J C Collins. Dipyridine - Chromium (Ⅵ) Oxide Oxidation of Alcohols in Dichloromethane[J]. Tetrahedron Letters, 1968：3363.

[4] G I Poos, G E Arth, R E Beyler, et al. Approaches to the Total Synthesis of Adrenal Steroids. 1 V. 4b-Methyl-7- ethylenedioxy-1, 2, 3, 4, 4aα, 4b, 5, 6, 7, 8, 10, 10aβ-dodecahydrophenanthrene-4β-ol-1-one and Related Tricyclic Derivatives. [J]Am. Chem. Soc. 1953, 75：422.

[5] J C Collins, W W Hess. Aldehydes from Primary Alcohols by Oxidation with Chromium Trioxide：Heptanal[J]. Org. Syn., 1972, 52：5.

[6] R W Ratcliffe. Oxidation with the Chromium Trioxide - Pyridine Complex Prepared in situ：1 - Decanal[J]. Org. Syn., 1976, 55：84.

[7] G Tojo., MI Fernández. Oxidation of Alcohols to Aldehydes and Ketones[M]. Berlin：Springer, 2006, 1-97.

[8] 孔祥文. 有机化学反应和机理[M]. 北京：中国石化出版社，2018：150-158.

[9] K. Bowden, I. M. Heilbron, E. R. H. Jones, et al. Researches on acetylenic compounds. Part I. The preparation of acetylenic ketones by oxidation of acetylenic carbinols and glycols[J]. J. Chem. Soc., 1946, 39.

[10] 邢其毅，裴伟伟，徐瑞秋，等. 基础有机化学[M]. 3 版. 北京：高等教育出版社，2005：388.

[11] Corey E J, Sugge J W. Pyridinium chlorochromate. An efficient reagent for oxidation of primary and secondary alcohols to carbonyl compounds [J]. Tetrahedron Letters, 1975, 16(31)：2647-2650.

[12] 刘良先. Corey 氧化剂及其在选择性氧化中的应用[J]. 化学通报，1992, 12(4)：17-25.

[13] Kitagawa Y, Itoh A, Hashimoto S, et al. Total synthesis of humulene. A stereoselective approch[J]. JACS, 1977, 99：3864.

[14] 孔祥文. 基础有机合成反应[M]. 北京：化学工业出版社，2014：40.

[15] Corey E J, Suggs J W. Pyridinium chlorochromate, an efficient reagent for oxidation of primary and secondary alcohols to carbonyl compounds[J]. Tetrahedron Letters, 1975, 16(31)：2647-2650.

[16] 孔祥文. 有机化学[M]. 2 版. 北京：化学工业出版社，2018.

[17] 邢其毅,裴伟伟,徐瑞秋,等.基础有机化学[M].3版.北京:高等教育出版社.2005:401.
[18] 〔美〕李杰.有机人名反应及机理[M].荣国斌译.上海:华东理工大学出版社,2003:352.
[19] G. I. Poos, G. E. Arth, R. E. Beyler, et al. Approaches to the Total Synthesis of Adrenal Steroids. 1 V. 4b-Methyl-7-ethylenedioxy-1, 2, 3, 4, 4aα, 4b, 5, 6, 7, 8, 10, 10aβ-dodecahydrophenanthrene-4β-ol-1-one and Related Tricyclic Derivatives[J]. J. Am. Chem. Soc., 1953, 75:422.
[20] 胡安身,秦定英,张金堂.盐酸普鲁卡因国内外合成工艺概述[J].医药工业,1982,(2):34-36.
[21] Abbott Lab. Process for the preparation of esters of tertiary amino alcohols:GB, 815144[P]. 1956-08-13.
[22] 丁常泽.苯佐卡因的实验室合成方法研究[J].当代化工,2009,38(3):228-230.

第5章 加成反应

5.1 氯化加成反应

杀虫双制备技术：

1. 概述

$$\begin{array}{c} H_3C \\ \diagdown \\ N-CH \\ H_3C \diagup \diagdown \\ \end{array} \begin{array}{c} CH_2SSO_3Na \\ \\ CH_2SSO_3H \end{array}$$

杀虫双(Bisultap)，化学名称为2-二甲氨基-1,3-双硫代磺酸钠基丙烷。分子式 $C_5H_{11}NO_6S_4Na_2$，相对分子质量355.28。纯品为白色结晶(含两个分子结晶水)。原油为棕褐色水溶液，呈中性或微酸性。易吸潮，易溶于水，溶于95%乙醇、甲醇、N,N-二甲基甲酰胺、二甲亚砜等有机溶剂，微溶于丙酮，不溶于乙醚、乙酸乙酯。熔点142~143℃(分解)。相对密度(d_4^{20})1.30~1.35。有奇异臭味，常温下稳定，在强碱条件下易分解。大白鼠急性经口毒性LD_{50}995.9~1021mg/kg。杀虫双具有胃毒、触杀、内吸传导和一定的杀卵作用。对水稻、小麦、玉米、豆类、蔬菜、柑橘、果树、茶叶等多种植物主要害虫均有优良的防治效果，如水稻大螟、二化螟、三化螟、稻纵卷叶螟、稻苞虫、叶蝉、稻蓟马、负泥虫、菜螟、菜青虫、黄条跳甲、桃蚜、梨星毛虫、柑橘潜叶蛾等。在常用剂量下，对人畜安全，对作物无药害[1]。杀虫双药效显著、杀虫谱广、成本较低、生产使用安全。对小白鼠无致畸、致癌、致突变作用。在土壤及农作物中残留量少、原料易得。杀虫双由贵州省化工研究所与有关单位协作于1977年中试鉴定并试产，之后全国先后有三十多家工厂投入生产，原药年产量达到万吨以上。

2. 制备技术

3-氯丙烯与二甲胺经烷基化得到3-(N,N-二甲氨基)-丙烯，再与氯加成得1-(N,N-二甲氨基)-2,3-二氯丙烷，后者与硫代硫酸钠发生磺化得杀虫双。

$$H_2C=CHCH_2Cl + (CH_3)_2NH \xrightarrow{OH^-} (CH_3)_2NCH_2-CH=CH_2 \xrightarrow[Cl_2]{HCl}$$

$$(CH_3)_2NCH_2-\underset{Cl}{\underset{|}{C}}H-\underset{Cl}{\underset{|}{C}}H_2 \xrightarrow[OH^-]{Na_2S_2O_3} \begin{array}{c} CH_3 \\ \diagdown \\ N-CH \\ CH_3 \diagup \diagdown \end{array} \begin{array}{c} CH_2SSO_3Na \\ \\ CH_2SSO_3Na \end{array}$$

制备过程[2,3]如下。

将3-氯丙烯353g加入烷基化反应釜中，搅拌并冷却至0℃。滴加40%二甲胺650g，同时滴加40%液碱170g，控制温度在15℃，于40~60min内滴完。然后让其自然升温至恒定后，于45℃保温反应2h，冷却至室温，静置，放出下层废液。

反应物料转入氯化反应釜，加水并通氯化氢(或加入31%盐酸)，酸化至pH值为2，降温至0~10℃，通入氯气330g进行氯化，在氯化过程中分三次加水180mL。用0.1mol/L高锰酸钾试验，反应液1min不褪色即为氯化终点。达终点后，停止通氯，于5℃加液碱调pH值至3~4，制得1-二甲氨基-2,3-二氯丙烷。

在磺化反应釜中，加入上述制得的1-二甲氨基-2,3-二氯丙烷，搅拌下升温至40℃，加入1697g硫代硫酸钠和适量水，再升温至60℃，加入40%液碱510g，于70℃保温搅拌反应3h，再加入170g 40%液碱，搅拌0.5h。于63~65℃、(7.3~8.0)×10⁴Pa下真空脱水，将脱水后产物过滤(去滤渣)得30%的杀虫双水溶液。

产品为棕黄色或棕色单相液体(水剂)，符合GB 8200—1987。

参 考 文 献

[1] 宋小平，韩长日，舒火明. 农药制造技术[M]. 北京：科学技术文献出版社，2000：46-47.
[2] 严洪华. 杀虫双合成工艺的改进[J]. 安徽化工，1981，(4)：8-12.
[3] 赵卫东，杨学慧，邢华. 提高杀虫双合成中胺化收率的工艺改进[J]. 现代农药，2007，(1)：18-20.

5.2 金属有机试剂的加成反应

5.2.1 金属有机试剂与羰基化合物反应

可以与羰基发生加成反应的常用金属有机试剂有Grignard试剂、有机锂试剂、炔钠和有机锌试剂等。其中与Grignard试剂的加成应用最广泛，也是最重要的[1,2]。

Grignard试剂中碳镁键的极化程度高，碳原子电负性大于镁，因而带有部分负电荷。反应过程中，Grignard试剂的碳镁键异裂，烃基负离子作为亲核试剂带着C—Mg键的一对键合电子进攻羰基的碳原子，形成新的C—C键。然后，—MgX与生成的氧负离子结合，这是一步快反应。生成的加成产物不需分离，可直接进行水解反应生成醇。

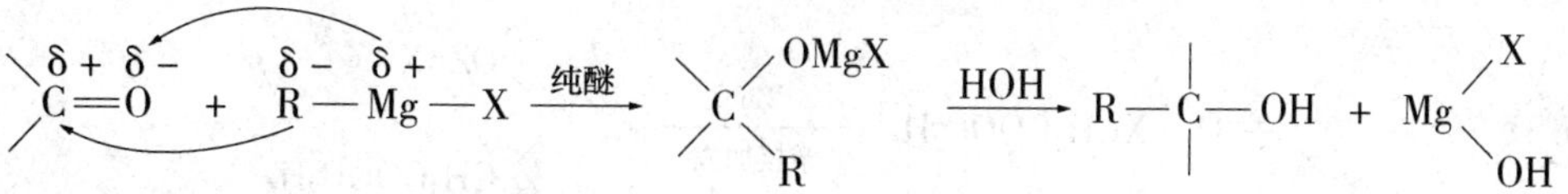

Grignard试剂与甲醛反应后水解生成多一个碳原子的伯醇，与其他醛反应后水解生成仲醇，与酮或酯反应得到的是叔醇。例如：

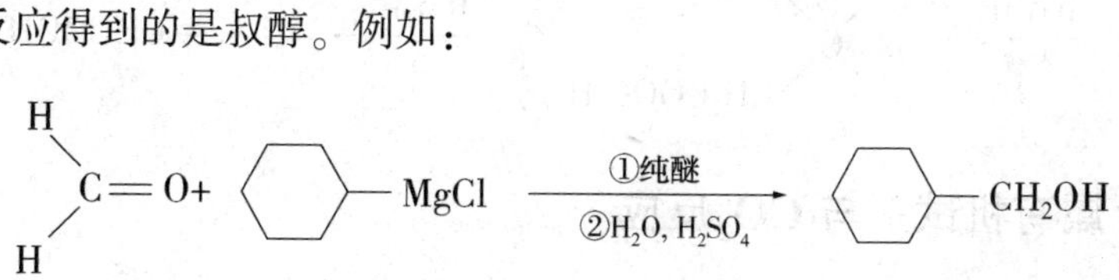

$$(CH_3)_2CHCOCH(CH_3)_2 + C_2H_5MgBr \longrightarrow (CH_3)_2CHC(CH_3)_2\underset{OH}{\overset{C_2H_5}{|}}$$

$$2CH_3MgBr + (CH_3)_2CHC(=O)OMe \xrightarrow[\text{②}H_2O, H^+]{\text{①纯醚}} (CH_3)_2CH-\underset{OH}{\overset{CH_3}{\underset{|}{\overset{|}{C}}}}-CH_3$$

叔醇很容易脱水生成烯烃，Grignard 试剂与酮反应后的混合物用稀盐酸分解，生成的叔醇会立刻发生脱水反应，得到烯烃。用酸性的磷酸盐缓冲溶液，将反应体系的 pH 值控制在 5 左右，可以避免脱水反应的发生。

Grignard 试剂的亲核能力很强，并且与大多数羰基化合物的反应是不可逆的。采用 Grignard 试剂可以制备多种类型的醇，反应的产率高，产物容易分离。而醇可以转变成很多种化合物，所以该反应有重要而广泛的用途。但是，当羰基所连接的烃基或 Grignard 试剂的烃基体积较大时，空间阻碍大，导致反应的产率降低，甚至使反应无法进行。如 Grignard 试剂很难与二叔丁基酮反应。

有机锂试剂体积较小，具有较高的反应活性。当 Grignard 试剂反应效果不好时，可选用有机锂试剂进行反应。例如，二叔丁基酮与叔丁基锂反应，仍然可以生成叔醇。

$$(CH_3)_3C-\overset{O}{\overset{\|}{C}}-C(CH_3)_3 + (CH_3)_3CLi \xrightarrow[-70℃]{\text{醚}} [(CH_3)_3C]_3COH$$

醛、酮也可以与炔钠发生反应，产物经水解后转化为含有炔基的醇。

$$\text{环己酮} + NaC\equiv CH \xrightarrow[-33℃]{NH_3} \text{环己基(C≡CH)(ONa)} \xrightarrow[H^+]{H_2O} \text{环己基(C≡CH)(OH)}$$

α-卤代(氯或溴)羧酸酯与金属锌反应，生成有机锌试剂。它的性质与 Grignard 试剂类似，但活性较 Grignard 试剂小，也能与醛、酮进行加成反应，但不能与酯的羰基发生反应。反应的产物为 β-羟基酸酯，产物也可以经水解、脱水等反应得到 α,β-不饱和羧酸，此反应称为 Reformatsky 反应。

$$\text{C=O} + XCH_2COOC_2H_5 \xrightarrow[\text{亲核加成}]{Zn} \text{C}\underset{CH_2COOC_2H_5}{\overset{OZnX}{|}}$$

$$\xrightarrow[\text{水解}]{H_2O, H^+} \text{C}\underset{CH_2COOC_2H_5}{\overset{OH}{|}} \xrightarrow[\triangle]{H_2O, H^+} \text{C=CHCOOH}$$

5.2.2 金属有机试剂与 CO_2 反应

Grignard 试剂和二氧化碳进行亲核加成后经水解得到羧酸，利用这个方法可以从卤代烷出发，制备成多一个碳原子的羧酸，适合伯、仲、叔卤代烷，以及丙烯基和苯基卤代烃。烯丙基和苄基卤代烃在生成 Grignard 试剂的时候容易产生偶联而导致产率下降，因此需要特别小心地操作。反应时将干燥的二氧化碳气体通入 Grignard 试剂溶液或将 Grignard 试剂溶液倒入过量的干冰固体上，而后用稀酸水解。例如：

$$CH_3CH_2\underset{\underset{MgCl}{|}}{C}HCH_3 + CO_2 \xrightarrow[\text{低温}]{\text{干醚}} CH_3CH_2\underset{\underset{O=C-OMgCl}{|}}{C}HCH_3 \xrightarrow{H^+} CH_3CH_2\underset{\underset{COOH}{|}}{C}HCH_3 \quad 80\%$$

$$\text{1-溴代萘} + Mg \xrightarrow{\text{干醚}} \text{1-MgBr代萘} \xrightarrow[\text{②}H_2O,H^+]{\text{①}CO_2} \text{1-萘甲酸}$$

5.2.3 金属有机试剂与羧酸衍生物反应

羧酸衍生物都能与 Grignard 试剂发生反应，其实质是碳负离子对羰基的亲核加成反应，反应过程中经历一个生成酮的中间阶段。反应历程如下：

$$\underset{\underset{O}{\|}}{R-C-L} + R'MgX \longrightarrow \underset{\underset{R'}{|}}{\overset{\overset{OMgX}{|}}{R-C-L}} \xrightarrow{-MgXL} \underset{\underset{O}{\|}}{R-C-R'} \xrightarrow[H_2O,H^+]{R'MgX} \underset{\underset{R'}{|}}{\overset{\overset{OH}{|}}{R-C-R'}}$$

酰卤与 Grignard 试剂的反应较酮容易，反应条件控制在低温，反应物物质的量比保持 1∶1，无水 $FeCl_3$ 作催化剂，反应能停留在酮阶段。否则，生成的酮易于与 Grignard 试剂继续反应而得到叔醇。例如：

$$CH_3COCl + CH_3(CH_2)_3MgCl \xrightarrow[-70℃]{\text{乙醚, }FeCl_3} CH_3CO(CH_2)_3CH_3 (72\%)$$

酸酐与 Grignard 试剂的反应与酰卤相似，只要控制条件得当，也能停留在酮阶段。例如：

$$(CH_3CO)_2O + CH_3CH_2MgCl \xrightarrow[-70℃]{\text{乙醚}} CH_3COCH_2CH_3$$

酯分子中的羰基不如酮活泼，反应难以停留在酮阶段，生成的酮继续与 Grignard 试剂反应而得到叔醇。这是制备叔醇的一个很好的方法，若用甲酸酯与 Grignard 试剂反应，则得到对称的仲醇。例如：

$$HCOOCH_2CH_3 + 2CH_3MgCl \xrightarrow[\text{②}H_2O,H^+]{\text{①乙醚}} (CH_3)_2CHOH$$

$$C_6H_5-\underset{\underset{O}{\|}}{C}-OC_2H_5 + 2CH_3MgI \xrightarrow[\text{②}H_2O,H^+]{\text{①乙醚}} C_6H_5-\underset{\underset{CH_3}{|}}{\overset{\overset{OH}{|}}{C}}-CH_3$$

酰胺分子中含活性 H，可使 Grignard 试剂分解。N,N-二烃基酰胺与 Grignard 试剂作用能得到酮，但在有机合成上价值不大。

5.2.4 金属有机试剂与腈反应

腈与 Grignard 试剂反应，得到的产物在酸存在下水解生成酮。如：

$$CH_3-CN \xrightarrow[\text{②}H_2O,H^+]{\text{①}CH_3(CH_2)_4MgBr,THF} CH_3CO(CH_2)_4CH_3 \quad (44\%)$$

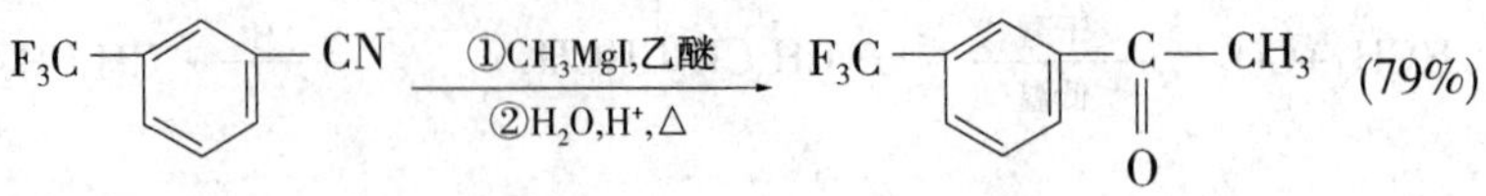

$$F_3C-\!\!\bigcirc\!\!-CN \xrightarrow[\text{②}H_2O,H^+,\Delta]{\text{①}CH_3MgI,\text{乙醚}} F_3C-\!\!\bigcirc\!\!-\underset{O}{\overset{}{C}}-CH_3 \quad (79\%)$$

有机锂试剂也可用来代替 Grignard 试剂与腈反应，也得到酮。如：

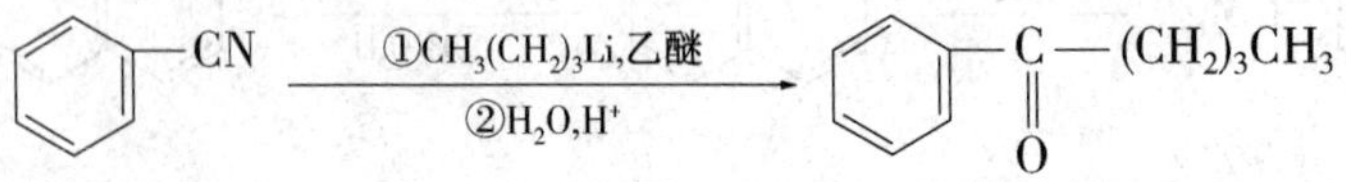

$$\!\!\bigcirc\!\!-CN \xrightarrow[\text{②}H_2O,H^+]{\text{①}CH_3(CH_2)_3Li,\text{乙醚}} \!\!\bigcirc\!\!-\underset{O}{\overset{}{C}}-(CH_2)_3CH_3$$

5.2.5 去甲安定酸双钾制备技术

1. 概述

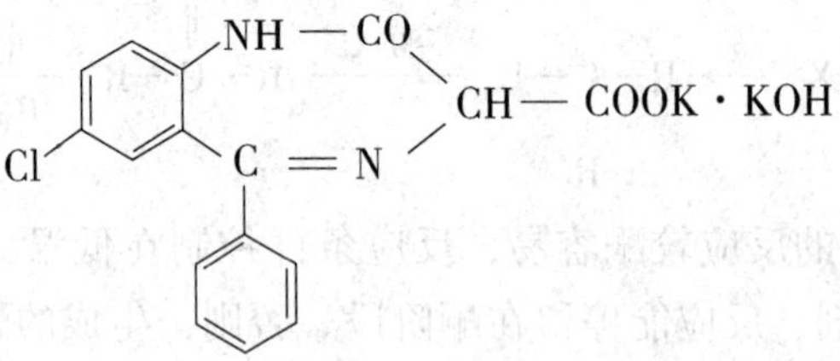

去甲安定酸双钾(Clorazepate Dipotassium)又称去甲安定酸双钾盐，化学名称为7-氯-2,3-双氢-2-氧-5-苯基-1H-1,4-苯并二氮杂䓬-3-羟酸钾盐氢氧化钾复合物(Potassium-7-chloro-2,3-dihydro-2-oxo-5-phenyl-1H-1,4-benzo-chiazepine-3-carbozylate potassium bydroxzide)，分子式为 $C_{16}H_{11}ClK_2N_2O_5$，相对分子质量为408.92。呈微黄色至淡黄色的结晶或结晶性粉末，无臭，味苦。易溶于水，难溶于甲醇，极难溶于乙醇，几乎不溶于氯仿、丙酮。熔点230~300℃(分解)。本品是苯二氮䓬类精神安定剂，具有镇静、抗焦躁作用。适用于治疗神经症的不安、紧张、焦躁、忧郁。

2. 制备技术

苯基溴化镁与2-氰基-5-氯苯胺发生亲核加成反应生成2-氨基-5-氯-二苯甲烷亚胺，后者与氨基丙二酸二甲酯缩合环合、水解开环，再环化成盐得去甲安定酸双钾。

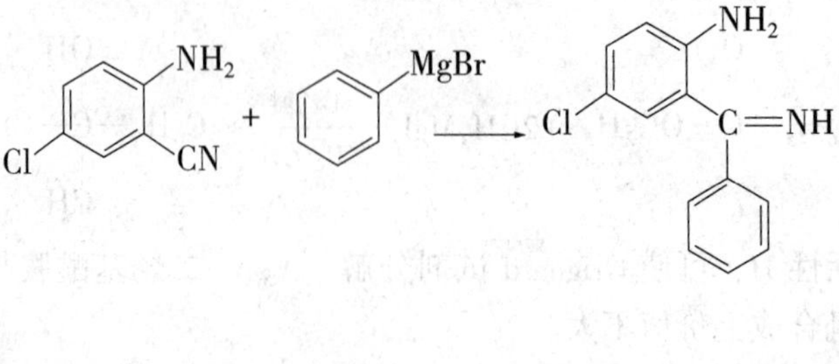

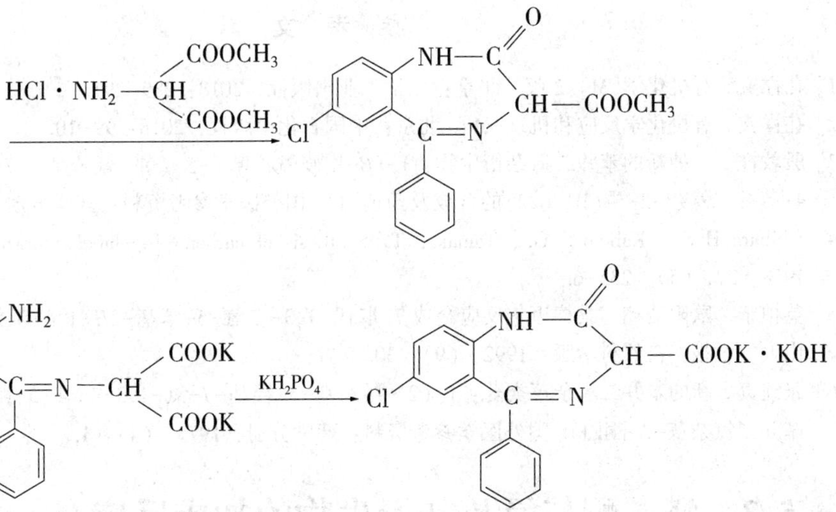

其生产工艺[3-6]如下。

(1) 苯基溴化镁的制备

在250mL三颈瓶上,分别装上回流冷凝管和滴液漏斗,在冷凝管及滴液漏斗的上口安装上氯化钙干燥管。瓶内放置1.5g镁屑或除去氧化膜的镁条及一小粒碘,在滴液漏斗中加入10g溴苯和25mL无水乙醚,混匀。先将约三分之一的混合液滴入三颈瓶中,数分钟后即见镁屑表面有气泡产生,溶液轻微浑浊,碘的颜色开始消失。若不发生反应,可用水浴或手掌温热。反应开始后,开动磁力搅拌,缓缓滴入剩余的溴苯醚溶液,滴加速度保持反应液呈微沸状态。加毕,用温水浴加热继续回流0.5h,使镁屑作用完全,备用。

(2) 亲核加成

将苯基溴化镁的乙醚溶液(3600mL,由109g镁粉和848g溴苯制备)与2-氨基-5-氯苯氰228.7g的乙醚溶液(1800mL)混合,加热回流15h后,将混合物倒入氯化铵500g的水溶液(2000mL)和冰3kg中,得2-氨基-5-氯-二苯甲烷亚胺309g。熔点74℃,收率92%。

(3) 缩合环化

将36.8g α-氨基丙二酸二甲酯盐酸盐的甲醇(120mL)溶液加入反应器中,滴加2-氨基-5-氯-二苯甲烷亚胺36.8g的甲醇(80mL)溶液,一起加热回流0.5h。反应后蒸发至干,残留部分用乙醚提取,按常法处理得7-氯-3-甲氧羰基-5-苯基-2-氧-2,3-双氢-1H-1,4-苯并二氮杂䓬18.8g,熔点22.6℃。从母液中还可收得产品6.0g,溶液222℃。收率47%。

(4) 水解

将59.2g氢氧化钾溶于1600mL乙醇中,加热至96℃后,再于70℃加7-氯-3-甲氧羰基-5-苯基-2-氧-2,3-双氢-1H-1,4-苯并二氮杂䓬97.2g进行反应,得[2-苯-2(2-氨基-5-氯苯)-1-氮乙烯]丙二酸二钾盐。

(5) 环合成盐

将KH_2PO_4 34.0g加入[2-苯-2(2-氨基-5-氯苯)-1-氮乙烯]丙二酸二钾盐105.0g和水900mL的溶液中,经处理得去甲安定酸双钾。

参 考 文 献

[1] 孔祥文. 有机化学[M]. 2版. 北京：化学工业出版社，2018：289-291.
[2] 孔祥文. 有机化学反应和机理[M]. 北京：中国石化出版社，2018：99-102.
[3] 殷敦祥. 一种新的苯并二氮杂衍生物：1-(β-甲磺酰乙基)-5-(邻-氟苯基)-7-氯-1,3-二氢-2H-1,4-苯并二氮杂-2-酮(ID-622)的合成及药理[J]. 国外医学参考资料：药学分册，1976，(4)：31.
[4] Ishihara H. S., Kabuto S. G., Tamaki, T.. Synthesis of carbon-14-labeled prazepam[J] Radioisotopes, 1978, 27, (5)：235-6.
[5] 英柏宁, 欧阳洁翔. 桑德迈尔反应合成7-取代-1,3-二氢-5-苯基-2H-1,4-苯并二氮杂-2-酮[J]. 中山大学学报：自然科学版，1992，(9)：30.
[6] 张纯贞. 新的苯并二氮杂草类药：1-(2'-羟乙基-3-羟基-7-氯-1,3-二氢-5-(邻-氟苯基)-2H-1,4-苯并二氮杂草-2-酮[J]. 国外医学参考资料：药学分册，1975，(4)：1.

5.3 醛、酮与氨及其衍生物的加成反应

5.3.1 醛酮与氨或胺的加成

醛、酮与氨的反应比较困难，只有甲醛较容易，但其生成的亚胺类似物($CH_2=NH$)稳定性较差，很快聚合生成六亚甲基四胺，俗称乌洛托品(Urotropine)。该化合物可被用作有机合成中的氨化试剂，也可用作酚醛树脂的固化剂及消毒剂等[1]。

$$H_2C=O+NH_3 \longrightarrow [H_2C=NH] \xrightarrow{聚合} \text{（六元环）} \xrightarrow[NH_3]{3HCHO} \text{（乌洛托品）}$$

醛、酮与伯胺(RNH_2)反应生成亚胺(含有 $C=NH$ 结构的化合物)：

$$R_2C=O+R'NH_2 \rightleftharpoons R_2C=NR'+H_2O$$

该反应需在酸催化下进行，但酸度过高会导致伯胺质子化而失去亲核活性，故一般控制pH值为4～5。R和R'都是脂肪烃基的亚胺不稳定，而其中有一个为芳基的亚胺则是稳定的晶体，这类化合物叫作Schiff碱。它的稳定性促进反应平衡向右进行，所以该类亚胺的制备比较容易。例如：

$$\text{Ph}-CH=O + H_2NCH_3 \longrightarrow \text{Ph}-CH=NCH_3$$

Schiff碱是一种用途广泛的试剂，它极易被稀酸水解，重新生成醛、酮及1°胺，因此可以用来保护羰基。此外，Schiff碱还是一个重要的中间体，将Schiff碱加氢还原，则可得到2°胺，这是制备2°胺的好方法。

$$\underset{R'}{\overset{R}{C}}=N-R(Ar) \xrightarrow{Pt,H_2} R-\underset{R'}{\overset{H}{\underset{|}{C}}}-NH-R(Ar)$$

醛、酮与仲胺也能发生亲核加成反应，生成醇胺，醇胺经脱水转化为烯胺。该反应一般需要利用溶剂(甲苯或苯等)共沸，或者使用干燥剂以除去生成的水。反应需要用痕量的酸催化。例如：

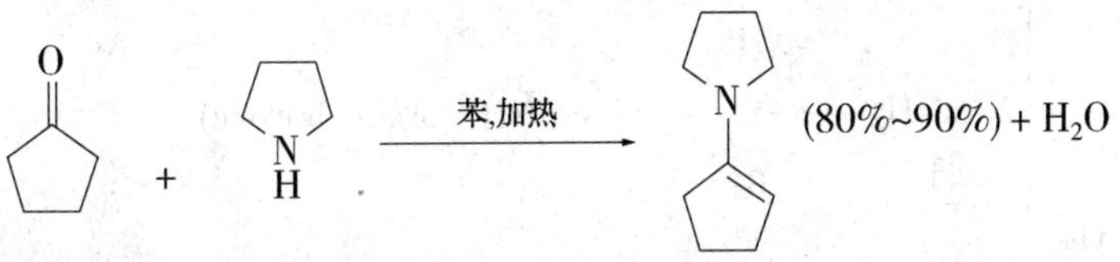

$$\text{环戊酮} + \text{吡咯烷（NH）} \xrightarrow{\text{苯,加热}} \text{1-(环戊烯基)吡咯烷} \quad (80\% \sim 90\%) + H_2O$$

5.3.2 醛酮与氨的衍生物加成

氨的衍生物（H_2N-Y）主要有羟氨（oxyammonia）、肼（hydrazine）、苯肼（phenylhydrazine）、氨基脲（semicarbazide）等，其结构如下：

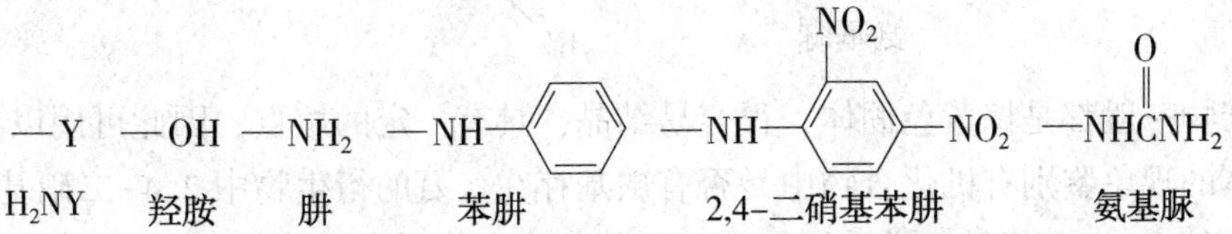

—Y	—OH	—NH$_2$	—NH—C$_6$H$_5$	—NH—C$_6$H$_3$(NO$_2$)$_2$	—NHCNH$_2$（O）
H$_2$NY	羟胺	肼	苯肼	2,4-二硝基苯肼	氨基脲

氨的衍生物中氮原子上具有孤电子对，所以它们可以作为亲核试剂与醛、酮进行亲核加成反应。反应可用通式表示为：

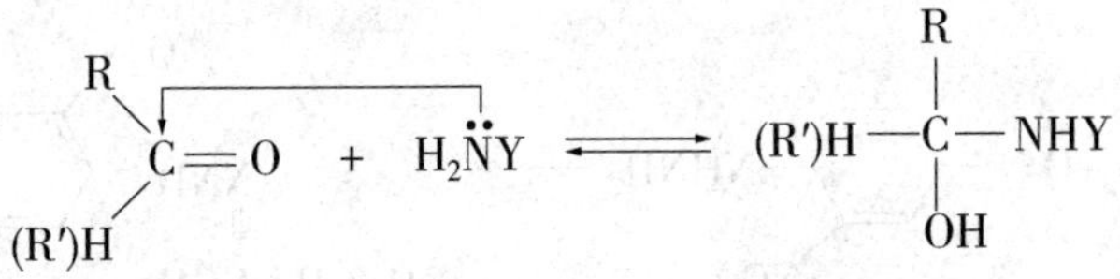

$$\underset{(R')H}{\overset{R}{\diagdown}}C=O + H_2\ddot{N}Y \rightleftharpoons \underset{(R')H}{\overset{R}{\diagdown}}\underset{OH}{\overset{|}{C}}-NHY$$

但生成的产物非常不稳定，会进一步脱去一分子水，生成含 C=N 双键的化合物。

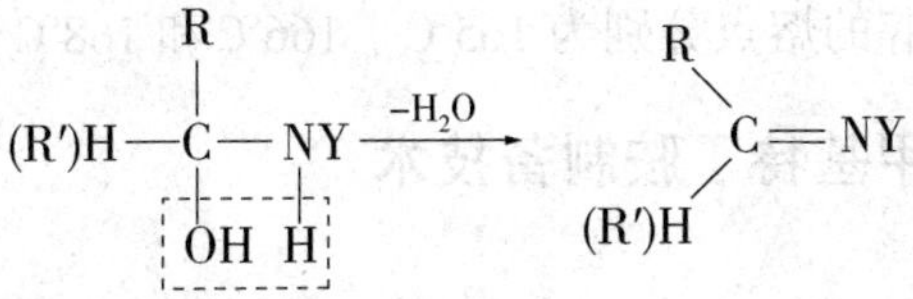

$$\underset{(R')H}{\overset{R}{\diagdown}}\underset{\boxed{OH\ H}}{\overset{|}{C}}-NY \xrightarrow{-H_2O} \underset{(R')H}{\overset{R}{\diagdown}}C=NY$$

以上反应过程，相当于由羰基化合物提供氧原子，氨的衍生物提供氢原子，在两分子间脱去一分子水，所以也称为缩合反应。

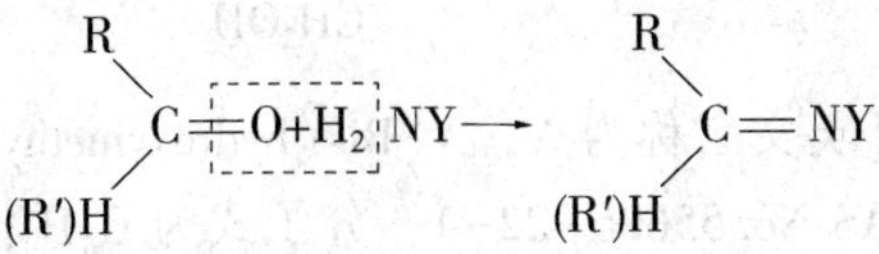

$$\underset{(R')H}{\overset{R}{\diagdown}}C\boxed{=O+H_2}NY \longrightarrow \underset{(R')H}{\overset{R}{\diagdown}}C=NY$$

氨的各种衍生物(如羟氨、肼、苯肼和氨基脲)与醛、酮反应生成的产物分别是肟(oxime)、腙(hydrazone)、苯腙(phenylhydrazone)和缩氨基脲(semicarbazone)。氨的衍生物亲核能力较弱，反应需由酸催化(pH 值为 4~5)进行。

$$\begin{matrix}R\\ \diagdown\\ C=O\\ \diagup\\ R'\end{matrix}+\begin{cases}NH_2-OH \longrightarrow \begin{matrix}R\\ \diagdown\\ C=N-OH\\ \diagup\\ R'\end{matrix} \text{肟(oxime)}\\ \text{羟胺}\\ \\ NH_2NH_2 \longrightarrow \begin{matrix}R\\ \diagdown\\ C=N-NH_2\\ \diagup\\ R'\end{matrix} \text{腙(hydrazone)}\\ \text{肼}\\ \\ H_2N-NHPh \longrightarrow \begin{matrix}R\\ \diagdown\\ C=N-NHPh\\ \diagup\\ R'\end{matrix} \text{苯腙}\\ \text{苯肼}\\ \\ H_2N-NH-\underset{\underset{O}{\|}}{C}-NH_2 \longrightarrow \begin{matrix}R\\ \diagdown\\ C=N-NH-\underset{\underset{O}{\|}}{C}-NH_2\\ \diagup\\ R'\end{matrix} \text{缩氨基脲}\\ \text{氨基脲}\end{cases}$$

这些产物一般都是棕黄色固体，很容易结晶，具有一定的熔点，因此可用以上反应生成棕黄色固体的现象鉴别有机化合物中是否有羰基存在。氨的衍生物中2,4-二硝基苯肼(2,4-dinitrophenylhydrazine)相对分子质量较大，与羰基化合物反应生成的2,4-二硝基苯腙熔点较高，非常容易结晶析出，利用它来鉴别羰基比较灵敏。因此，将它称为羰基试剂(carbonyl reagent)[2]。

$$CH_3(CH_2)_9\overset{O}{\overset{\|}{C}}CH_3 + O_2N-\bigcirc\!\!\!\!\!\!-NHNH_2 \longrightarrow \underset{CH_3(CH_2)_9\overset{}{C}CH_3}{NNH}-\bigcirc\!\!\!\!\!\!-NO_2 (93\%)$$

缺点是有些醛、酮的2,4-二硝基苯腙熔点相差不大，不利于鉴定。例如，丙烯醛、甲醛和乙醛的2,4-二硝基苯腙的熔点分别为165℃、166℃和168℃。

5.3.3　N,N-二羟甲基特丁胺制备技术

1. 概述

$$(CH_3)_3C-N\begin{matrix}CH_2OH\\ \\ CH_2OH\end{matrix}$$

N,N-二羟甲基特丁胺[英文名称为N,N-Bis(hydroxymethyl)tert-butylamine]，为低级脂肪族叔胺，无色液体。CAS No. 55686-22-1，分子式为$C_6H_{15}NO_2$，沸点179~182℃，主要用途为医药、农药等有机合成中间体，例如甲哌利复霉素(利福平)。

2. 制备技术

特丁胺与甲醛发生亲核加成反应生成N,N-二羟甲基特丁胺。

$$R-NH_2+H-\overset{O}{\underset{}{C}}-H \rightleftharpoons R-\overset{+}{N}H_2-\overset{O^-}{\underset{}{C}}H_2 \rightleftharpoons R-NH-CH_2OH \overset{H-\overset{O}{C}-H}{\rightleftharpoons} R-\overset{+}{N}\overset{CH_2OH}{\underset{CH_2-O^-}{|}} \rightarrow R-N\overset{CH_2OH}{\underset{CH_2OH}{<}}$$

副反应：

$$R-NH_2+H-\overset{O}{\underset{}{C}}-H \rightleftharpoons R-\overset{+}{N}H_2-\overset{O^-}{\underset{}{C}}H_2 \rightleftharpoons R-\overset{H}{\underset{}{N}}-\overset{OH}{\underset{}{C}}H_2 \overset{-H_2O}{\rightleftharpoons} R-N=CH_2$$

其生产工艺[3]如下。

将36%甲醛6.4kg置于100L搪玻璃罐中，开动搅拌，于30℃以下缓慢地加入特丁胺2kg，加完后，继续搅拌2~3h，静置分层，油状物以无水碳酸钾脱水。过滤，蒸馏得到无色稠状液体，收率74.9%。

参 考 文 献

[1] 孔祥文. 有机化学反应和机理[M]. 北京：中国石化出版社，2018：99-102.
[2] 孔祥文. 有机化学[M]. 2版. 北京：化学工业出版社，2018：294-295.
[3] 汪敦佳，陈泳洲. 由叔丁胺和甲醛制取 N,N -二羟甲基叔丁胺[J]. 石油化工，2001，30(11)：835-837.

5.4 异氰酸加成反应

伏虫脲制备技术：

1. 概述

伏虫脲(Diflubenzuron)，别名为氟脲杀，灭幼脲1号，二氟脲。CAS No. 35367-38-5，分子式为 $C_{14}H_9ClF_2N_2O_2$，相对分子质量310.68，本品为白色结晶，熔点230~232℃，20℃在丙酮中的溶解度为6.5g/L，水中0.1mg/L；25℃在二甲基甲酰胺中的溶解度为104g/L。伏虫脲是一种20世纪80年代出现的苯甲酰脲类昆虫生长调节剂，对昆虫的作用为抑制几丁质的合成，对许多害虫的幼虫有胃毒作用，杀虫谱广，特别是对鳞翅目幼虫的效果尤为明显。对人畜低毒，是近年来发展比较好的选择性杀虫剂[1]。

2. 制备技术

由2,6-二氯苯腈与氟化钾在溶剂中进行氟代反应得到二氟苯腈，然后在硫酸中水解为二氟苯甲酰胺，最后与异氰酸对氯苯酯进行亲核加成反应生成伏虫脲。

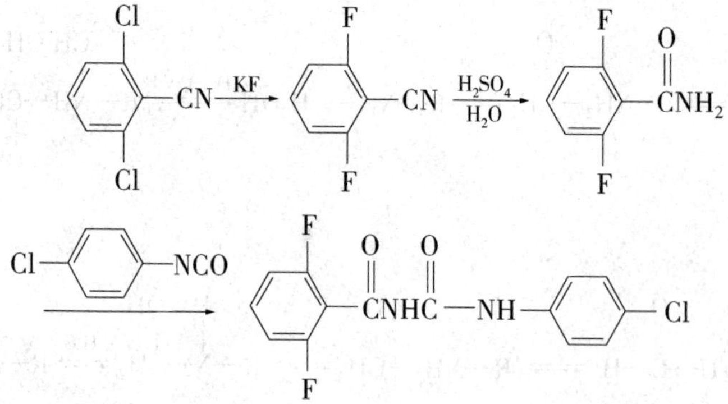

制备过程[2-5]如下。

（1）2,6-二氟苯甲酰胺的制备

将 172g 2,6-二氯苯腈和 290g 氟化钾细粉在溶剂中强烈搅拌，加热，反应温度为 230~250℃，维持该温度反应 8h。然后冷至 80℃，将反应混合物倒入水中，形成悬浮物，用二氯甲烷萃取。萃取液用水洗涤，脱溶（脱去溶剂），蒸馏得到 2,6-二氟苯腈。然后将 2,6-二氟苯腈加入 90%硫酸中于 70℃下水解，得到 2,6-二氟苯甲酰胺，过滤后水洗干燥，熔点 143~145℃。

（2）2,6-二氟苯甲酰胺的制备

将 2,6-二氟苯甲酰胺和异氰酸对氯苯酯置于二甲苯中加热回流，反应 4~6h 后冷却，所得结晶用二甲苯洗涤、干燥，得到伏虫脲。

参 考 文 献

[1] 宋小平，韩长日，舒火明. 农药制造技术[M]. 北京：科学技术文献出版社，2000：41.
[2] Philips NV. Derivatives of urea or thiourea and biologically active compositions containing them：GB，1324293[P]. 1973-07-25.
[3] Kobus W.，Rudolf M.. Certain Substituted Benzoyl urea insecticides：US，3989842[P]. 1976-11-02.
[4] 冉高泽，张永忠，刘红霞. 2,6-二氟苯甲酰胺的合成[J]. 农药，1996，35(3)：12.
[5] 张敏生，郭雅妹，孟令龙. 2,6-二氟苯甲酰胺生产新工艺的研究[J]. 河北化工，2002，(04)：20-23.

第6章 环合反应

6.1 Haworth 反应

6.1.1 原理

芳烃和丁二酸酐发生 Friedel-Crafts 反应、羰基还原和分子内的 Friedel-Crafts 酰基化反应制备四氢萘酮(1-萘满酮)的反应为 Haworth 反应。Haworth 反应是合成 1-四氢萘酮的一个传统方法[1]。例如：

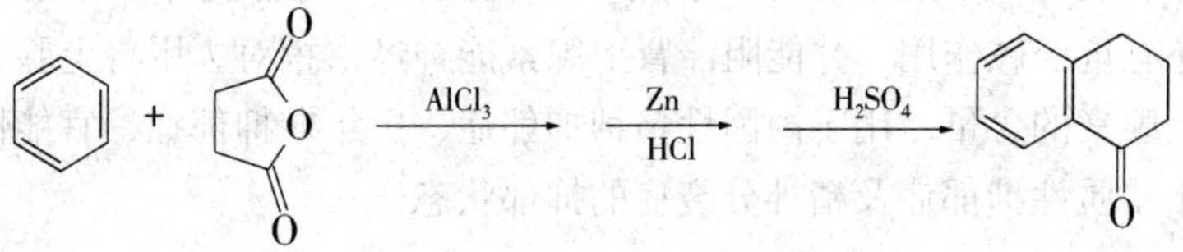

反应机理[2,3]：

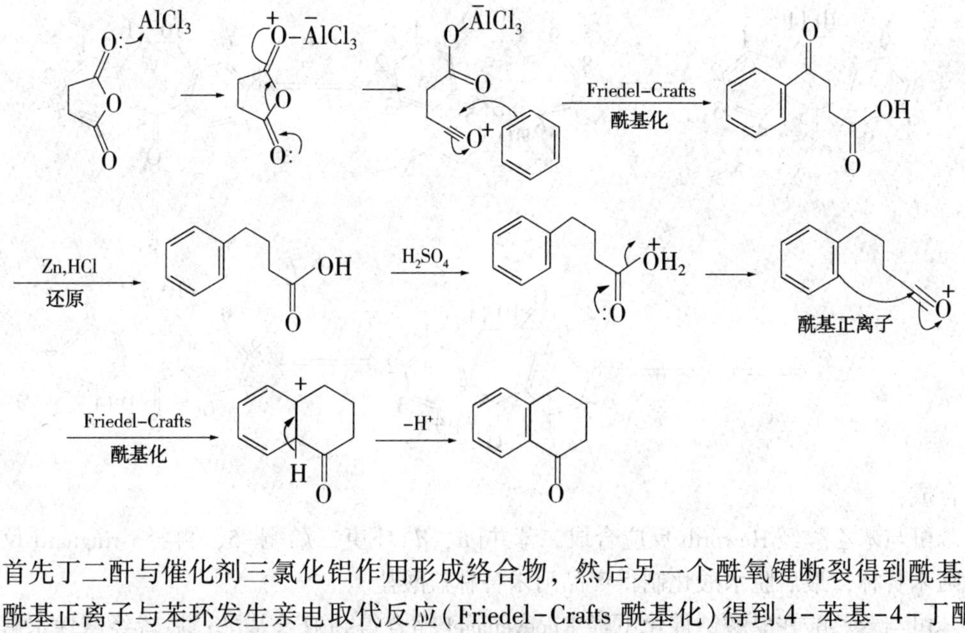

首先丁二酐与催化剂三氯化铝作用形成络合物，然后另一个酰氧键断裂得到酰基正离子；酰基正离子与苯环发生亲电取代反应(Friedel-Crafts 酰基化)得到 4-苯基-4-丁酮酸；4-苯基-4-丁酮酸经 Clemmensen 反应，分子中的酮羰基被还原为亚甲基，得到 4-苯基丁酸；4-苯基丁酸在硫酸作用下首先形成锌盐，再消去一分子水得到酰基正离子，酰基正离子进攻邻位的苯环碳原子形成 σ-络合物，接着失去一个氢质子，完成第二次 Friedel-Crafts 酰基

化反应，环合成环酮。环化步骤除硫酸外，磷酸、多聚磷酸、氢氟酸、三氟乙酸酐等可用作催化剂。

6.1.2 阿米替林盐酸盐制备技术

1. 概述

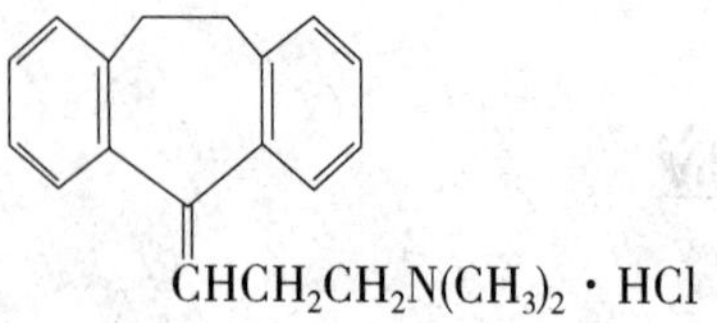

阿米替林盐酸盐（Amitriptylin Hydrochloride），阿米替林也称为阿密替林、依拉维、氨三环庚素，化学名称为5-(3-二甲氨基亚丙基)二苯并[a,d]环庚-1,4-二烯盐酸盐(5-(3-Dimethylaminopropylidene)dihenzo[a,d]-cyclohepta-1,4-diene hydrochloride)。分子式 $C_{20}H_{23}N \cdot HCl$，相对分子质量313.87。本品为白色结晶或粉末。无臭，味苦，有灼烧感。易溶于水、乙醇、甲醇、氯仿，不溶于乙醚。熔点97℃（分解）。既有抗抑郁作用，又有较强的镇静作用，同时还有抗胆碱作用，并能阻滞肾上腺素能神经末梢对去甲肾上腺素的回收，增加突触间隙中肾上腺素的含量。用于内因性精神抑郁症、更年期抑郁症、官能性抑郁症和焦虑症等，也可用于器质性抑郁症及精神分裂症的抑郁状态[4]。

2. 制备技术

逆合成分析：

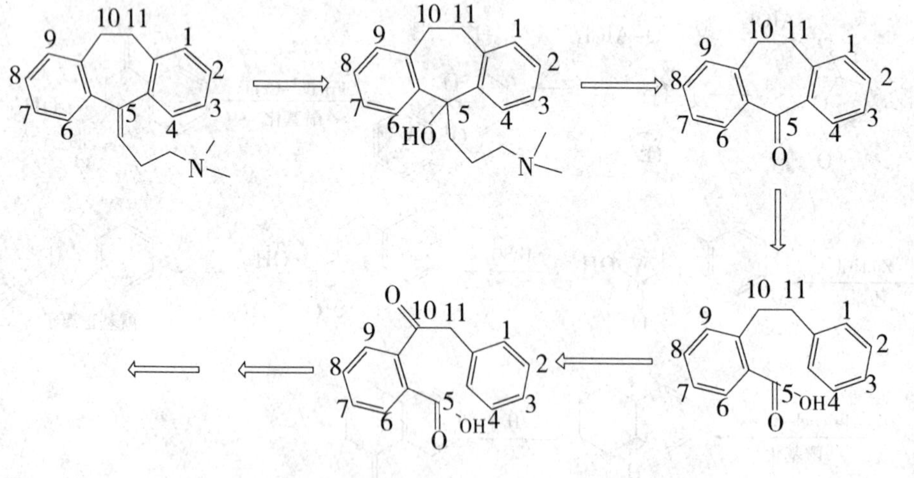

合成：

苯酐与苯乙酸经 Haworth 反应合成二苯并[a,d]环庚二烯酮-5，再经 Gringnard 反应成羟基阿米替林，最后脱水酸化制得产品阿米替林盐酸盐。

苯酐与苯乙酸在醋酸钠催化下经 Knoevenagel 缩合得到亚苄基酞；后者经碱性水解、雷尼镍催化加氢还原酮羰基为亚甲基、盐酸酸化得到邻(2-苯乙基)苯甲酸，Friedel-Crafts 反应环合得二苯并[a,d]环庚二烯酮-5。

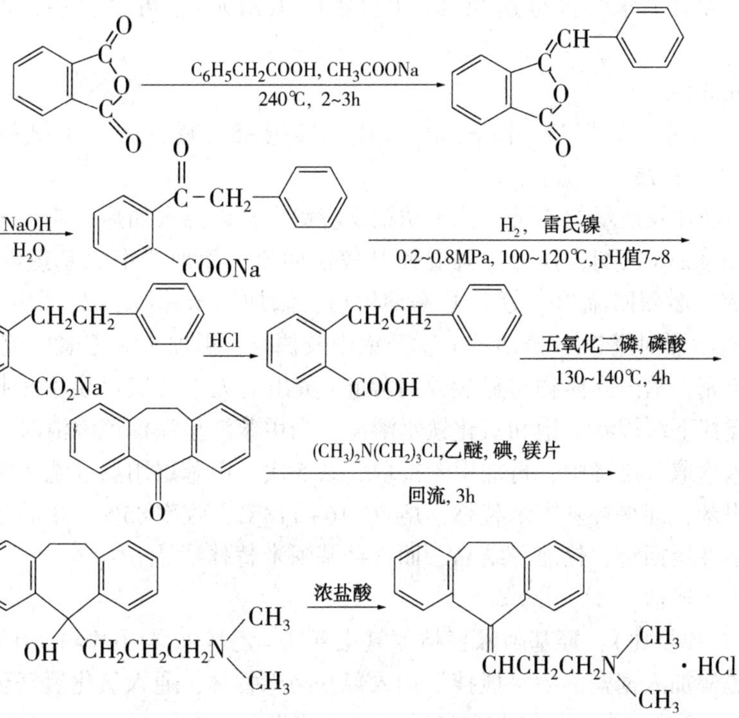

其生产工艺如下[5-10]。

(1) 缩合

原料配比(质量比):苯酐:苯乙酸:无水醋酸钠:95%乙醇=1:0.87:0.043:4.0。

将苯酐、苯乙酸和无水醋酸钠充分混合后,投入搪瓷反应锅中,夹层用蒸汽加热,内温升至120℃左右时,再开过热蒸汽电加热器,以过热蒸汽加热,待溶解后,开搅拌,温度徐徐上升,至180~200℃时,即有水、CO_2逸出及少量原料升华,由玻璃空气冷凝器导入另一搪瓷锅贮存和排出。温度升至240℃时,反应3h。然后冷却至140℃,将反应物抽入盛有95%乙醇的搪瓷锅中,加热回流1h,放出,冷却,结晶,甩滤,干燥,即得粗品亚苄基酐。熔点98~100℃,收率66%~74%[11]。

(2) 水解、催化氢化

原料配比(质量比):苄叉酐:水:液碱:催化剂=1:2.0:0.78:0.20。

将液碱(34%)及水抽入搪瓷锅中,搅拌下加入亚苄基酐,升温至80~90℃,保温1h,以稀盐酸调节pH值至7~8,过滤后,进行氢化,温度100~120℃,压力0.8MPa,吸氢至超过理论量5%~10%停止反应。冷却,抽出,以盐酸中和至pH值为2~3,甩滤,即得粗品。再以3倍量(质)75%乙醇回流精制,即得邻苯乙基苯甲酸精品,熔点128~130℃,收率70%~77%。

(3) 环合

原料配比(质量比):邻苯乙基苯甲酸:磷酸:五氧化二磷=1:3.74:3.2。

将工业磷酸(85%)抽入搪瓷锅中,搅拌下加入P_2O_5,升温,当锅中无悬浮的P_2O_5时,分批加入邻苯乙基苯甲酸,在130~140℃保温反应3h,冷却,加冰水(或自来水),搅拌0.5h,以甲苯提取,共5次。甲苯层经水洗2次后用1%烧碱液洗2次,再用水洗至中性,以无水硫酸钠干燥。回收甲苯,即得二苯并[a,d]环庚烯酮,收率95%左右。反应过的稀磷酸,可减压浓缩去水,含量达96%(相对密度1.8190),可供套用,可减少P_2O_5用量15%~20%。

(4) Grignard反应

原料配比(质量比):二苯并[a,d]环庚二烯酮-5:镁片:二甲氨基氯丙烷:乙醚 = 1:0.154:0.8:3.75。

将干燥的镁片及适量的乙醚加至不锈钢反应锅中,以温水加热,使其缓缓回流。加入新制备的小样Grignard试剂,搅拌,升温使其较快回流,滴加二甲氨基氯丙烷乙醚溶液,在1.5h左右加完。激烈回流2h,镁片基本溶解后,滴加二苯并[a,d]环庚烯酮-5的乙醚溶液,约1h,再激烈回流3h,蒸出乙醚,至锅中较稠时,再加工业乙醚回流1h,再蒸出,直至乙醚基本蒸完,锅内固体物初显裂纹时停止(蒸出的无水乙醚可供下批投料用)。加入甲苯,冷却,搅拌下缓缓滴加饱和氯化铵水溶液,当甲苯液呈深棕色澄清时,停止搅拌,然后将甲苯液抽入萃取分层罐中,再加甲苯提取,共5次。甲苯层用温水洗3次,以无水硫酸钠干燥,回收甲苯,即得羟基阿米替林,熔点116~118℃,收率85%。粗品羟基阿米替林也可再加甲苯、活性炭回流,热滤,结晶,而得羟基阿米替林精品。

(5) 脱水、成盐

原料配比(质量比):羟基阿米替林:氯化氢气:乙醇:异丙醇=1:0.43:1.6:1.6。

将无水乙醇加入搪瓷锅中,搅拌下加入羟基阿米替林,通入氯化氢气至计算量,加热回流3~4h,蒸出乙醇,待乙醇基本蒸完后,再减压蒸干,冷却,加入异丙醇,搅拌,加热至固体物全部溶解,抽出,保温结晶,过滤,烘干,即得成品,收率82%。成品再加异丙醇和活性炭脱色,即为盐酸阿米替林精品,收率82%,含量99%以上,总收率>27%[12]。

参 考 文 献

[1] Haworth R. D. Syntheses of alkylphenanthrenes. Part I. 1-, 2-, 3-, and 4-Methylphenanthrenes [J]. J. Chem. Soc., 1932: 1125.

[2] 孔祥文. 有机化学反应和机理[M]. 北京:中国石化出版社, 2018: 275.

[3] 孔祥文. 基础有机合成反应[M]. 北京:化学工业出版社, 2014: 242.

[4] 宋小平. 药物生产技术[M]. 北京:科学出版社, 2014: 122-125.

[5] J. HAMELS. 衍生二苯并[a,d](1,4)环庚二烯及其制备方法:比利时专利, 584061[P]. 1960-04-27.

[6] Grenzacherstrasse. Novel dibenzocycloheptaenes and salts thereof and a process for the manufacture of same:英国专利, 858187[P]. 1961-01-11.

[7] Grenzacherstrasse. Novel Dibenzocycloheptaenes and Salts thereof and a process for the Manufacture of same:英国专利, 858188[P]. 1961-01-11.

[8] Tristram Edward W., Tull Roger J. Process for the preparation of 10, 11-dihydro-5-(gamma-methyl-and dimethyl-amino propylidene)-5h-dibenzo[a, d]:美国专利, 3205264[P]. 1965-09-07.

[9] 上海医药工业研究院合成室. 阿密替林的合成方法[J]. 医药工业, 1978, 6 (4): 6-8.

[10] R. D. Hoffsommer, D. Taub, N. L. Wendler. Coupling Reactions in the Synthesis of Amitriptyline[J]. Journal of Medicinal Chemistry, 1965, 8 (4): 555-556.

[11] Richard W. A Publication of Reliable Methods for the Preparation of Organic Compounds [J]. Org. Synth, 1933, 13: 10.

[12] 谢艳. 三环类药物及中间体合成新工艺研究[D]. 杭州:浙江工业大学, 2012.

6.2 噁唑环合成反应

6.2.1 Robinson-Gabriel 合成法

1. 原理

N-酰基-α-氨基酮在催化剂作用下环合脱水得到 2,5-二取代和 2,4,5-三取代噁唑衍生物的反应称为 Robinson-Gabriel 合成[1-4]。

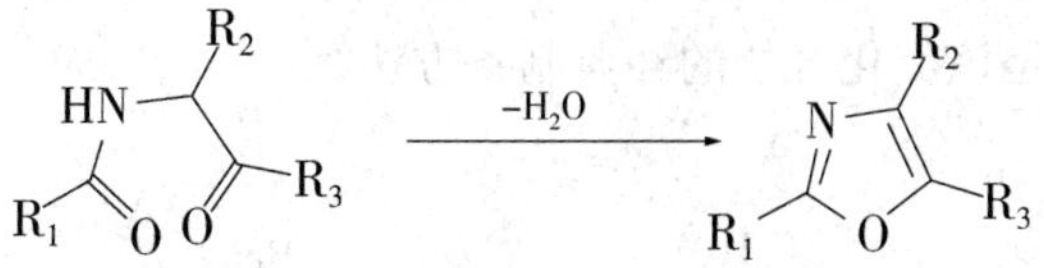

R_1, R_2, R_3 = 烷基, 芳基, 杂芳基

反应机理[5]:

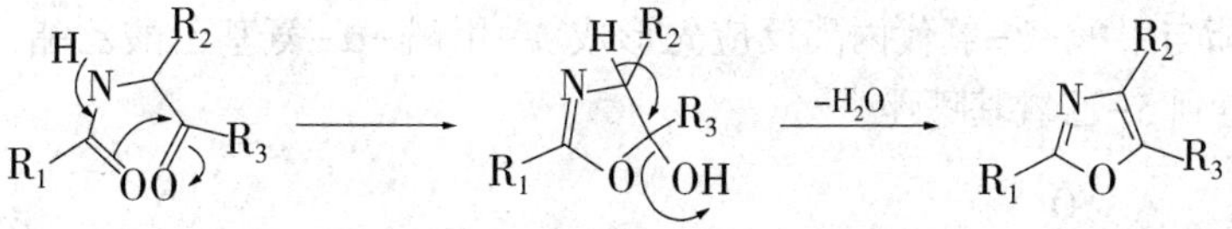

在 H_2SO_4 或 P_2O_5、$SOCl_2$、PCl_5 作用下, N-酰基-α-氨基酮分子中酰胺基的羰基氧原子进攻另一个酮羰基的碳原子环化形成半缩酮, 然后失去一分子水, 芳构化为噁唑衍生物。通过示踪原子 ^{18}O 表明噁唑中的氧来自酰胺基[6]。例如:

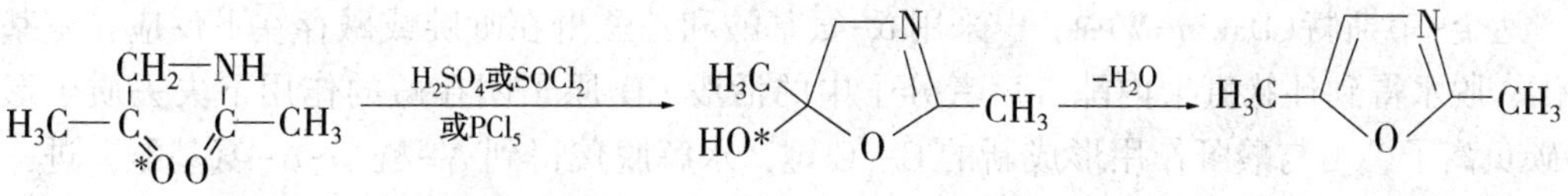

文献[7]报道用常规脱水剂的 Robinson-Gabriel 合成法合成噁唑衍生物, 产率中等, 反应时间较长, 当使用 PPh_3-I_2 体系, $CHCl_3$ 为溶剂, 室温环化则可获得 95% 的产率。

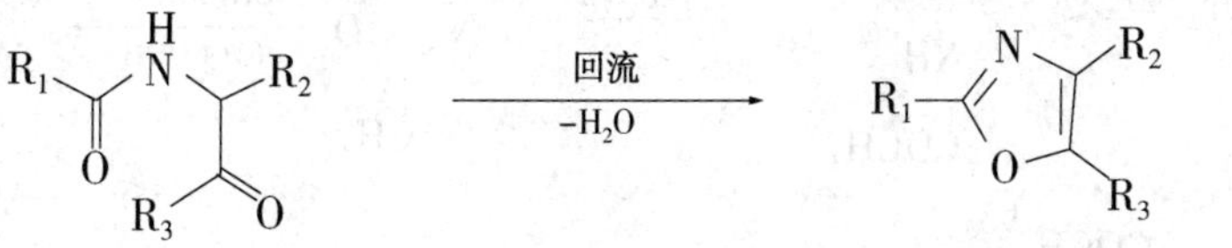

R_1,R_3 为烷基或芳基
R_2 为 H,烷基或羧酸酯

从文献[8]可以看出反应物分子中的酮羰基较酯羰基活泼。

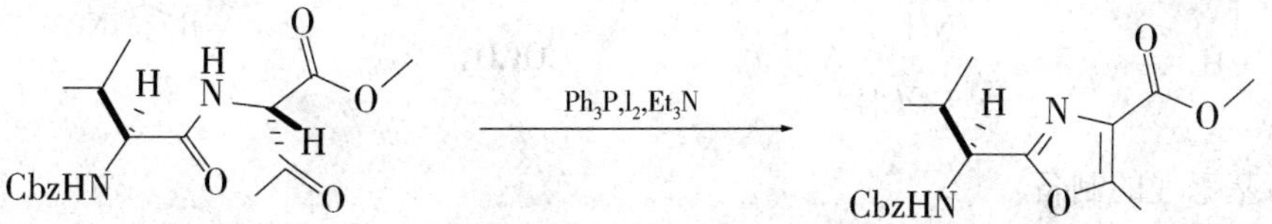

(55%)

作为原料的 N-酰基-α-氨基酮由肟来制备或从 α-氨基酸和酸酐等作用得到:

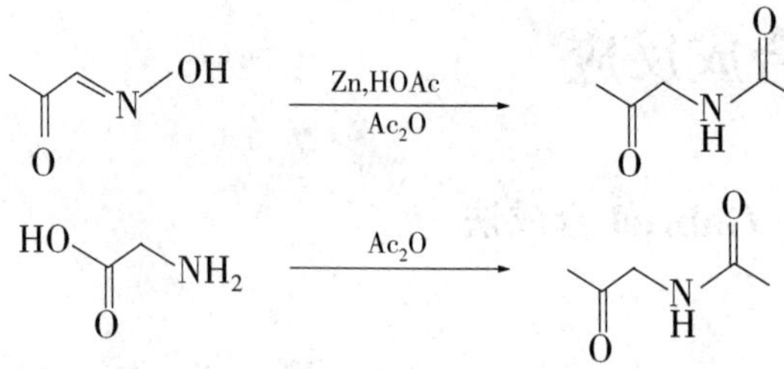

[反应式: 丙酮肟 + Zn, HOAc / Ac₂O → N-乙酰氨基丙酮]

[反应式: 甘氨酸 + Ac₂O → N-乙酰氨基丙酮]

2. 应用

1) 含环丙基的 N-酰基-α-氨基酮在硫酸存在下进行 Robinson-Gabriel 反应得到噁唑衍生物,产率达 86%[9],是该类化合物的经典制备方法。

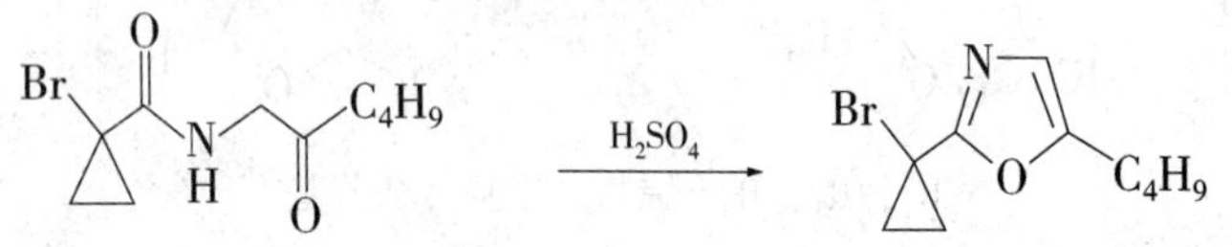

[反应式: 溴代环丙基酰胺底物 + H₂SO₄ → 2-(1-溴环丙基)-5-丁基噁唑]

2) 如果原料改用酰基取代的氨基酸酯,则环合生成相应的烷氧基取代的噁唑。例如,α-氨基乙酸乙酯与甲酸-2-氧代丙酯反应先形成 N-甲酰-α-氨基乙酸乙酯,再在五氧化二磷作用下环化得到 5-乙氧基噁唑[10]。

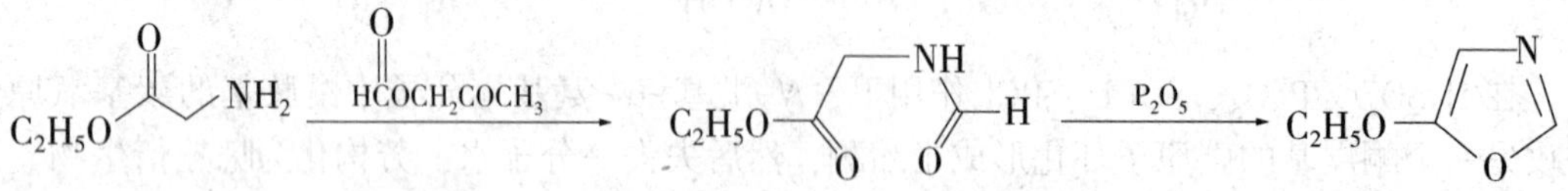

[反应式: C₂H₅O-CH₂-NH₂ + HCOCH₂COCH₃ → C₂H₅O-CH₂-NH-CHO → (P₂O₅) 5-乙氧基噁唑]

3) 以 α-氨基酸和酸酐为原料制备 N-酰基-α-氨基酮再经环化得到噁唑衍生物。

达金-韦斯特(Dakin-West)[11] 采用 α-氨基酸和乙酸酐在吡啶或碱存在下反应,氨基被酰化、脱水得到环状氮杂内酯,后者分子中的活泼 CH 原子团在碱的作用下失去质子形成 α-碳负离子,再与酸酐作用形成新的 C—C 键,水解脱羧得到 N-酰基-α-氨基酮,进一步脱水得到噁唑衍生物[12]。

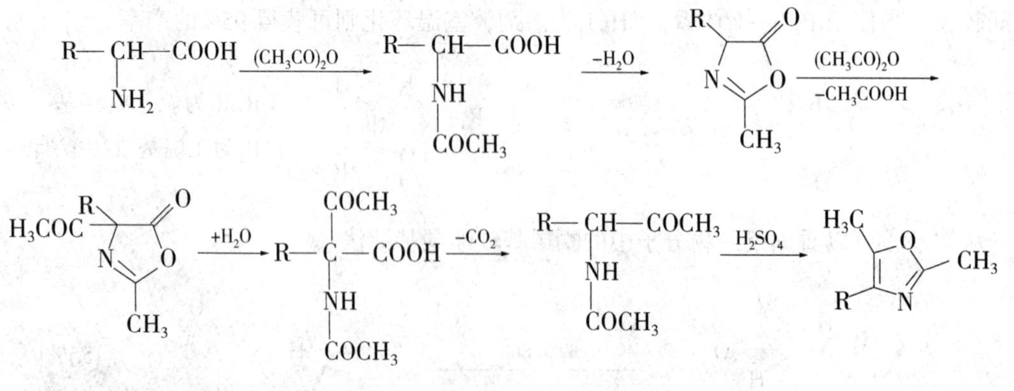

[反应式: R-CH(NH₂)-COOH + (CH₃CO)₂O → R-CH(NHCOCH₃)-COOH → (-H₂O) 噁唑啉酮 → (CH₃CO)₂O/-CH₃COOH → 酰化中间体 → (+H₂O) → (-CO₂) → (H₂SO₄) 2,5-二甲基-4-R-噁唑]

4) 2-芳基噁唑的制备:

以芳基羧酸为原料,经氯化、与氨基醇胺解、羟基氧化制得 N-酰基-α-氨基醛,再经 POCl₃ 脱水环合得到 2-芳基噁唑衍生物[13]。

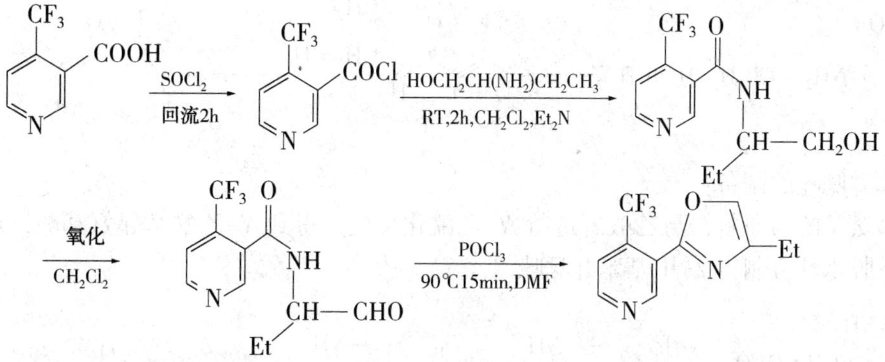

5) 2,4-二芳基噁唑的制备：

以芳基酰胺为原料与 α-醛酸[14]、α-醛酸酯[15]反应，得到 N-芳基酰基-α-氨基-α-羟基酸酯，后者经烷基化、还原得 N-芳基酰基-α-氨基乙醇、环合得到 2,4-二芳基噁唑。例如：

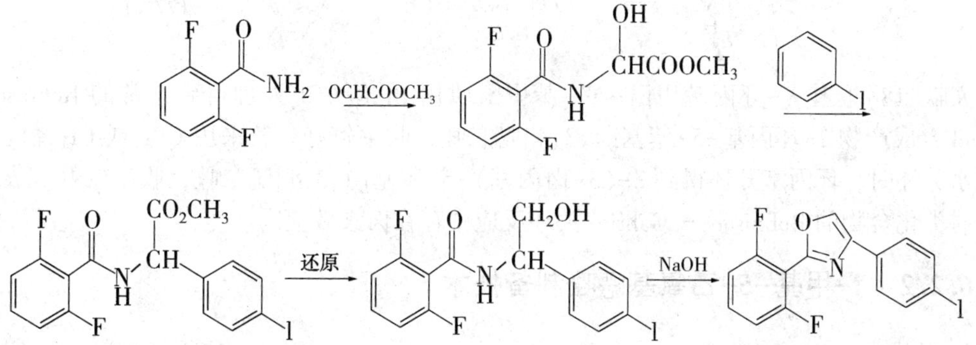

另一个方法是以芳基乙酸酯为原料，与异氰酸酯反应得 α-酮肟酸酯，经还原得 β-芳基-β-氨基乙醇，后者经芳甲酰化反应得到 N-芳基酰基-β-氨基-α-乙醇，环合得到 2,4-二芳基噁唑[16]。例如：

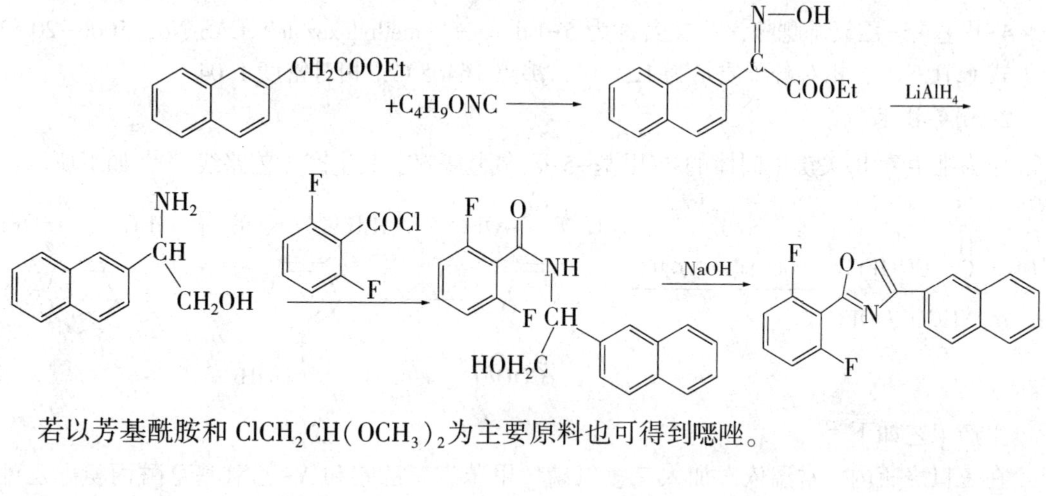

若以芳基酰胺和 $ClCH_2CH(OCH_3)_2$ 为主要原料也可得到噁唑。

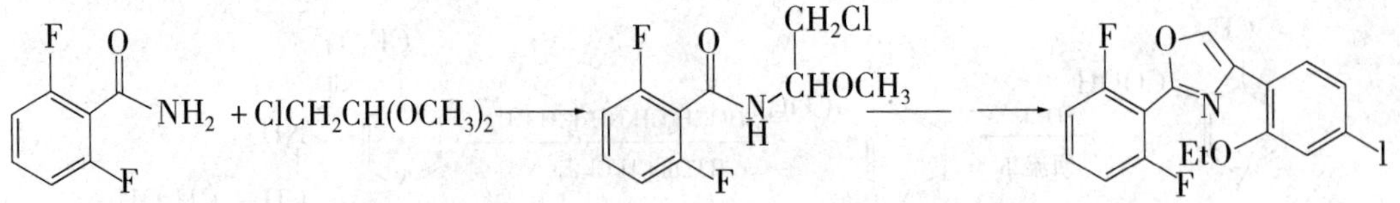

[反应式图]

6) 苯并噁唑的制备：

以邻氨基酚为原料，与乙酸酐进行 N-乙酰化反应，得到 N-乙酰基邻氨基酚，再在乙酸酐作用下脱水环合制得 2-甲基苯并噁唑[17]。

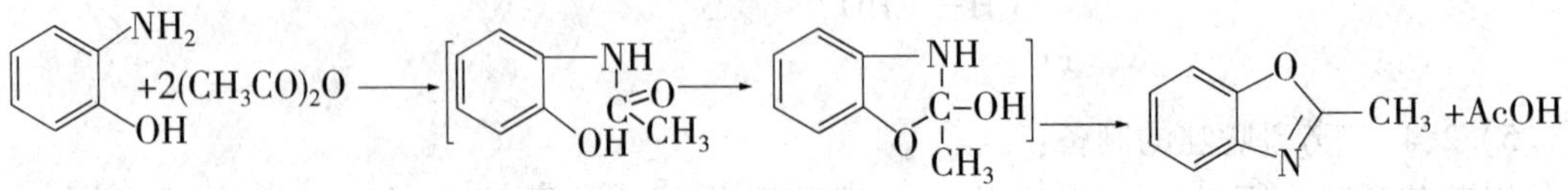

[反应式图]

7) 2-环丙基-5-取代[1,3,4]噁二唑的制备：

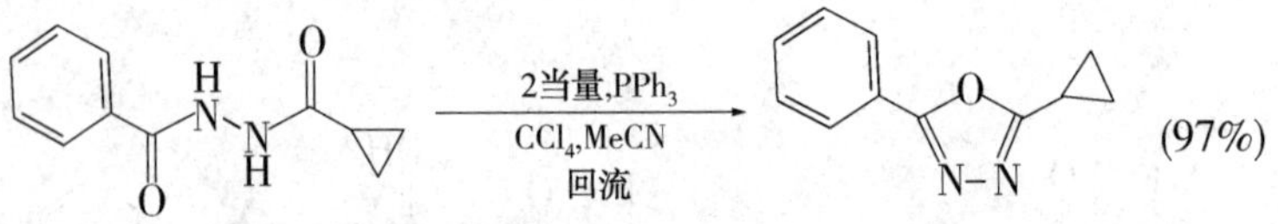

[反应式图]

文献[18]报道 N-环丙基甲酰-N'-苯甲酰肼用 PPh_3/CCl_4 处理得到正常的 Robinson-Gabriel 合成产物 2-环丙基-5-苯基[1,3,4]噁二唑，收率较好。若采用 CBr_4 或 CI_4 替代 CCl_4 再脱水关环时，环丙基开环得到 2-(3-卤丙基)-5-苯基[1,3,4]噁二唑，收率较好。表明环丙烷肼类化合物的 Robinson-Gabriel 关环反应中存在卤素效应。

6.2.2 4-甲基-5-乙氧基噁唑制备技术

1. 概述

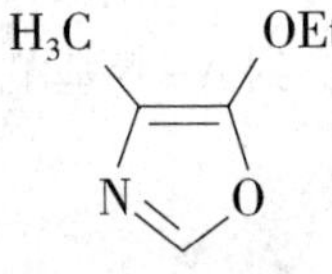

[结构式图]

4-甲基-5-乙氧基噁唑，英文名称为 5-Ethoxy-4-methyloxazole，CAS No，5006-20-2，分子式 $C_6H_9NO_2$，相对分子质量为 127.14，沸点 164.5℃，相对密度 1.04。

2. 制备技术

作为维生素 B_6 关键中间体的 4-甲基-5-乙氧基噁唑，其生产工艺路线[19-21]如下所示：

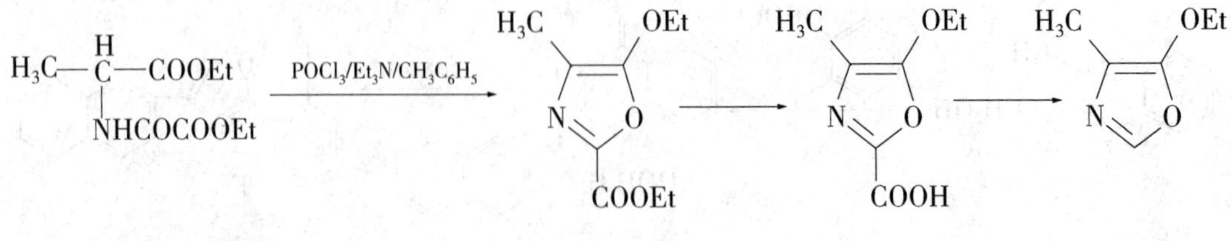

[反应式图]

生产工艺如下[22]。

在三口烧瓶内，常温依次加入三氯氧磷、甲苯、三乙胺和 N-乙氧基草酰丙氨酸乙酯。

80℃条件下搅拌反应10h。冷却至室温后,加水溶解固体物,分离有机层,下层水溶液用甲苯萃取。合并有机层和甲苯提取层。减压蒸馏收集106~120℃、0.27kPa的馏分,得4-甲基-5-乙氧基-2-噁唑羧酸乙酯,收率为90.4%。上述经过萃取后的下层水溶液,用液碱调节pH成碱性,回收三乙胺。将4-甲基-5-乙氧基-2-噁唑羧酸乙酯中加入适量氢氧化钠。搅拌混合物由浑浊变澄清,减压蒸馏蒸出低沸物乙醇,冷却至30℃以下,滴加硫酸水溶液至pH值为2.5~3,析出固体物。然后缓慢加热升温至65~70℃,直到无二氧化碳放出为止。用氢氧化钠水溶液调节反应液至pH值为8。随后采用水蒸气蒸馏,收集95~100℃的馏出液,减压蒸馏收集50~70℃/4.0~6.7kPa的馏分得4-甲基-5-乙氧基噁唑,收率为89.9%。

参 考 文 献

[1] Robinson R.. A new synthesis of oxazole derivatives[J]. J. Chem. Soc., 1909, 95: 2167-2174.

[2] Gabriel S.. Eine Synthese von Oxazolen und Thiazolen[J]. I. Ber., 1910, 43: 134-138.

[3] Gabriel S.. Synthese von Oxazolen und Thiazolen Ⅱ[J]. Ber., 1910, 43: 1283-1287.

[4] Turchi I. J.. InThe Chemistry of Heterocyclic Compounds Vol. 45[M]. New York: Wiley, 1986: 1-342.

[5] Jie Jack Li. Name Reaction [M]. 4th ed. Springer-Verlag Berlin Heidelberg, 2009: 472.

[6] Wasserman H. H., Vinick F. J.. The Mechanism of the Robinson-Gabriel Synthesis of Oxazoles[J]. J. Org. Chem., 1973, 38(13): 2407-2408.

[7] 黄文明, 秦玥, 李宇, 等. 钳形配体2-溴-1,3-双[2-(5-乙氧基)噁唑基]苯的合成研究 [J]. 西南师范大学学报: 自然科学版, 2010, 35(2): 1-44.

[8] Wipf P., Miller C. P.. A New Synthesis of Highly Functionalized Oxazoles[J]. J. Org. Chem., 1993, 58: 3604-3606.

[9] Westermann J. Schneider M., Platzek J., et al. Practical synthesis of a heterocyclic immunosuppressive vitamin D analogue[J]. Org. Process Res. Dev., 2007, 11: 200.

[10] 张招贵. 精细有机合成与设计[M]. 北京: 化学工业出版社, 2004: 156-161.

[11] Dakin H. D., West R.. A general reaction of amino acids[J]. J. Biol. Chem., 1928: 78, 91, 745, 757.

[12] Allinger N. L., Wang G. L., Dewhurst B. B.. Kinetic and mechanistic studies of the Dakin-West reaction [J]. J. Org. Chem., 1974, 39(12): 1730-1735.

[13] Hulin B, Clark D A, Goldstein S W, et al. J Med Chem [J]. 1992, 35(10): 1853.

[14] Du-Ponr.. Oxa(thia)diazol- and triazol-ones(thiones) having a miticide and insecticide activity: US 5550140[P]. 1996-8-27.

[15] Du-Ponr. Preparation of 4-alkoxyalkynydphenyljoxazolines and analogs as arthropodicides: CN, 1199401 [P]. 1988-11-18.

[16] Suzuki J., Ishida T., Kikuchi Y., et al. Synthesis and activity of novel acaricidal/insecticidal 2,4-diphenyl-1,3-oxazolines[J]. J. Pestic. Sci., 2002, 27: 1-8.

[17] 段言信. 实用精细有机合成手册(下) [M]. 北京: 化学工业出版社, 2004: 485.

[18] Shi M., Yang Y. H.. Halogen effects in Robinson-Gabriel type reaction of cyclopropane-Carboxylic acid N′-substituted-hydrazides with PPh3/CX4 reaction; 2-(3-halo-propyl)-5-substituted-[1,3,4]-oxa-diazole[J]. Tetrahedron Lett, 2005, 46: 6285-6288.

[19] 刘淑贞, 牟明先. 维生素B_6新合成路线[J]. 国外医药. 合成药. 生化药. 制剂分册, 1980(4): 1-5.

[20] 周后元. 维生素B_6的噁唑法合成概述 [J]. 医药工业, 1985, 16(6): 25-34.

[21] Shirai K., Aki O. 4-Methyl-5-alkoxyoxazoles: JP, 43018774[P]. 1968-08-15.

[22] 周后元，方资婷，叶鼎彝，等．维生素 B_6 噁唑法合成新工艺[J]．中国医药工业杂志，1994(9)：385-389.

6.3 喹啉环合成技术

6.3.1 Skraup 喹啉合成法

苯胺(或其他芳胺)、甘油、硫酸和硝基苯(相应于所用芳胺)、五氧化二砷(As_2O_5)或三氯化铁等氧化剂一起反应，生成喹啉的反应即为 Skraup 喹啉合成[1]。本合成法是合成喹啉及其衍生物最重要的合成法。例如：

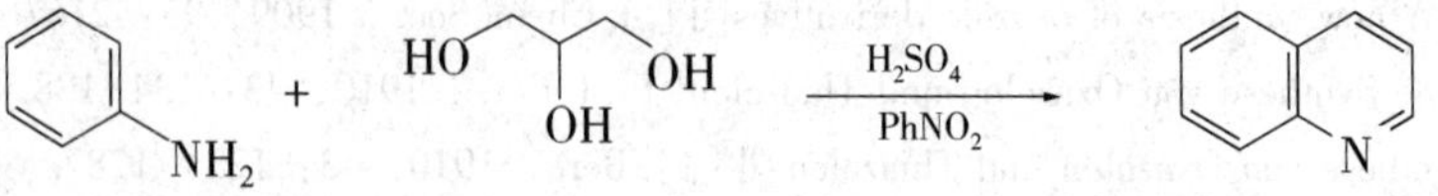

苯胺环上间位有供电子取代基时，主要在给电子取代基的对位关环，得 7-取代喹啉；当苯胺环上间位有吸电子取代基团时，则主要在吸电子取代基团的邻位关环，得 5-取代喹啉。

反应机理[2]：

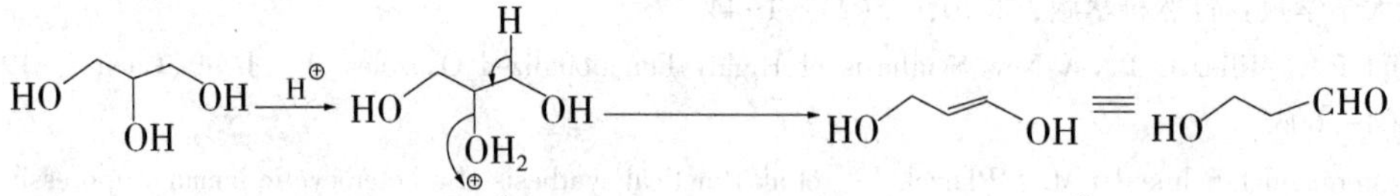

1　　　　　　　　　　　　　2

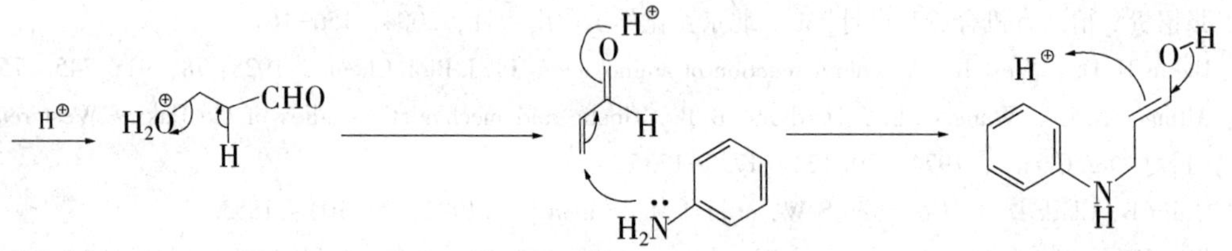

3　　　　　　　　　　　　　4　　　　　　　　　　　　　5

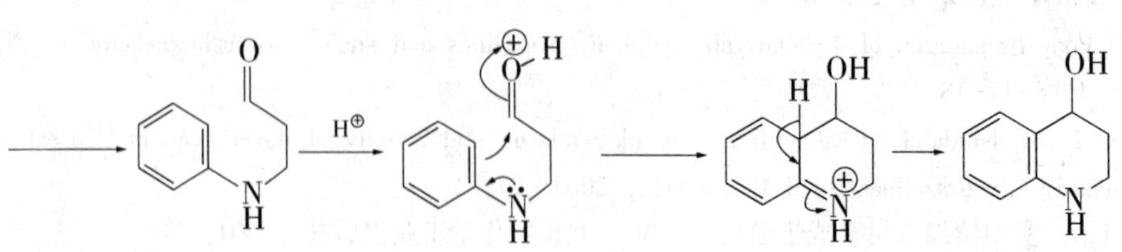

6　　　　　　　　　　　　　7　　　　　　　　　　　　　8

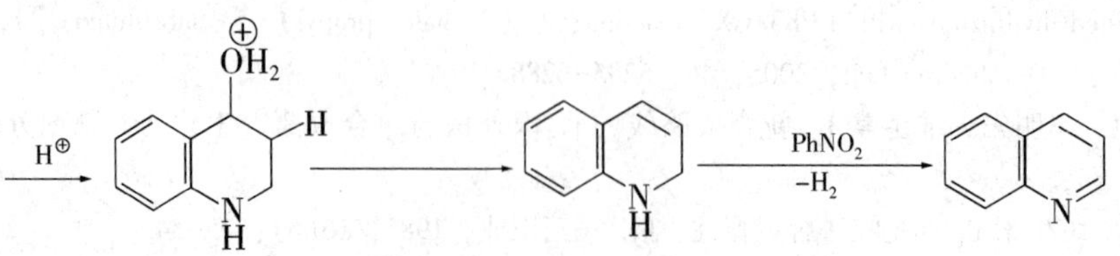

9　　　　　　　　　　　　　10

在酸催化下，丙三醇的仲醇羟基形成𨥙盐(1)，1 脱水得 β-羟基丙醛(2)，2 再次形成𨥙盐(3)后脱水得到丙烯醛(4)，苯胺的氨基进攻丙烯醛(4)的末端双键碳原子发生 1,4-共轭加成反应生成 β-苯基氨基-1-丙烯醇(5)，5 异构得 β-苯基氨基丙醛(6)，6 在酸催化下分子中的羰基被质子化后形成的碳正离子与分子内氨基邻位的苯环碳原子进行环合反应形成四面体的亚胺离子(7)，7 消去一个质子后形成闭环共轭体系苯环结构(8)，8 在酸催化下分子中的羟基被质子化后得𨥙盐(9)，9 脱水得 1,2-二氢喹啉(10)，10 经硝基苯氧化后得到目标产物喹啉。最后一步在氧化剂作用下脱氢。尽管在少量的碘化钠存在下，硫酸也可以作为氧化剂，但通常使用硝基苯或砷酸。最好使用有选择性的氧化剂氯代对苯醌[3,4]。

6.3.2 Friedlander 喹啉合成法

在酸、碱或加热条件下，邻氨基芳醛(酮)与另一分子醛(酮)缩合得到喹啉衍生物的反应[5,6]。参加反应的两种醛(酮)至少有一种分子中含有 α-亚甲基氢。反应通式为：

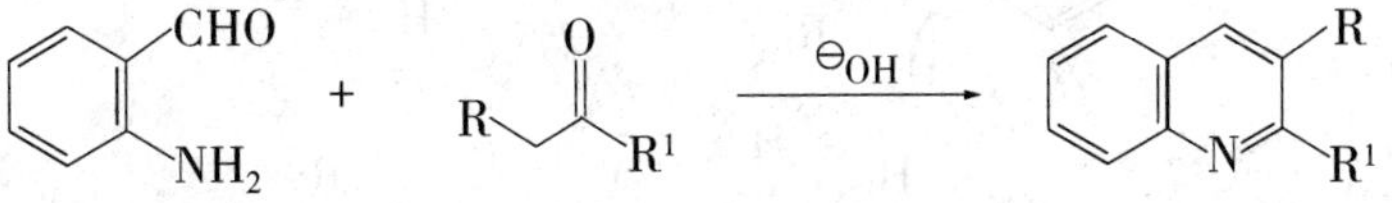

反应机理[7,8]：

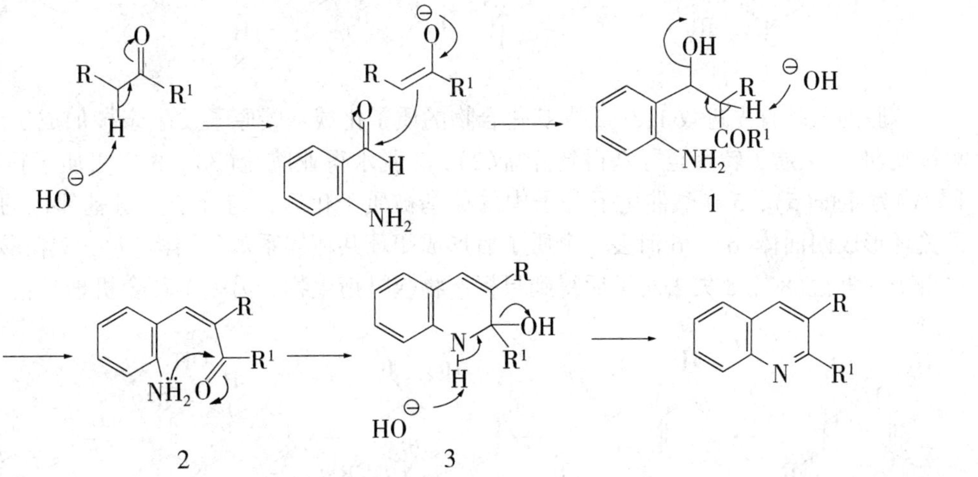

含有 α-H 的醛(酮)首先在碱作用下形成烯醇式负离子，然后进攻邻氨基芳醛(酮)的羰基经 aldol 缩合生成 β-羟基醛(酮)(1)，1 再在碱催化下脱水得到 α,β-不饱和醛(酮)(2)，2 分子中的氨基进攻分子内的羰基发生亲核加成生成 α-醇胺(3)，3 在碱催化下脱水得到目标产物喹啉衍生物。

6.3.3 Combes 喹啉合成法

芳胺与 1,3-二羰基化合物反应，首先得到高产率的 β-氨基烯酮，然后在浓硫酸作用下，质子化羰基碳原子对氨基邻位的苯环碳原子进行亲电进攻，关环后，再脱水得到喹啉的反应称为 Combes 喹啉合成法[9]。反应通式为：

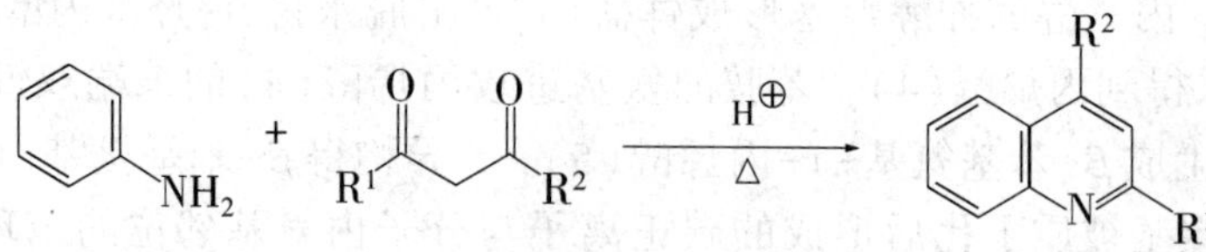

反应机理[10]：

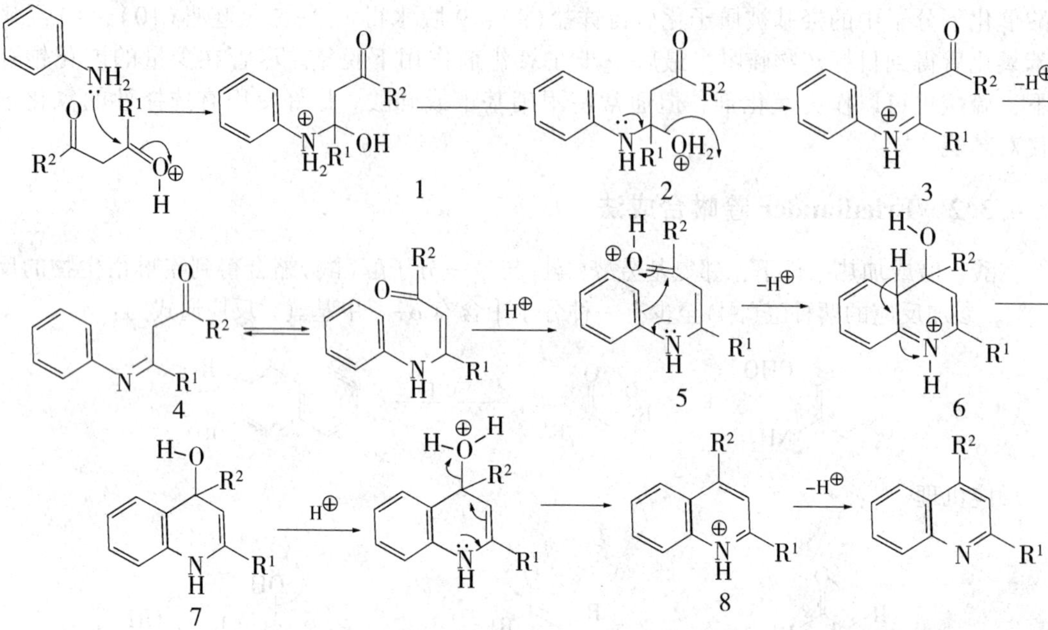

苯胺的氨基首先进攻1,3-二羰基化合物的质子化羰基碳原子发生亲核加成反应生成α-醇铵盐(1)，1质子转移至羟基得到𬭩盐(2)，2脱水得亚胺盐(3)，3失去质子得亚胺(4)，4异构为烯胺(5)，5在酸催化下分子中的羰基被质子化后，与分子内氨基邻位的苯环碳原子关环形成四面体(6)，6消去一个质子后形成闭环共轭体系苯环结构(7)，7在酸催化下脱水得到喹啉盐(8)，8失去质子后得到目标产物喹啉衍生物。另一个环合机理是：

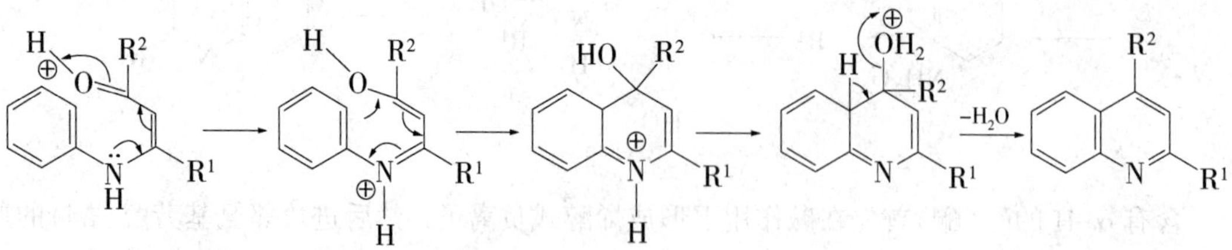

6.3.4 Conrad-Limpach 喹啉合成法

苯胺和β-酮酯在热或酸催化下缩合生成喹啉-4-酮的反应称为 Conrad-Limpach 反应[11]。反应通式为：

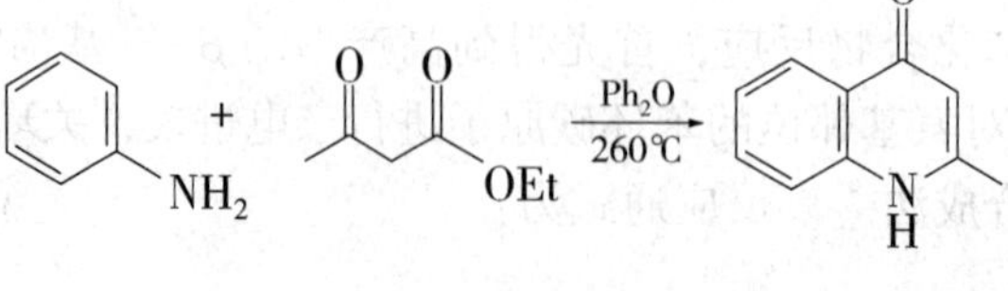

反应机理[12]：

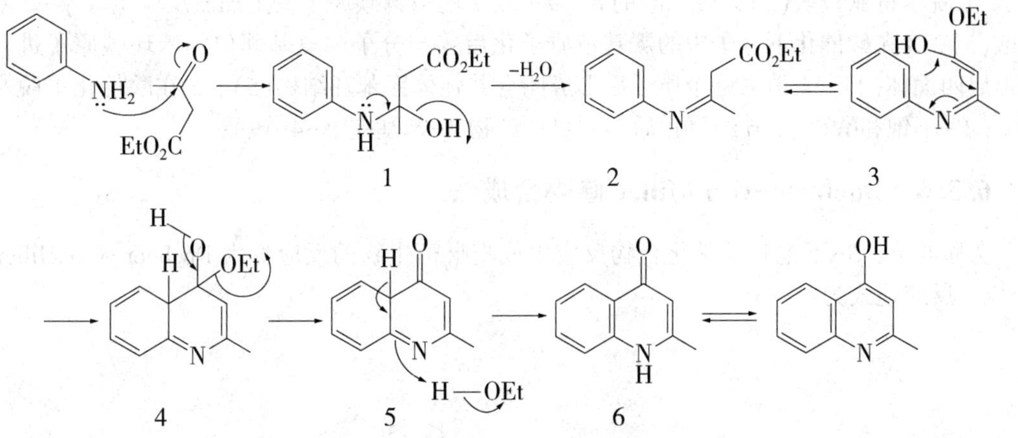

苯胺的氨基首先进攻乙酰乙酸乙酯的羰基发生亲核加成生成 α-醇胺(1)，脱水得 Schiff 碱(2)，2 异构得(3)，3 经过 6π 电子电环化反应形成半缩醛(4)，4 消去一分子乙醇得 α, β-不饱和酮(5)，5 消去一个氢质子后形成闭环共轭体系苯环结构喹啉-4-酮(6)，6 经质子转移得到目标产物 2-甲基-4-羟基喹啉。

6.3.5 Doebner 喹啉合成法

芳胺、丙酮酸和一种醛三组分共热合成喹啉-4-羧酸的反应称为 Doebner 喹啉合成[13]。反应通式为：

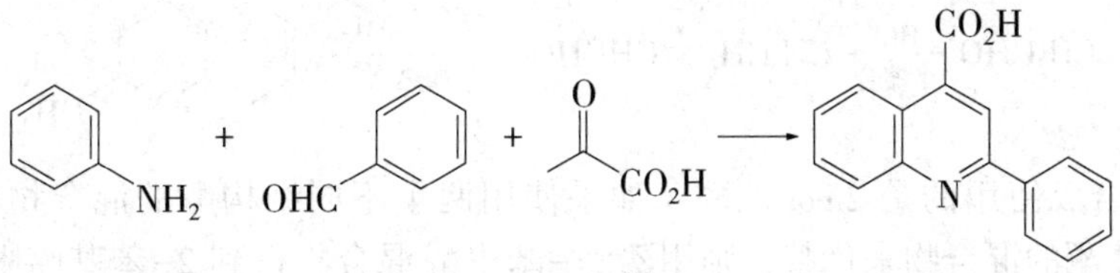

反应机理[14]：

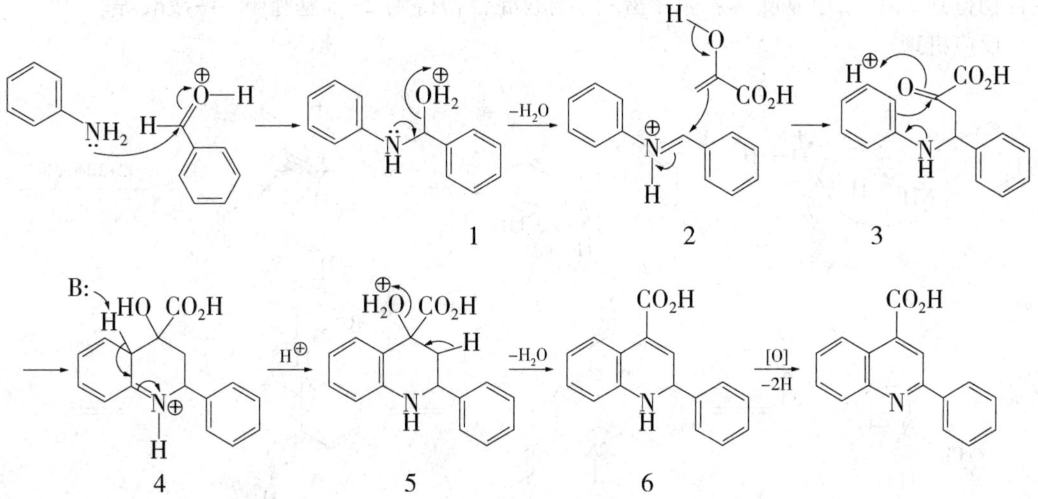

苯胺的氨基首先进攻苯甲醛的质子化羰基碳原子发生亲核加成反应生成 α-醇胺鎓盐(1)，1 脱水得亚铵盐(2)，丙酮酸的 α-碳进攻 2 的双键碳原子发生加成反应生成 γ-氨基丙酮酸(3)，3 在酸催化下分子中的羰基被质子化后，与分子内氨基邻位的苯环碳原子进行关环形成四面体(4)，4 消去一个质子后形成闭合共轭体系苯环结构(5)，5 在酸催化下脱水得到 α，β-不饱和酸(6)，6 经氧化后得到目标产物 2-苯基喹啉-4-羧酸。

6.3.6 Doebner-von Miller 喹啉合成法

芳胺与 α，β-不饱和羰基化合物反应生成喹啉衍生物的反应称为 Doebner-von Miller 反应[15]。反应通式为：

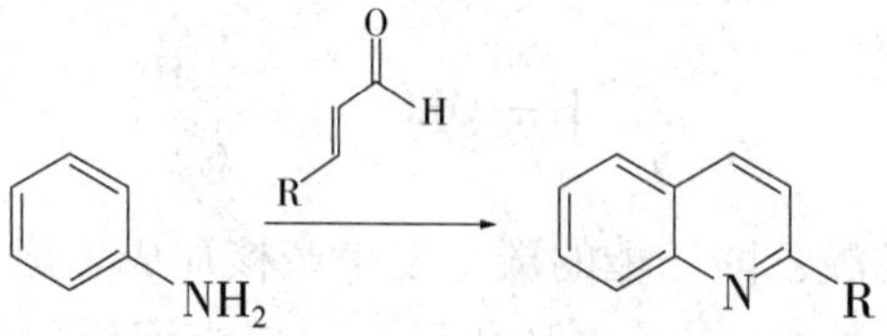

这个反应也称为 Skraup-Doebner-von Miller 喹啉合成法。当 α，β-不饱和羰基化合物由两分子醛或酮的 Aldol 缩合提供时，又称为 Beyer 喹啉合成法。反应通常由 Lewis 酸如 $SnCl_4$、$Sc(F_3CSO_3^-)_3$，Bronsted 酸如对甲苯磺酸 p-$CH_3C_6H_4SO_3H$、高氯酸 $HClO_4$、苯酚甲醛离子交换树脂和碘。例如，1mol 苯胺与 2mol 乙醛在盐酸或氯化锌存在下反应，当不使用氧化剂时，生成产物为 2-甲基喹啉。

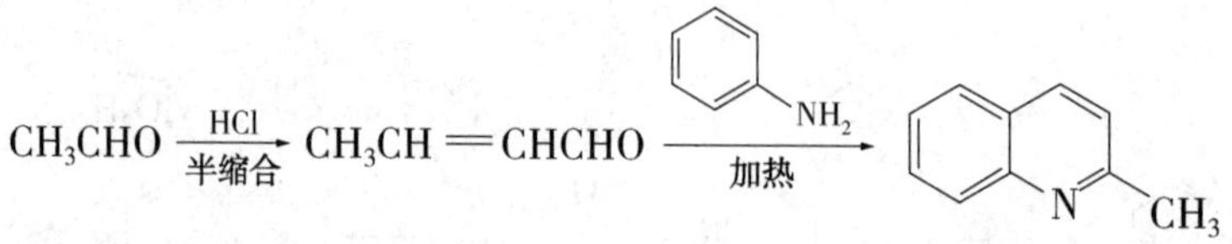

上述反应合成使用的是 2mol 乙醛。如果使用两个不同结构醛的混合物来替代或者用 1mol 醛和 1mol 酮的混合物来代替，则用乙醛-苯甲醛混合物得到 2-苯基喹啉；丙酮-甲醛缩二甲醇混合物得到 4-甲基喹啉；甲醛缩二甲醇-丙醛混合物得到 3-甲基喹啉；乙醛丙酮混合物得到 2,4-二甲基喹啉；苯甲醛-丙酮酸混合物得到 2-苯基喹啉-4-羧酸等。

反应机理[16]：

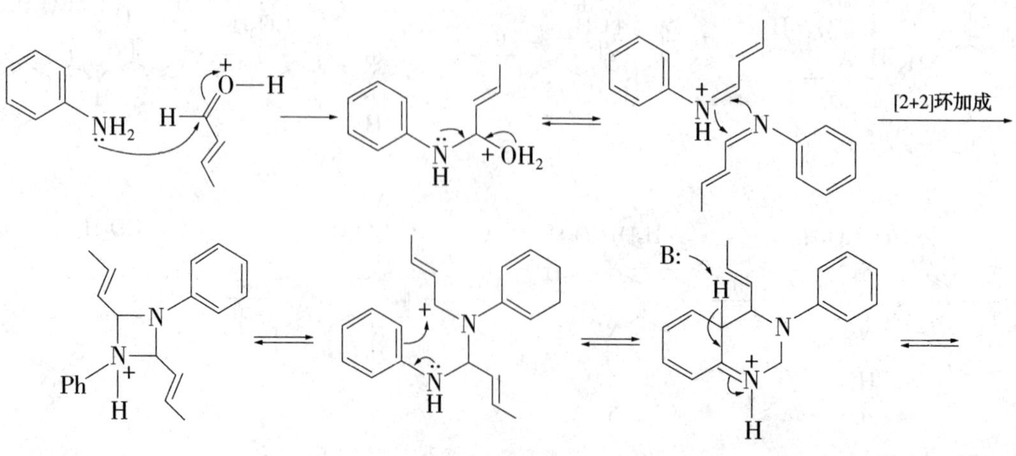

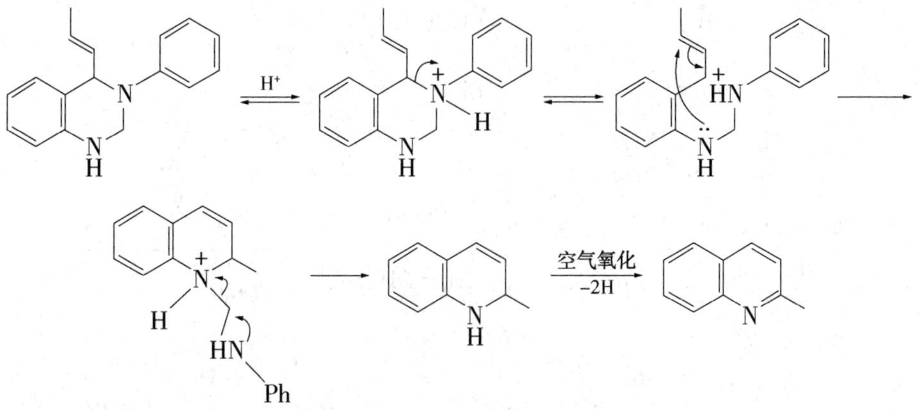

Doebner-von Miller 反应属于 Skraup 喹啉合成的另一种形式，因此，后者的机理也适用于前者。

6.3.7 环丙沙星制备技术

1. 概述

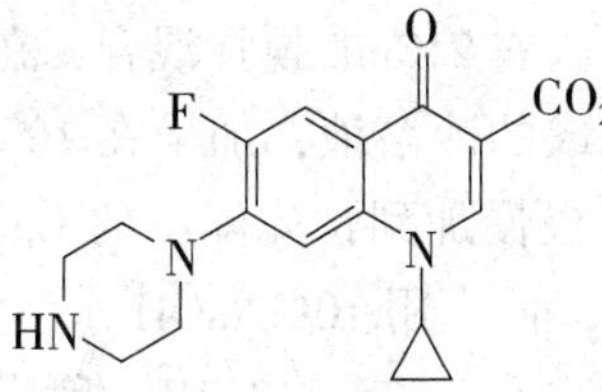

环丙沙星(Ciprofloxacin，Ciflox，Ciprobay Ciproxam)又称环丙氟哌酸、悉复欢。化学名称为 1-环丙基-6-氟-1,4-二氢-4-氧代-7-(1-哌嗪基)喹啉-3-羧酸[1-Cycbpropyl-6-fluoro-1,4-dihydor-4-oxo-7-(1-piperazinyl)-3-quinolinecarboxylic acid]。熔点 255~257℃（分解）。本品为第三代喹诺酮类抗菌药，抗菌机制及抗菌谱与诺氟沙星相同[17]。

2. 制备技术

自 1983 年由联邦德国拜耳公司创制环丙沙星(环丙氟哌酸 Ciprofloxacin)以来，世界各国为了抢占市场，降低生产成本，非常重视新合成路线的研制工作。文献报道的合成路线很多[1-3]，这里仅概述 2,4-二氧氟苯法。以 3-氯 4-氟苯胺为原料经 Sandmeyer 反应得到 2,4-二氯氟苯，再经 Friedel-Crafts 酰化、交错的 Claisen 酯缩合反应制得 2,4-二氯-5-氟苯甲酰乙酸乙酯，再与原甲酸乙酯经乙氧亚甲基化、胺化、缩合成环得到 1-环丙基-7-氯-6-氟-1,4-二氢-4-氧代喹啉-3 羧酸，最后与哌嗪发生胺化得环丙沙星[18,19]。

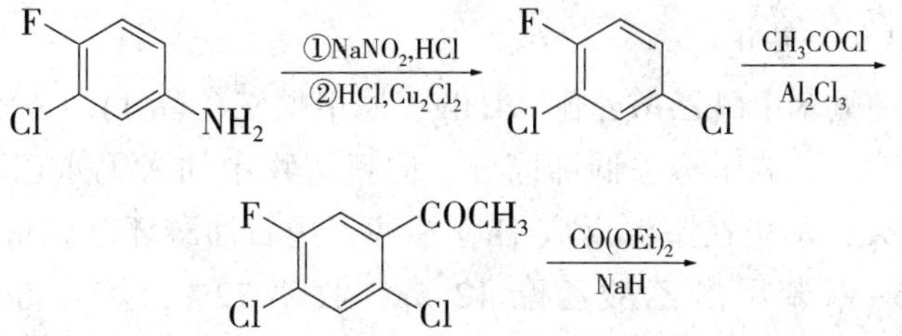

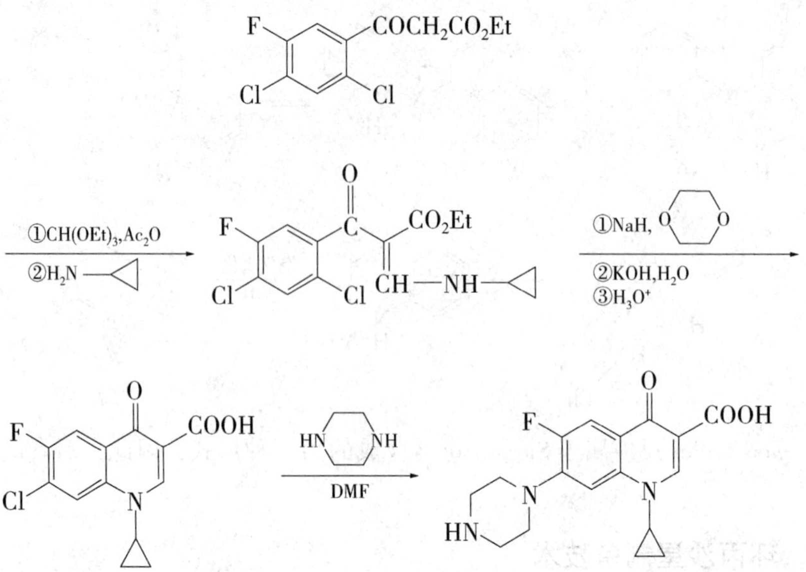

其生产工艺如下[20,21]。

(1) 重氮化、氯代

将 3-氯-4-氟苯胺 43.5g 及浓盐酸 210mL 搅拌混合,在 80℃反应 10min。在 0~10℃下滴加由亚硝酸钠 21g 及水 90mL 配成的冷溶液,加毕在 10℃以下反应 0.5h,加入尿素 2g。将所得的重氮盐溶液在 12~18℃下慢慢加到预先配制的 Cu_2Cl_2 冷溶液中,加毕慢慢升温至 90℃,水气蒸馏,用苯提取馏出液,依次用 10%NaOH 水溶液、浓 H_2SO_4、水洗涤,无水硫酸钠干燥。蒸去溶剂,减压收集 76~77℃/1333Pa 馏分得 2,4-二氯氟苯 39.4g,收率 80.0%。

(2) 乙酰化

在烧瓶中加入无水三氯化铝 46.7g 和 2,4-二氯氟苯 6.5g,在搅拌下,于 30~40℃滴加乙酰氯 15.7g,加毕在 120℃反应 2h。用冰水分解过量的乙酰氯。以二氯甲烷提取,水洗,无水氯化钙干燥,蒸去溶剂,减压收集 90~92℃/67Pa 馏分,得 2,4-二氯-5-氟苯乙酮 16.2g,收率 78.3%。

(3) 缩合

将 2,4-二氯-5-氟苯乙酮 14.0g,碳酸二乙酯 200mL 搅拌混合,在室温下分批加入 80% NaH5.0g,加毕于 80℃反应 2h,倾入含少量乙酸的冰水中,用乙醚提取,水洗,无水硫酸钠干燥,蒸去乙醚,回收碳酸二乙酯后,减压收集 144~146℃/40Pa 馏分,得 2,4-二氯-5-氟苯甲酰乙酸乙酯 14.2g,收率 65.6%。

(4) 乙氧亚甲基化、胺化

将 2,4-二氯-5-氟苯甲酰乙酸乙酯 14.0g,原甲酸三乙酯 11.1g 及乙酸酐 12.4g 搅拌混合,在 150℃反应 2h,减压蒸去低沸馏分。向残留物中加入无水乙醇 50mL,在冰水冷却下滴加环丙胺 2.9g,加毕在室温反应 1h,抽滤,用石油醚环己烷重结晶,得 2-环丙基氨基-2,4-二氯-5-氟苯甲酰乙酸乙酯 12.5g,收率 72%,熔点 88~90℃(文献[1]:89~90℃)。

(5) 缩合成环，水解

将 2-环丙基氨基-2,4-二氯-5-氟苯甲酰乙酸乙酯 6.4g，无水二噁烷 20mL 搅拌混合，在冰浴冷却下，分批加入 80% NaH0.7g，加毕回流反应 2h，蒸去溶剂。残留物悬浮于水 30mL 中，加入氢氧化钾 1.33g，回流反应 2h，热过滤。滤液在冰浴冷却下用稀酸调节 pH 值至 1~2，抽滤，水洗，真空干燥至恒重，得 1-环丙基-7-氯-6-氟-1,4-二氢-4-氧代喹啉-3 羧酸 5.0g，收率 98.0%，熔点 234~237℃。

(6) 胺化

将 1-环丙基-7-氯-6-氟-1,4-二氢-4-氧代喹啉-3 羧酸 6.4g，无水哌嗪 10.0g 及 DMF 33mL 搅拌混合，在 140℃ 反应 2h，减压蒸去溶剂，残物悬浮于水 30mL 中，抽滤，水洗。湿固体加水 30mL，煮沸几分钟，冷却，抽滤，水洗，真空干燥至恒重，得环丙沙星 4.6g，收率 61.3%，熔点 256~267℃(分解)。

参 考 文 献

[1] Skraup Z. H.. Eine Synthese des Chinolins[J]. Monatsh. Chem., 1880, 1: 316.

[2] Jie Jack Li. Name Reaction[M]. Springer-Verlag Berlin Heidelberg, 2009: 509.

[3] Song Z., Mertzman M., hughes D. L.. ChemInform Abstract: Improved Synthesis of Quinaldines by the Skraup Reaction[J]. J. Heterocycl. Chem., 1993, 30: 17.

[4] 孔祥文. 有机化学反应和机理[M]. 北京: 中国石化出版社, 2018: 286-288.

[5] Friedlander P.. Ueber o-Amidobenzaldehyd[J]. Ber., 1882, 15: 2572-2575.

[6] Elderfield, R. C., In Heterocyclic Compounds[M]. New York: Wiley & Sons, 1952: 4.

[7] 孔祥文. 基础有机合成反应[M]. 北京: 化学工业出版社, 2014: 242.

[8] Jie Jack Li. Name Reaction[M]. Springer-Verlag Berlin Heidelberg, 2009: 238.

[9] Combes A.. Sur les synthèses dans la série quinoléique au moyen de l'acétylacétone et de sés derives[J]. Bull. Soc. Chim. Fr., 1888, 49: 89.

[10] Jie Jack Li. Name Reaction[M]. Springer-Verlag Berlin Heidelberg, 2009: 131.

[11] Conrad M., Limpach, L.. Synthesen von Chinolinderivaten mittelst Acetessigester[J]. Ber., 1887, 20: 944.

[12] Jie Jack Li. Name Reaction[M]. Springer-Verlag Berlin Heidelberg, 2009: 133.

[13] Doebner O.. Ueber α-Alkylcinchoninsäuren und α-Alkylchinoline[J]. G. Ann., 1887, 242: 265.

[14] Jie Jack Li. Name Reaction[M]. Springer-Verlag Berlin Heidelberg, 2009: 194.

[15] Doebner O., von Miller W.. Ueber chinaldinbasen[J]. Ber., 1883, 16: 2464.

[16] 〔美〕李杰. 有机人名反应及机理[M]. 荣国斌译. 上海: 华东理工大学出版社, 2003: 117.

[17] 宋小平. 药物生产技术[M]. 北京: 科学出版社, 2014: 122-125.

[18] Grohe R. A., Zeiler H., Joachim M. G., et al. 1-Cyclopropyl-6-1, 4-dihydro-4-oxo-7-piperazino quinolone-3-carboxylic acid and an antibacterial agent containing them: DE, E142854[P]. 1983-5-11.

[19] 李灵芝, 陈海宽, 刘巧云, 等. 盐酸环丙沙星的合成及工艺改进[J]. 山西大学学报: 自然科学版, 1978, 26(3): 241-243.

[20] Daniel T. W., Chu P. B., Fernandes A. K., et al. Synthesis and structure-activity relationships of novel arylfluoroquinolone antibacterial agents[J]. Journal of Medicinal Chemistry, 1985, 28 (11): 1558-1564.

[21] 戴桂元, 史达清, 周龙虎, 等. 环丙沙星的合成[J]. 中国医药工业杂志, 1992, 23(4): 151-153.

6.4 咪唑环合成反应

硫唑嘌呤制备技术：

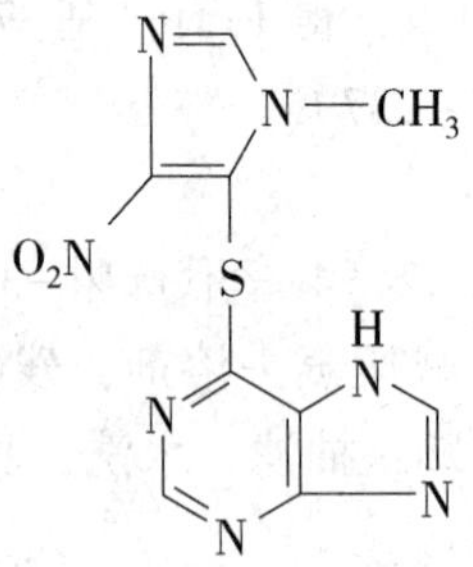

1. 概述

硫唑嘌呤，又名依木兰、依米兰，化学名称为6-(1-甲基-4-硝基咪唑-5)-硫基嘌呤，分子式为 $C_9H_7N_7O_2S$，相对分子质量 277.3。本品为淡黄色轻质结晶性粉末或针状结晶体。无臭，味微苦。熔点 242~244℃（分解）。易溶于碱性水溶液，极微溶于乙醇，几乎不溶于水。主要用于异体移植作为免疫抑制剂，抗肿瘤药，在人体内转变成硫嘌呤而产生药理作用[1]，以及急慢性白血病、红斑狼疮与其他胶原性疾病等；对溃疡性结肠炎、类风湿性关节炎和血小板减少引起的紫癜性出血等亦有改善症状的功效。

2. 制备技术

以草酸二乙酯为原料，与甲胺胺化得到 N, N'-二甲基草酰二胺；后者在五氯化磷作用下环合得到 1-甲基-5-氯咪唑；氯化，硝化，缩合而得。

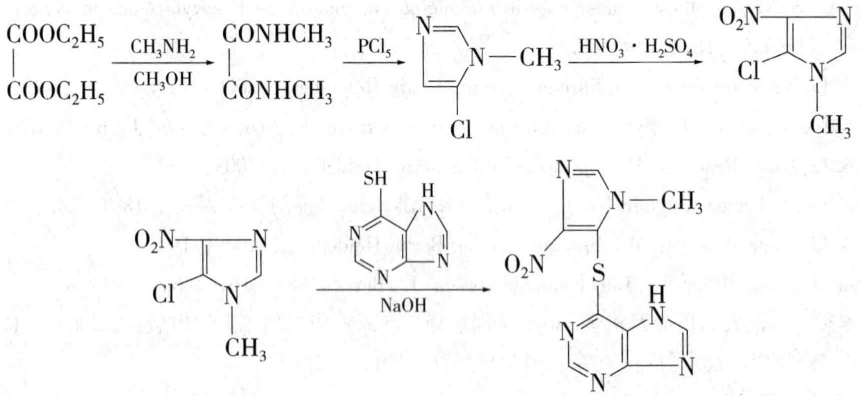

其生产工艺[2,3]如下。

（1）胺化

将草酸二乙酯及甲醇投入反应锅中，冷却至 20℃ 以下，通入干燥的甲胺气体到饱和后，冷却至 10℃ 以下，析出结晶，过滤烘干，得乙二酰二甲胺，熔点为 210~212℃，收率 95.8%。

（2）环合氯化

将过量的乙二酰二甲胺和五氯化磷分次投入反应锅中，在 70~80℃ 下保温 2h，放置过夜，减压蒸出氧氯化磷，温度不超过100℃，冷却，加入冰水，搅拌，用30%~40%碱液调节 pH 值至9~10，静置。分出油状物，母液冷却，析出无机盐后过滤，用氯仿洗涤，并用氯仿抽提母液。合并油层及氯仿层，回收氯仿，减压蒸馏，收集沸点 110~115℃/30×133.3Pa)馏分，得 1-甲基-5-氯咪唑，收率52%[4-6]。

(3) 硝化

将 1-甲基 5-氯咪唑加入搪玻璃反应锅，然后冷却下加入硝酸，继续在冷却下滴加硫酸，加毕，在100℃上反应2h，再冷却，加入冰水析出产品，经过滤干燥得 1-甲基-4-硝基-5-氯咪唑。收率为86%。

(4) 缩合

将 6-巯基嘌呤、氢氧化钠、水和 1-甲基-4-硝基-5-氯咪唑一起煮沸 4h，反应产物用乙酸调节 pH 值至析出硫唑嘌呤。

参 考 文 献

[1] 宋小平. 药物生产技术[M]. 北京：科学出版社，2014：229-231.
[2] 上海第二制药厂. 硫唑嘌呤的合成方法[J]. 医药工业，1972，(6)：8-9.
[3] 颜秋梅. 免疫抑制剂硫唑嘌呤合成新工艺研究[D]. 杭州：浙江工业大学，2010.
[4] Mukherjee A., Kumar S.. Synthesis of 1-methyl-4-nitro-5-substituted-imidazole and substituted imidazolothiazole derivatives as possible antiparasitic agents[J]. Indian Journal of Chemistry, Section B：Organic Chemistry Including Medicinal Chemistry, 1989, 28B(5)：391-396.
[5] Baloniak S., Lukowski A., Mroczkiewicz A., et al. 1-Methyl-5-chloroimidazole：PL, 193625[P]. 1976-11-10.
[6] Blicke F. F., Godth. C.. Journal of the American Chemical Society[M]. 1954, 76：3653-3655.

6.5 2-咪唑啉合成反应

6.5.1 2-咪唑啉合成方法

2-咪唑啉及其衍生物因特殊的结构特征及优异的反应活性，使其在有机化学领域具有极高的研究意义和应用价值。2-咪唑啉类化合物的多类型合成方法被大量报道。近年来，其研究依然活跃，尤其是结构新颖的衍生物合成报道大量涌现。

目前 2-咪唑啉的制备方法有以下几种[1,2]。

1. 以腈与乙二胺为底物合成

以腈与乙二胺的盐类化合物直接环合制备 2-咪唑啉，该方法因耗时较长，所以具有很大的局限性。

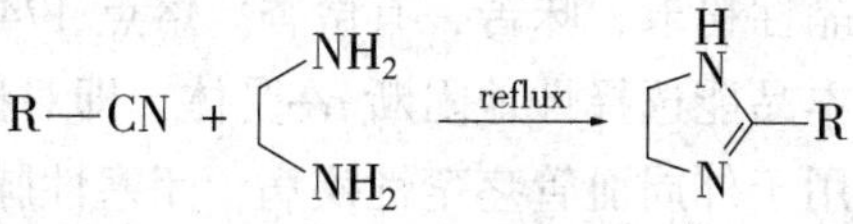

2. 以腈与吖丙啶为底物合成

吖丙啶是一类广泛用于有机合成的叔胺,其典型的反应是扩环,此类化合物的丰富活性取决于氮原子上取代基的结构特性,氮原子上带有吸电子取代基的吖丙啶易与亲核试剂作用而开环;而含有给电子基团的吖丙啶则需在 Lewis 酸的协助下才能与亲核试剂反应。

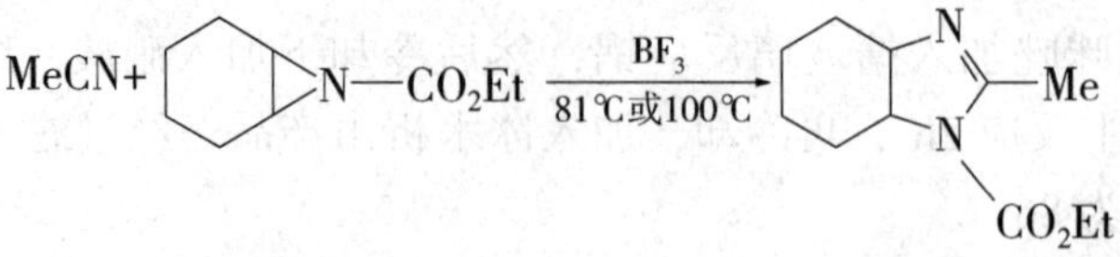

$$\text{MeCN} + \text{环己烷并吖丙啶-N-CO}_2\text{Et} \xrightarrow[81\text{℃或}100\text{℃}]{BF_3} \text{2-Me-1-CO}_2\text{Et-咪唑啉}$$

3. 以羧酸及其衍生物为底物合成

羧酸及其衍生物也常被用作合成 2-咪唑啉的基础合成底物。胺与羧酸或酯混合加热即可生成 2-咪唑啉,但苛刻的反应条件限制了其广泛应用。

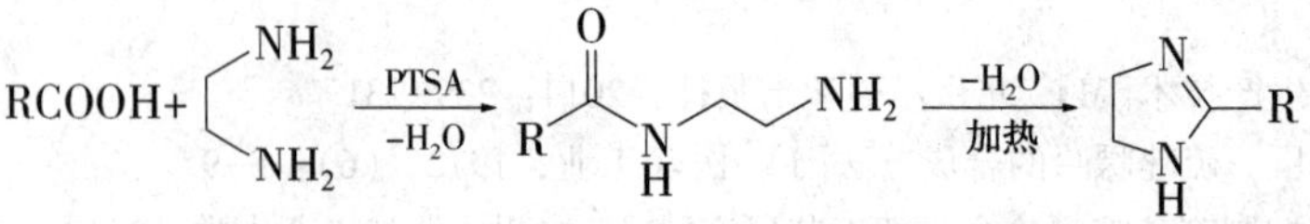

$$\text{RCOOH} + \text{H}_2\text{NCH}_2\text{CH}_2\text{NH}_2 \xrightarrow[-H_2O]{PTSA} \text{R-CO-NH-CH}_2\text{CH}_2\text{NH}_2 \xrightarrow[\text{加热}]{-H_2O} \text{2-R-咪唑啉}$$

4. 以醛或酮为底物合成

此方法近几年才被报道,在 KI 及 K_2CO_3 的催化下,以醛及胺水溶液为底物制备了系列 2-咪唑啉类化合物。2009 年,Sant Anna 等利用超声波提供的能量,在无需催化剂的作用下,于水溶液中制备出 2-咪唑啉。与其他制备法相比,此合成路线操作简单,反应耗时短,成本低廉且绿色环保。

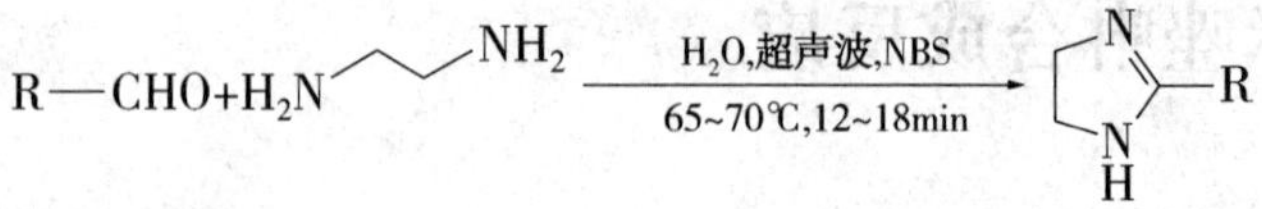

$$\text{R—CHO} + \text{H}_2\text{N—CH}_2\text{CH}_2\text{—NH}_2 \xrightarrow[65\sim70\text{℃},12\sim18\text{min}]{H_2O,\text{超声波},NBS} \text{2-R-咪唑啉}$$

6.5.2 妥拉唑啉制备技术

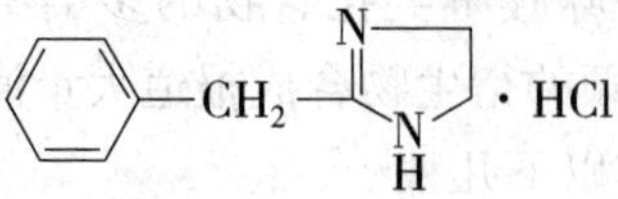

1. 概述

妥拉唑啉(Tolazoline)又称苄唑啉、苯甲唑啉、盐酸妥拉苏林,化学名称为 2-苄基咪唑啉,英文名称为 2-Benzyl-2-imidazoline。化学式为 $C_{10}H_{12}N_2 \cdot HCl$,相对分子质量 196.67。其盐酸盐为白色或乳白色结晶性粉末,味苦,有微香。熔点 174℃。易溶于水或乙醇,溶于氯仿,不溶于乙醚或丙酮。本品能选择性地阻断 α-受体,即对抗儿茶酚胺的收缩血管作用,故能使周围血管舒张。主要用于外周血管痉挛性疾病,闭塞性脉管炎以及因静滴去甲肾上腺素漏出血管外所致的局部组织缺血。也可用于感染中毒性休克,以改善微循环。

2. 制备技术

苯乙腈与乙二胺缩合环化，然后与盐酸成盐得妥拉唑啉。

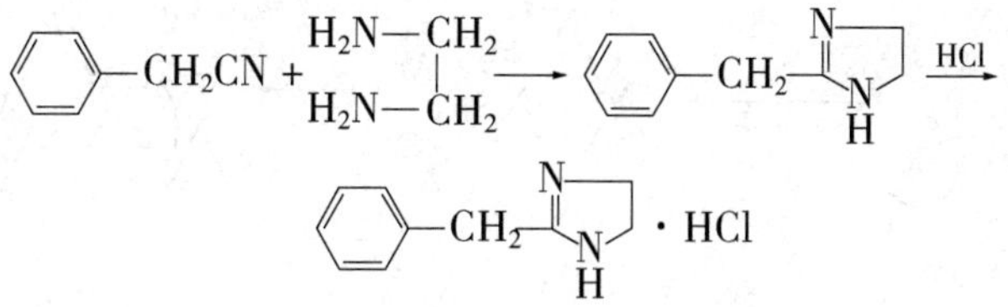

其生产工艺[3]如下。

（1）缩合

将苯乙腈 60mL 和无水乙二胺 50mL 加于圆底烧瓶中，在电热套中加热回流，回流冷凝管上口装一无水氯化钙干燥管，加热到冷却时瓶内均结成固体为止。将内容物转入克氏烧瓶中，在水浴上用水泵减压回收乙二胺，然后在油浴上用油泵减压收集 175~190℃/10×133.3Pa 的馏分，放冷即析出淡黄色妥拉苏林游离碱，残留在克氏烧瓶内的固体即为副产品二苯乙酰乙二胺，产品用 95%的乙醇重结晶数次，可得 72.0g 白色絮状纯品，熔点为 202℃。

（2）成盐

将上述粗品加热溶于 4 倍量的乙酸乙酯中，在冷却条件下通入氯化氢气体至 pH 值为 3 左右，冷却析出固体盐酸盐，过滤，干燥，将此盐酸盐加热溶于 2 倍量的无水乙醇中，必要时过滤，加入 5 倍乙醇量的乙酸乙酯，在冰箱中放置即析出盐酸妥拉唑啉。过滤，干燥，得成品，熔点 172~176℃。

参 考 文 献

[1] Pridgen L. N., Killmer L. B., Webb R. L., et al. 2-Substituted 2-oxazolines as Synthons for N-(beta-hydroxy-ethyl)-arylalk-ylamines, Intermediates in a Synthesis of 1, 2, 3, 4-Tetrahy-droisoquinolines and 2, 3, 4, 5-Tetrahydro-1H-3-benzazepines [J]. J. Org. Chem., 1982, 47(11)：1985.
[2] 韦深鸿，梁锡臣，杨红兵. 2-咪唑啉衍生物的合成方法[J]. 安微化工, 2016, 42(6)：60-64.
[3] 屠世忠，周明德，杨社萍. 盐酸妥拉苏林合成研究[J]. 医药工业, 1985, 16(6)：44-45.

6.6 香豆素衍生物合成反应

6.6.1 Delépine 胺合成反应

烷基卤代物和六亚甲基四胺反应得到铵盐，接着用 HCl 乙醇溶液酸解得到伯胺的反应即为 Delépine 胺合成反应[1,2]。

反应通式：

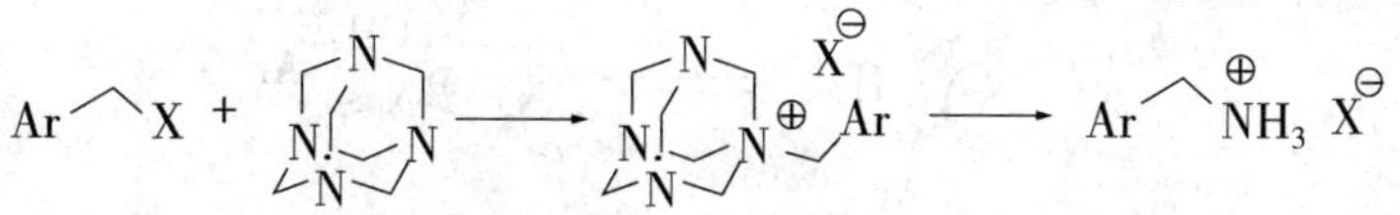

$$[ArCH_2C_6H_{12}N_4]^+X^- + 3HCl + 6H_2O \longrightarrow ArCH_2NH_2 \cdot HX + 6CH_2O + 3NH_4Cl$$

反应机理[3]:

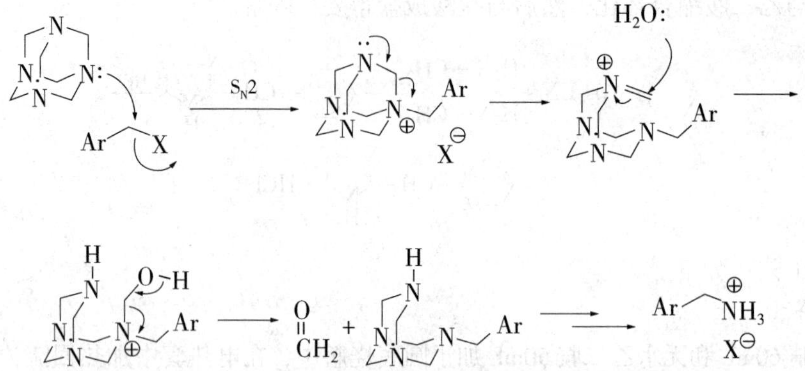

经过 S_N2 反应得到六亚甲基四铵盐,在氯仿中,原料是可溶的反应后产物可以结晶出来,通常不需要继续纯化。反应机理和 Gabriel 反应(产物为胺)、Sommelet 反应(产物为醛)类似。对于 Delépine 反应,活性卤代物(如苄基卤代物、烯丙基卤代物和 α-卤代酮)的反应效果都很好。优点为底物易得、副反应少、反应步骤简单、条件温和。六亚甲四胺已为叔胺,第一步只能在氮上引入一个烷基,因此水解后生成比较纯净的伯胺。

6.6.2 Sommelet 反应

苄基卤在六亚甲基四胺(HMTA)的作用下转化为相应的芳基甲醛的反应即为 Sommelet 反应[4]。反应通式:

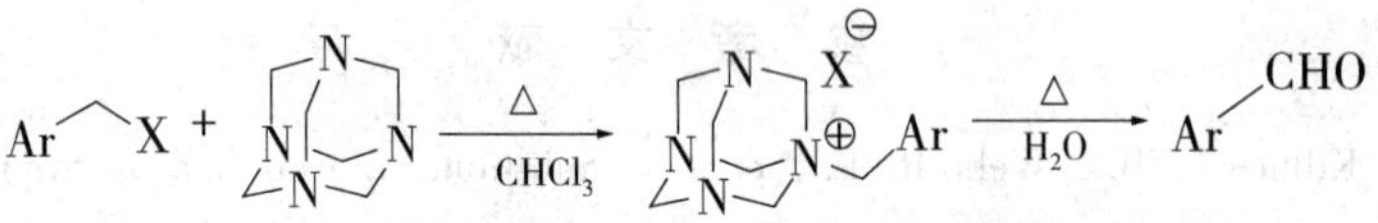

反应机理[5]:

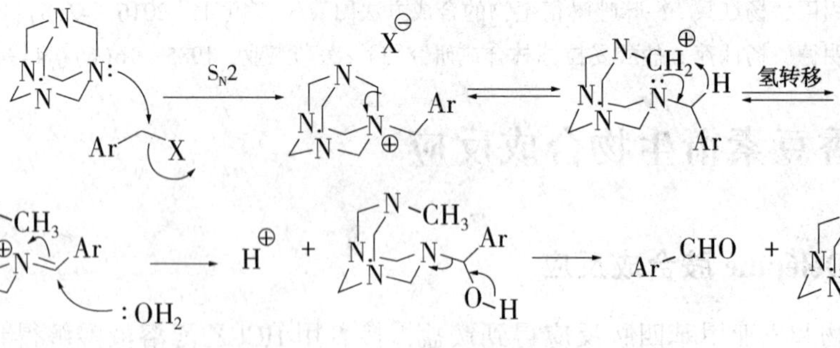

氢的转移和六甲基四胺的开环也有可能是同时进行的。

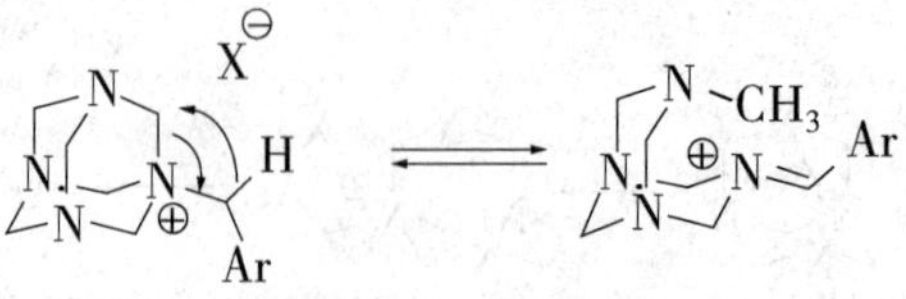

反应机理与 Delépine 胺化反应类似。HMTA 有刺鼻的臭鱼味,使用时要注意。

6.6.3 6-甲酰基香豆素制备技术

1. 概述

6-甲酰基香豆素是一种重要的有机化工原料及中间体[6],广泛应用于材料、化工、医药、农药和香料等精细化工行业[7]。

2. 制备技术

关于它的合成报道较少[8,9],孔祥文等[10]以6-甲基香豆素为原料,经 NBS 溴代得6-溴甲基香豆素[11],再经 Sommelet 反应制备6-甲酰基香豆素,采用亚硫酸氢钠对粗品进行纯化。

合成工艺如下。

(1) 中间体6-溴甲基香豆素的合成

将一定量的6-甲基香豆素和四氯化碳混合溶解后,迅速加入 NBS,用 100 W 白炽灯照射反应液,回流反应一段时间后,薄层色谱跟踪至反应完全,反应液放置过夜析出,过滤,无水乙醇重结晶,干燥得到白色片状晶体6-溴甲基香豆素,收率63.5%,熔点150~152℃。

(2) 6-甲酰基香豆素的合成

将一定量的6-溴甲基香豆素、乌洛托品、冰乙酸和水混合,加热回流反应一段时间,冷却后,缓慢滴加浓盐酸,继续回流一段时间后静置析出,过滤,粗品以亚硫酸氢钠法提纯得到白色针状晶体6-甲酰基香豆素,产率58.8%,熔点189~191℃,含量98.6%(HPLC)。产物经红外光谱测试分析结果如下。IR(cm^{-1}):1724(C=O),1689(O—C=O),1603(芳环 C=C),1157(内酯 C—O),839(Ar—H)。

参 考 文 献

[1] Delépine M.. Sur 1′ heexamethylene - amine (suite) Solubilitieshydrate bromure sulfate phosphate [J]. Bull. Soc. Chim. Paris, 1895, 13: 352-355.

[2] Delépine M.. Sur une nouvelle méthode de préparation desamines primarise[J]. Bull. Soc. Chim. Paris, 1897, 17: 292-295.

[3] Jie Jack Li. Name Reaction[M]. Springer-Verlag Berlinheidelberg, 2009: 171.

[4] Somemelet M.. Decompsition of alkyl halide addition products of hexamethylenetramine [J]. Compt. Rend., 1914, 157: 852-854.

[5] 〔美〕李杰. 有机人名反应及机理[M]. 荣国斌译. 上海: 华东理工大学出版社, 2003: 381.

[6] Pal S, Pal S C. Single-pot conversion of an acid to the corresponding 4-chlorobutyl ester[J]. Acta Chimica Slovenica, 2011, 58(3): 596-599.

[7] Singh I, Heaney F. Solid phase strain promoted "click" modification of DNA via [3+2]-nitrile oxide - cyclooctyne cycloadditions[J]. Chemical Communication, 2011, 47(9): 2706-2708.

[8] Bhunia S C, Patra G C, Pal S C. Reimer-Tiemann reaction of coumarins[J]. Synthetic Communications, 2011, 41(24): 3678-3682.

[9] Jainamma K M, Sethna S. Formylcoumarins[J]. Journal of the Indian Chemical Society, 1973, 50(9): 606-608.

[10] 孔祥文, 张源, 张静, 等. 6-甲酰基香豆素的合成及提纯[J]. 科学技术与工程, 2012, 12(30): 7993-7994.

[11] 祁刚, 屠树滋. 香豆素噻唑烷二酮类化合物的合成[J]. 精细化工, 2007, 24(7): 714-716.

6.7 吲哚醌合成反应

6.7.1 Baeyer 合成法

1878 年，德国的有机化学家 Adolf Von Baeyer 首先利用化学方法完成了靛红的合成。以邻硝基苯甲醛和丙酮为原料，经 Claisen-Shmidt 反应得到 4-(2-硝基苯基)丁烯-2-酮，然后闭环得到靛红[1]。从此，在植物中提取靛红的方法逐步被有机合成的方法所取代。

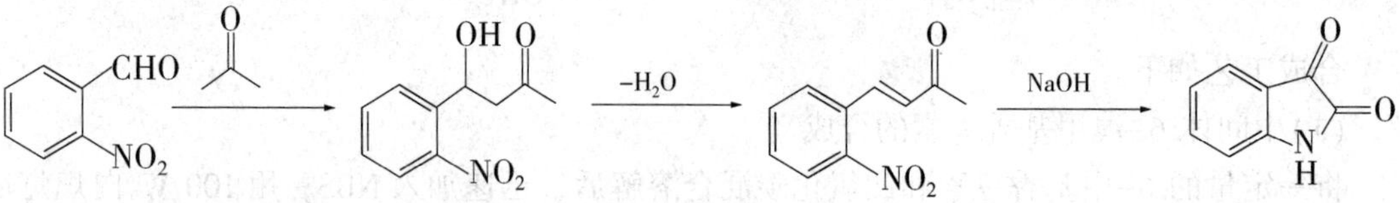

6.7.2 Claisen 合成法

1879 年，Claisen[2] 等人以邻硝基苯甲酰氯为底物，与氰化钾反应，经过亲核取代、水解、环合等三步反应以高产率得到靛红。

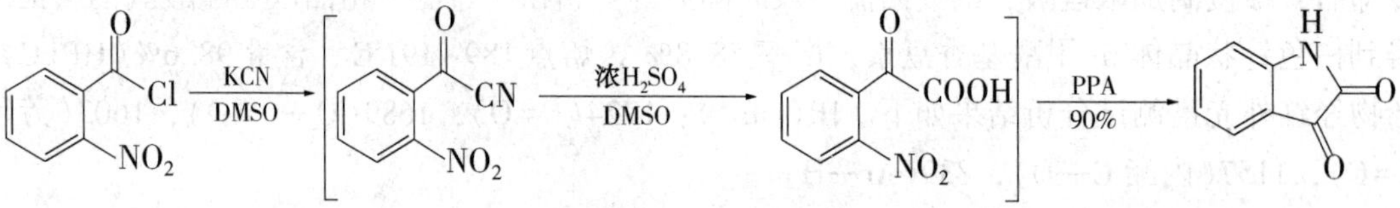

6.7.3 Sandmeyer 合成法

以苯胺为原料，在饱和硫酸钠水溶液中，加入水合三氯乙醛和盐酸羟胺，反应得到肟基乙酰苯胺，再在浓硫酸存在下闭环得到靛红[3]。此方法的原料易得且产率比较高，反应条件温和，所以具有一定的经济价值，是目前的工业制备方法，但也存在环境污染问题。

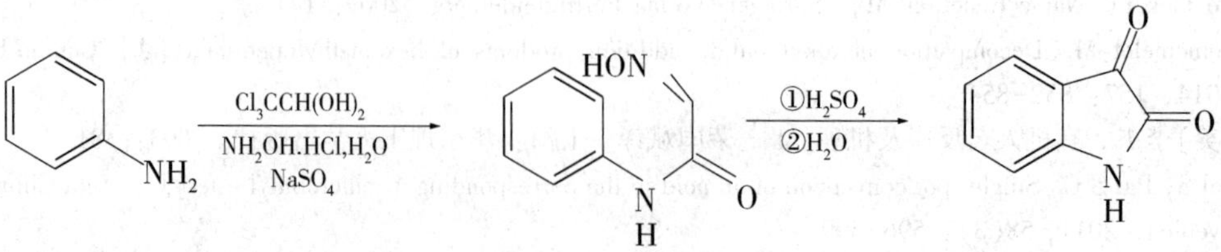

6.7.4 Martinet 合成法

Martinet 合成法是以芳香胺和酮基丙二酸二乙酯为原料，经胺解、Friedel-Crafts 反应、水解、脱羧等反应得到靛红及其衍生物[4]。

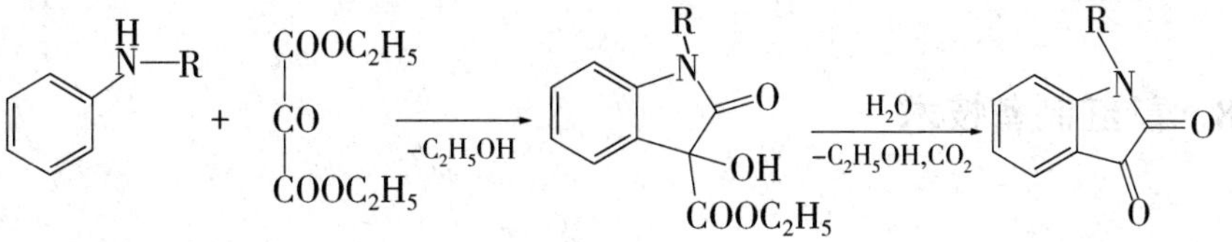

6.7.5 Stoll 合成法

苯胺与草酰氯经胺解反应，再在 Lewis 酸存在下经 Friedel-Crafts 反应得到靛红及其衍生物[5]。

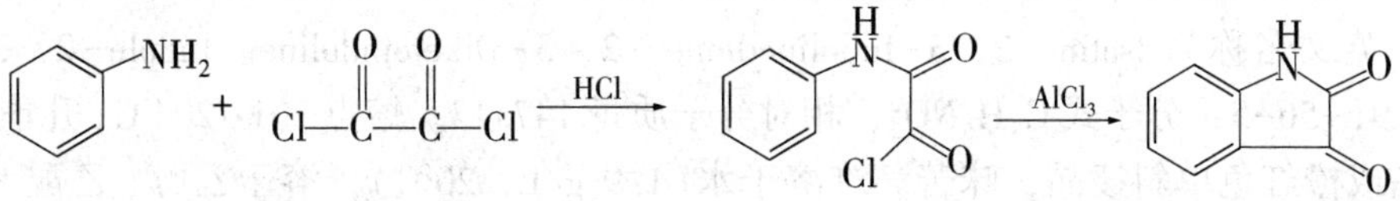

N-叔丁氧基羰基苯胺在正丁基锂存在下与草酸二乙酯进行酰化反应，再在盐酸存在下胺解闭环得到靛红。

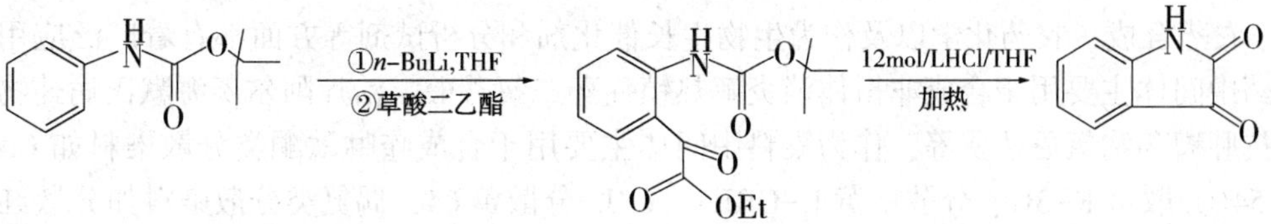

6.7.6 过渡金属催化合成法

2010 年 Tang[6]等人报道了一种合成靛红的新方法，以 N-甲基-α-氧代乙酰苯胺为原料，用 $CuCl_2$ 作为催化剂，经分子内 Friedel-Crafts 酰基化反应得到 N-甲基靛红，在氧气的存在下，收率 80%~90%。如果把氧气换成空气等其他气体，结果却并不令人满意。

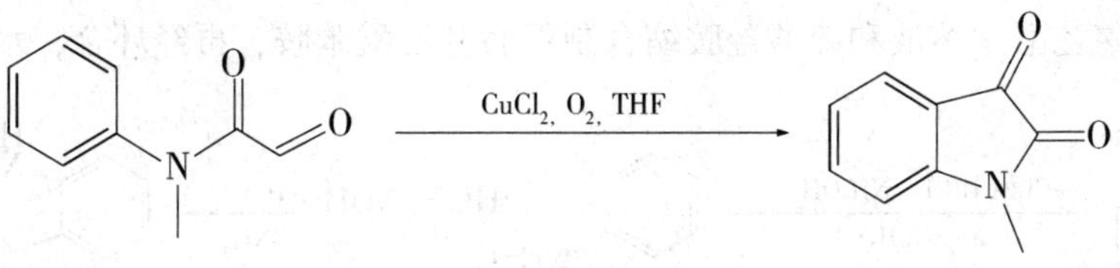

6.7.7 Gassman 合成法

苯胺及其衍生物与甲硫基乙酸酯反应闭环生成 3-甲硫基-2-羟基吲哚，然后经 NCS 氯化得到 3-甲硫基-3-氯-2-羟基吲哚，再经氧化得到靛红，同时也有相应的副产物邻氨基苯甲酸衍生物生成[7]。

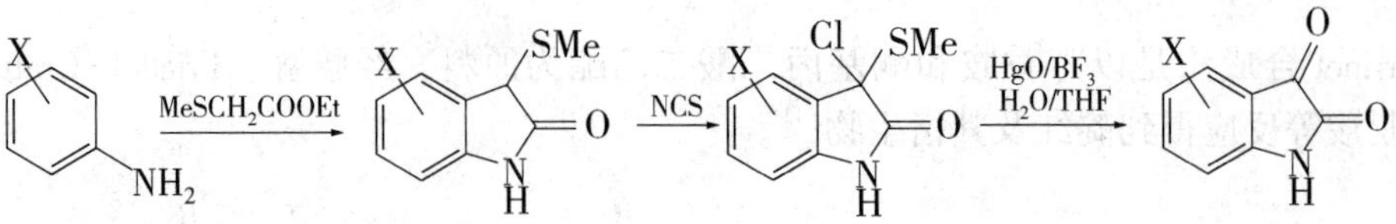

6.7.8 靛红制备技术

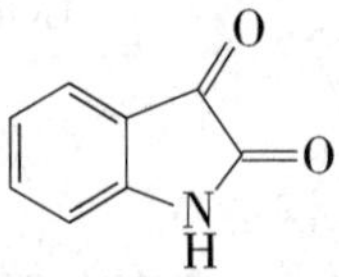

1. 概述

靛红，又名吲哚醌、菘蓝、氧化靛精。化学名称为2，3-二酮二氢吲哚、二氢吲哚-2，3-二酮。英文名称为Isatin、2，3-Indolinedione、2，3-Diketoindoline、Indole-2，3-dione。CAS No. 91-56-5，分子式$C_8H_5NO_2$，相对分子质量147.13。熔点201~204℃（升华），呈黄红色结晶或橙红色单斜棱晶，味苦。难溶于水（1.9 g/L，20℃），溶于乙醇、乙醚和浓碱溶液。易溶于沸乙醇。

靛红最早在植物中被发现，它是一种重要的天然产物，广泛分布在植物和人体以及动物当中，具有多种生物活性，在生物体内起着重要的作用。靛红及其衍生物还在染料、颜料、医药、农药合成、农药化学以及作为生物生长催化剂和分析试剂等方面都有着广泛应用。作为医药中间体主要用于合成非甾体消炎解热镇痛药二氯芬酸、治疗阿尔茨海默氏病药物他克林、抗肿瘤药物氯尼达明等，作为染料中间体主要用于合成喹啉酞酮类分散染料如C.I.分散黄54（分散黄E-3G、分散艳黄E-GRL）、C.I.分散黄64，偶氮类分散染料如分散红BBL（C.I.分散红82）、分散蓝H-4G、分散蓝M-2RL，其中合成原料之一——4-硝基-2-氰基苯胺可采用靛红为原料合成，靛红硝化得5-硝基靛红，然后经羟胺肟化得5-硝基靛红-3-肟，继而热分解得4-硝基-2-氰基苯胺；作为颜料中间体主要用于合成替代重金属氧化物颜料铬黄的低毒颜料如三菱公司开发的Dialight黄GR[8]。也用于检验亚铜和银的沉淀剂，光度法测定噻吩、硫醇、尿蓝姆和脯氨酸的试剂。

2. 制备技术

苯胺、三氯乙醛水溶液和硫酸羟胺缩合制得肟基乙酰苯胺，再经环合，水解制得靛红。

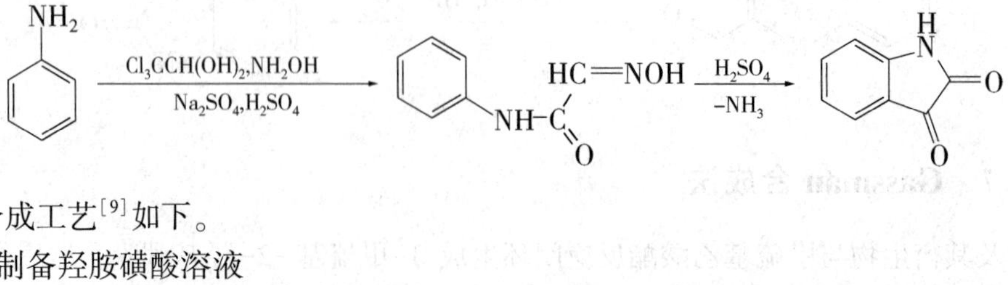

其合成工艺[9]如下。

（1）制备羟胺磺酸溶液

首先将84kg亚硝酸钠溶于500kg水中，立即加入300kg冰，并快速加入627kg含有

24.5%二氧化硫(2kmol)的碳酸钠溶液。在短时间内将温度从-5℃加热到20~22℃，反应1.5h。将66kg浓硫酸和66kg水滴加到冷却的混合物内，直至刚果纸的溶液变为明显的蓝色，可得到羟胺磺酸溶液。

(2) 制备肟基乙酰苯胺

将制备的450kg羟胺磺酸溶液回流3~4h，后者转化为硫酸羟胺。向其中加入10kg苯胺、350kg水和16.5kg水合氯醛，加热沸腾反应1h。然后迅速冷却混合物，滤出有光泽的浅黄色晶体的肟基乙酰苯胺，用水洗涤，并干燥。

(3) 制备靛红

将50kg浓硫酸加热到60℃，在搅拌的同时分批加入10kg异亚硝基乙酰苯胺(注意每次添加后发生自加热后温度不能超过65℃)。加热10~15min后，将温度提升至75℃，然后冷却，加入160kg冷水快速稀释，在完全冷却后，过滤，用冷水洗涤，干燥，可得到红色的靛红晶体。

参 考 文 献

[1] Baeyer A.. Synthese des Oxindols[J]. Ber., 1878, 11: 582-584.

[2] Claisen I., Shadwell J. Synthese des Isatins[J]. Ber., 1879, 12: 350-365.

[3] Sandmeyer T. Uber Isonitrosoacetanilide und deren Kondensation zu Isatinen[J]. Helvetica Chimica Acta, 1919, 2(1): 234-242.

[4] Kenner. C. RiceBetty, J. Boone Alann, B. Rubin; T, J. B. Rauls; Synthesis, antimalarial acibity and photo to xicity of some. benzo[h]quinoline-4-methanols[J]. J. Med. Chem, 1976, 19(7): 887-892.

[5] Welstead Jr W J. Method of enhancing memory or correcting memory deficiency with arylamido (and arylthioamido)-azabicycloalkanes: US, 4605652[P]. 1986-8-12.

[6] Bo-Xiao Tang, Ren-Jie Song, Jin-Heng Li. Copper-Catalyzed Intramolecular C-H Oxidation Acylation of Formyl-N-arylformamides Leading to Indoline-2, 3-diones[J]. J. Am. Chem. Soc., 2010, 132: 8900-8902.

[7] P. G. Gassman, B. W. Cue, Jr. I, et al. A general method for the synthesis of isatins. [J]. J. Org. Chem., 1997. (42): 1344-1348.

[8] 闫伟. 靛红衍生物的合成研究及抑菌活性研究[D]. 西安：西北大学, 2009.

[9] Marvel C. S., Hiers G. S.. A Publication of Reliable Methods for the Preparation of Organic Compounds [J]. Org. Synth., 1925, 5: 71.

6.8 吲哚酮合成反应

6.8.1 Uber合成法

Uber合成法是目前最常见的一种制取代吲哚-2-酮化合物的方法。1930年，Uber等[1,2]将苯胺和氯乙酰氯反应生成N-氯乙酰基苯胺，再将N-氯乙酰基苯胺与无水AlCl$_3$和氯化钠高温反应1h后，冷却处理得到2-吲哚酮。

6.8.2 Wolff-Kishner-黄鸣龙还原法

Wolff-Kishner-黄鸣龙还原法是目前最常见的另一种制取代吲哚-2-酮化合物的方法。该方法是先采用Sandmeyer合成法制备靛红衍生物,然后采用Wolff-Kishner-黄鸣龙还原法还原靛红衍生物得到目标化合物吲哚-2-酮衍生物。赖宜生等[3,4]以对氯苯胺为原料与水合氯醛及盐酸羟胺作用生成 N-(4-氯苯基)-2-肟基乙酰胺,然后在浓硫酸作用下进行环合得到5-氯靛红,然后将5-氯靛红直接用体积分数为95%的工业乙醇代替无水乙醇作溶剂,与水合肼反应得到3-腙基-5-氯吲哚-2-酮后不需分离,直接加入适量固体氢氧化钠,回流脱氮,然后盐酸酸化至pH值为2后,过滤、水洗、干燥便得到5-氯吲哚-2-酮,产率92%。

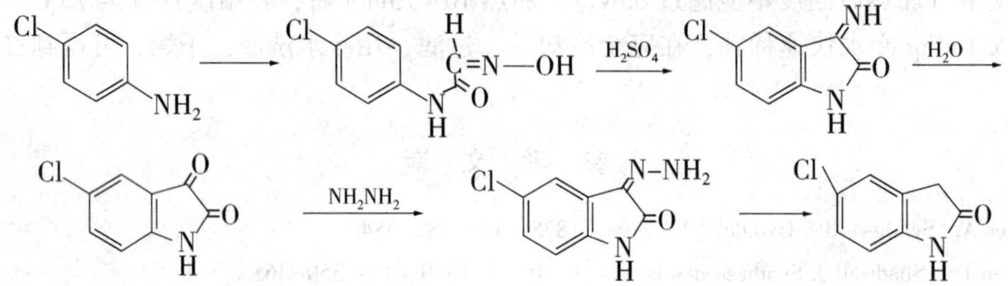

6.8.3 硝基还原直接关环法

硝基还原直接关环法是另一种最常见的合成吲哚-2-酮的方法[5,6]。

N. Kammasud将邻硝基苯乙酸在Pd-C催化条件下,进行加氢还原,再在冰醋酸溶液中回流4h后得到吲哚-2-酮,产率为70%[7]。

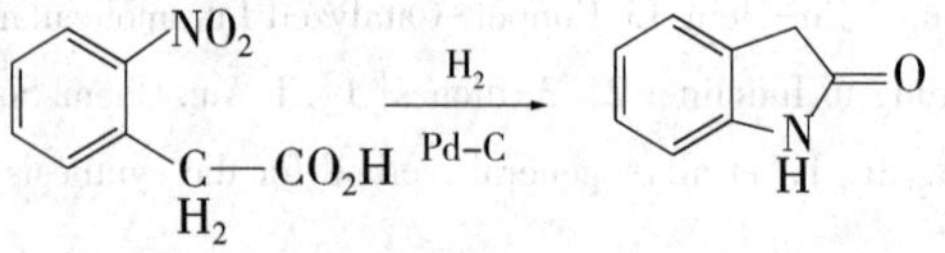

Dinesh[8]以邻硝基苯乙酸为原料,在超临界CO_2中,以锌粉和甲酸铵作为催化剂,一步法合成了吲哚-2-酮。

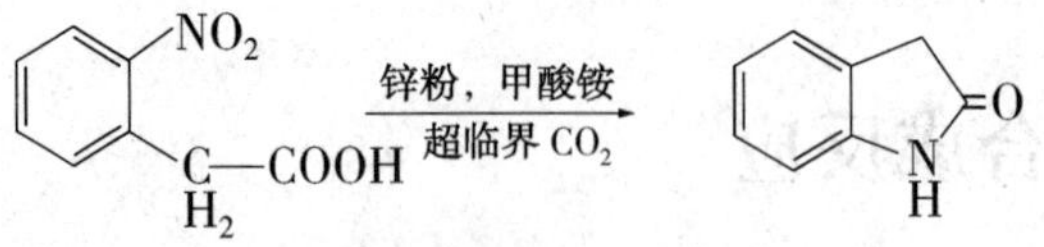

蔡可迎等[9]以邻硝基甲苯为原料在乙醇钠催化下与草酸二乙酯缩合、水解、双氧水氧化、盐酸酸化得到邻硝基苯乙酸,收率62%。然后在水溶液中,以FeO(OH)为催化剂,水合肼还原邻硝基苯乙酸得到氧化吲哚,收率95%。

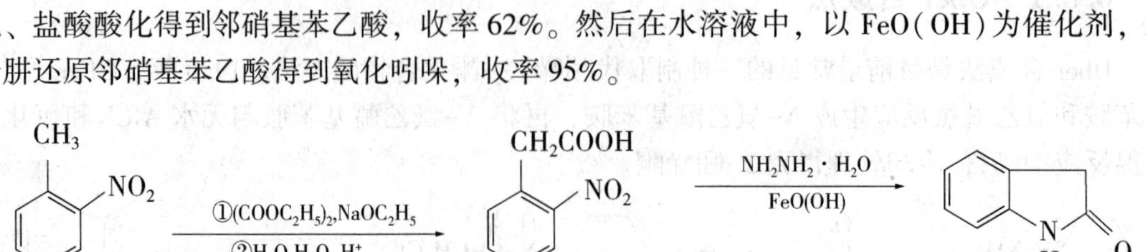

陆建国[10]以4-氯-2-硝基甲苯为原料,用草酸二甲酯代替草酸二乙酯,用保险粉还原硝基,在盐酸溶液中环合,一锅合成了6-氯-吲哚-2-酮,总收率达到50%以上。

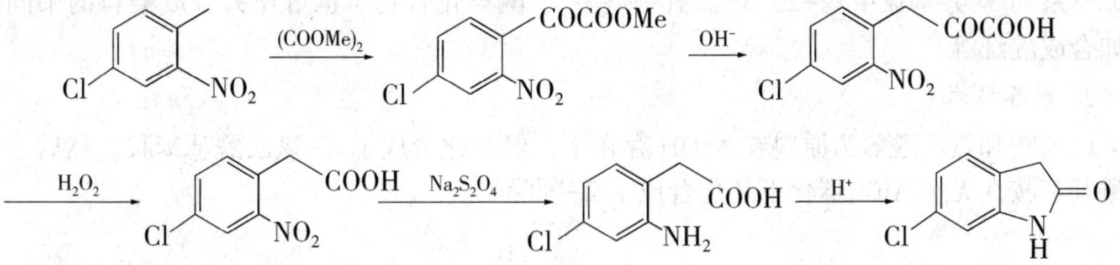

6.8.4 吲哚直接氧化法

以吲哚为原料,通过直接氧化可以得到吲哚-2-酮。Corbet 等[11]用氯过氧化物酶直接氧化吲哚得到吲哚-2-酮。

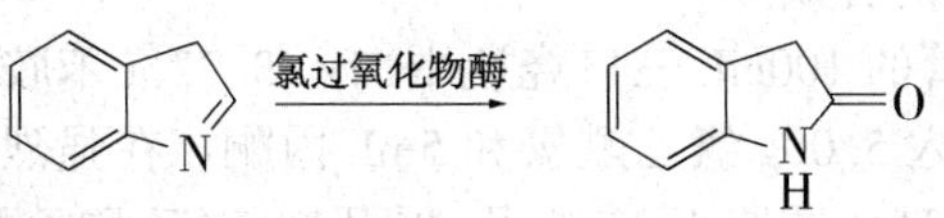

6.8.5 Gassman 合成法

Gassman[12]以4-氟苯胺和甲硫基乙酸乙酯为原料,在-65℃反应得到3-甲硫基-5-氟吲哚-2-酮后经催化加氢得到5-氟吲哚-2-酮。

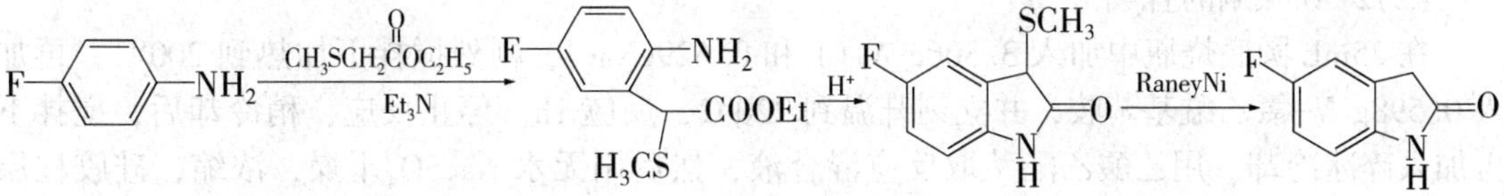

6.8.6 Wolff 重排

Lee[13]以2-重氮喹啉二酮为原料,经金属铑(Ⅱ)催化的 Wolff 重排得到吲哚-2-酮。

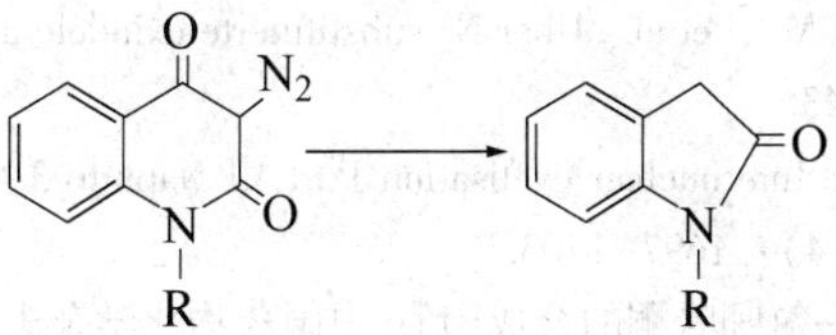

6.8.7 2-吲哚酮制备技术

1. 概述

2-吲哚酮,又名羟吲哚、氧化吲哚。化学名称为1,3-二氢-吲哚-2-酮、2-羟基吲哚。英文名称为 Oxindole、1,3-Dihydro-indol-2-one、1,3-Dihydroindol-2-one、2,3-dihydroindol-2-one。CAS No. 59-48-3,分子式 C_8H_7NO,相对分子质量133.15。熔点123~124℃(分解),呈白色或微黄色结晶粉末。溶于乙醇和乙醚,微溶于水。

2-吲哚酮骨架类似于腺嘌呤结构,其衍生物具有抑制、调节受体激酶和抗肿瘤的活性[14],是合成天然产物和药物的重要中间体[15,16]。例如芳香醛与2-吲哚酮在碱性条件下可合成一系列3-芳基亚甲基-2,3-二氢-吲哚-2-酮类化合物。也可作为合成染料的中间体,例如合成靛红等。

2. 制备技术

以苯胺和氯乙酰氯为原料在NaOH存在下,经酰化合成了N-氯乙酰基苯胺,然后N-氯乙酰基苯胺在无水$AlCl_3$催化下环化合成了2-吲哚酮。

合成工艺[17]如下。

(1) N-氯乙酰基苯胺的合成

在装有10mL平衡滴管的100mL三口烧瓶中加入3.72 g苯胺、2.00g氢氧化钠和25mL丙酮。再在平衡滴管中加入5.00g氯乙酰氯和5mL丙酮。在强烈搅拌和冰浴冷却下打开平衡滴管使其慢慢滴下。用TLC监控反应进程[展开剂V(乙酸乙酯):V(石油醚)= 1:5],2h后当苯胺反应完全时,停止反应。蒸去丙酮,保留少量溶剂,加入60mL水,用乙酸乙酯萃取,萃取液用无水Na_2SO_4干燥浓缩后,用硅胶柱层析[洗脱液V(乙酸乙酯):V(石油醚)= 1:3]分离得产物N-氯乙酰基苯胺5.52 g,收率81.3%(乙醇重结晶收率73.96%),熔点134.3~134.9℃。

(2) 2-吲哚酮的合成

在25mL圆底烧瓶中加入3.306g $AlCl_3$和0.629g NaCl,剧烈搅拌下加热到200℃,再加入0.598g N-氯乙酰基苯胺,并立刻升温到220℃,反应1h。停止反应,稍冷却后,搅拌下再加入碎冰冷却。用乙酸乙酯萃取反应混合液,然后用无水Na_2SO_4干燥,浓缩,硅胶柱层析[洗脱液V(乙酸乙酯):V(石油醚)= 1:3]分离得产物0.436 g,产率88.3%。熔点125.4~125.7℃(文献值[18]:126~127℃)。

参 考 文 献

[1] Stollé R, Bergdoll R., Luther M., et al.. Uber N-substituierte oxindole and isatine[J]. Journal für praktische Chemie, 1930, 128(1):1-43.

[2] Abramouitch R. A., Hey D. H. Internuclear cyclisation Part Ⅷ Naphth[3:2:1-cd]Oxindoles[J]. Journal of Chemistry Society, 1954, 76(4):1697-1703.

[3] 赖宜生,张奕华,李月珍.5-氯吲哚酮的合成[J].中国药物化学杂志,2003,13(2):99-103.

[4] Zhou F., Zheng J., Dong X., et al. Synthesis and antitumor activities of 3-substituted 1-(5formylfurfuryl) indolin-2-one derivatires[J]. Letters in Organic Chemistry, 2007, 4(8):601-605.

[5] Reddy D. B., Ramesha B. A., Udaya S. K., et al. Synthesis of indolones and quinolonesne, by reductive cyclisation of o-nitroaryl acids using zinc dust and ammonium formate[J]. Journal of Chemical Research, 2008, (5):287-288.

[6] Sun L., Tran N., Liang C., et al. Design Synthesis, and evaluations of substituted 3-[(3-ne or 4-carboxyethylpyrrol-2-yl)methylidenyl]indolin-2-ones as inhibitors of VEGF, FGF, y and PDGF receptor tyrosine kinases[J]. Journal of Medical Chemistry, 1999, 42(8):5120-5130.

[7] Kammasud N., Boonyarat C., Sanphanya K., et al. 5-Substituted pyrido[2, 3-d]pyrimidine, an inhibitor against three receptor tyrosine kinases[J]. Bioorganic &Medicinal Chemistry Letters, 2009, 19(3): 745-750.

[8] Dinesh B. R., Ramesha B. A., Udaya S. K., et al. Synthesis of indolones and quinolones by reductive cyclisation of o-nitroaryl acids using zinc dust and ammonium formate[J]. Journal of Chemical Research, 2008, 5(2): 287-288.

[9] 蔡可迎, 魏贤勇. 氧化吲哚的绿色合成工艺研究[J]. 应用化工, 2006, 35(5): 380-383.

[10] 陆建国. 一锅法合成6-氯吲哚-2-酮[J]. 广东化工, 2014, 41(11): 84.

[11] Corbett M. D., Chipko B. R. Peroxide oxidation of indole to oxindole by chloro peroxidase catalysis [J]. Biochemistry Journal, 1979, 183(1): 269-275.

[12] Paul G. G, Van Bergen T. J.. General method for the synthesis of oxindoles[J]. Journal of America Chemistry Society, 1973, 95(8): 2718.

[13] Lee Y. R., Suk J. Y., Kim B. S.. Efficient synthesis of oxindoles by thermal and rhodium (Ⅱ)-catalyzed Wolff rearrangement[J]. Tetrahedron Letters, 1999, 40(47): 8219-8221.

[14] Bannen L C, Brown S D, Cheng W, et al, Kinase modulators: WO, 2004050681[P]. A2. 2004.

[15] Lee Y R, Suk J Y, Kim B S. Efficient synthesis of oxindoles by thermal and rhodium(Ⅱ)-catalyzed Wolff rearrangement [J]. Tetrahedron Letters, 1999, 40(47): 8219-8221.

[16] 熊俭, 刘婧, 姜凤超. 3-取代2-吲哚酮类化合物的合成与抗肿瘤活性研究[J]. 医药导报, 2005, 24(5): 380-383.

[17] 高文涛, 孟凡磊. 2-吲哚酮合成工艺条件的改进[J]. 精细石油化工, 2007, 24(3): 43-45.

[18] Abramovitch R A, Hey DH. Internuclear cyclisation. Part Ⅷ. Naphth[3, 2, 1-cd]oxindoles[J]. J Chem Soc, 1954, 76: 1697-1703.

第 7 章 开环反应

7.1 环氧开环反应

7.1.1 环氧开环加成

环醚的性质随环的大小不同而异,其中五元环醚和六元环醚性质比较稳定,具有一般醚的性质。但具有环氧乙烷结构的化合物(环氧化合物)与一般醚完全不同。由于其三元环结构所固有的环张力及氧原子的强吸电子诱导作用,使得环氧化合物具有非常高的化学活性,与醇、酚、胺、酸、碱、金属有机试剂、金属氢化物等都能很容易的发生开环反应[1,2]。例如:

环氧丙烷与 Grignard 等各种试剂的开环反应如下。

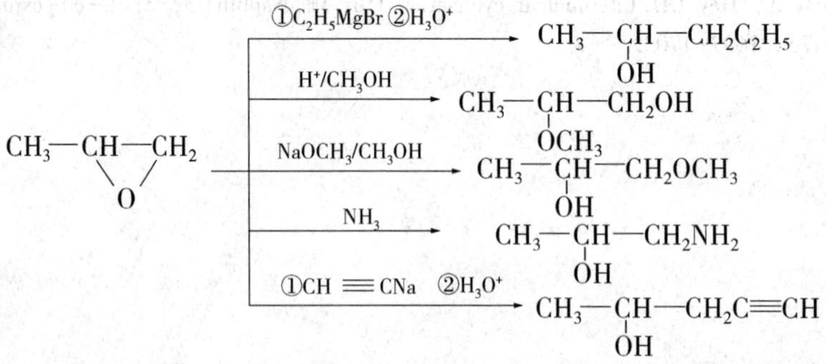

由于环氧乙烷非常活泼,所以在制备乙二醇、乙二醇单乙醚、2-氨基乙醇等化合物时,必须控制原料配比。否则,生成多缩乙二醇、多缩乙二醇单醚和多乙醇胺,例如:

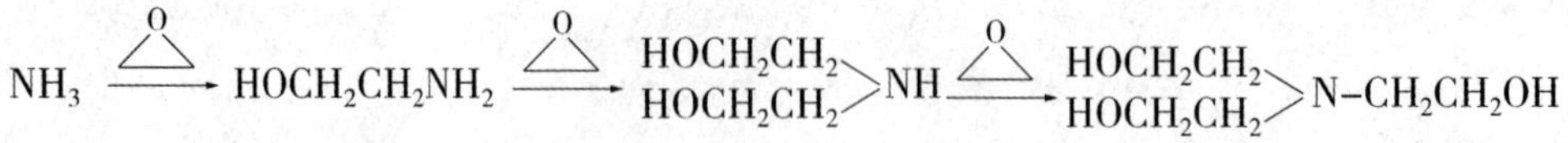

环氧化合物可在酸或碱催化下发生开环反应,即碳氧键的断裂反应。环氧化合物的开环反应的取向主要取决于是酸催化还是碱催化。

酸催化时,环氧化合物的氧原子首先与质子结合生成锌盐,锌盐的形成增强了碳氧键(C—O)的极性,使碳氧键变弱而容易断裂。随后以 S_N1 或 S_N2 反应机制进行反应。对于不对称环氧乙烷的酸催化开环反应,亲核试剂主要与含氢较少的碳原子结合。

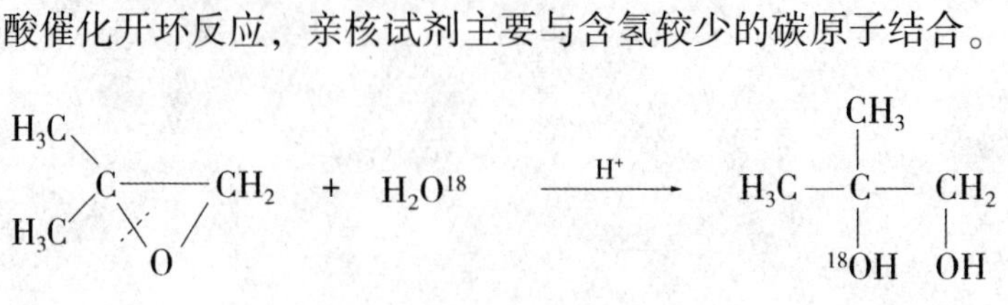

酸催化(S_N1)：

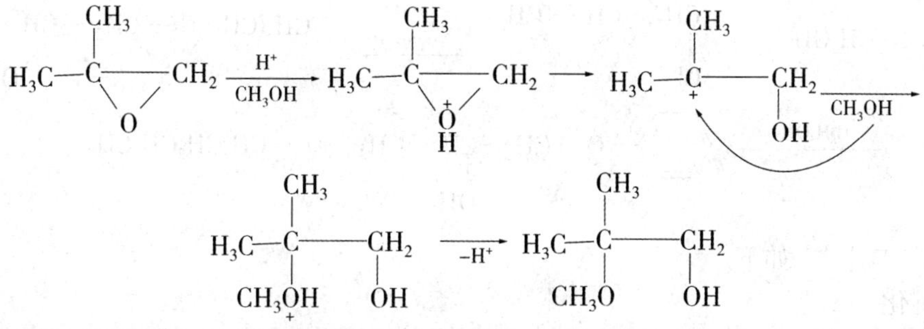

[反应机理示意图：环氧化物在H^+/CH_3OH条件下开环，经过碳正离子中间体，最终生成产物]

碱催化时，首先亲核试剂从背面进攻空阻较小的碳原子，碳氧键异裂，生成氧负离子，然后氧负离子从体系中得到一个质子，生成产物。

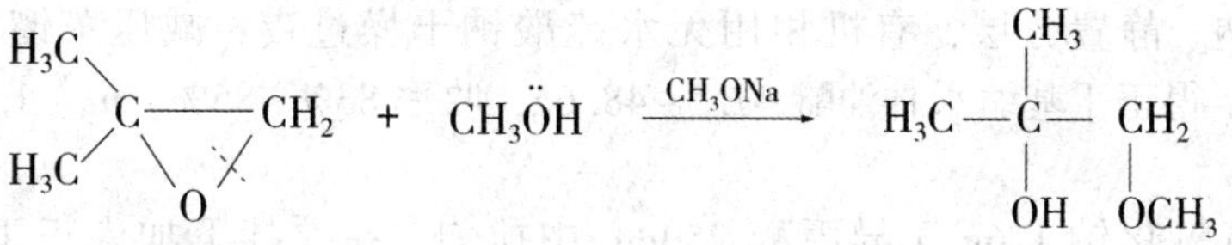

[反应式：环氧化物 + CH_3OH 在 CH_3ONa 催化下生成产物]

碱催化(S_N2)：

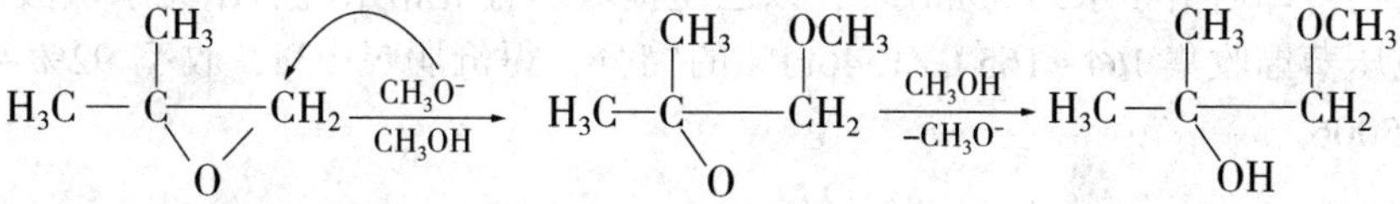

[反应机理示意图]

7.1.2 舒胆灵制备技术

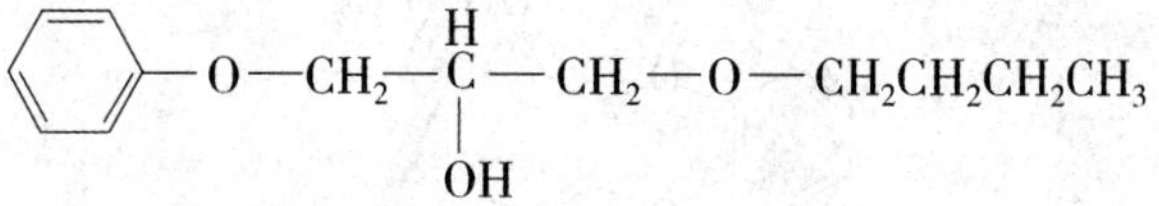

[结构式：苯氧基—CH_2—CH(OH)—CH_2—O—$CH_2CH_2CH_2CH_3$]

1. 概述

舒胆灵(Valbil)又称非布丙醇(Febuprol)，化学名称为1-丁氧基-3-苯氧基-2-丙醇，英文名称为1-Butoxy-3-phenoxy-2-propanol。分子式$C_{13}H_{20}O_3$，相对分子质量为224.30。无色或微黄色透明油状液体。有刺激性辣味。相对密度1.027。沸点165℃(1.47kPa)，折射率1.5004。易溶于甲醇、乙醇、氯仿、丙酮、乙醚，几乎不溶于水。本品为利胆药，用于胆囊炎、胆道感染、胆石症、胆囊术后综合征。

2. 制备技术

由苯酚在碱性条件下与环氧氯丙烷缩合，生成1,2-环氧-3-苯氧基丙烷，再与正丁醇作用制得：

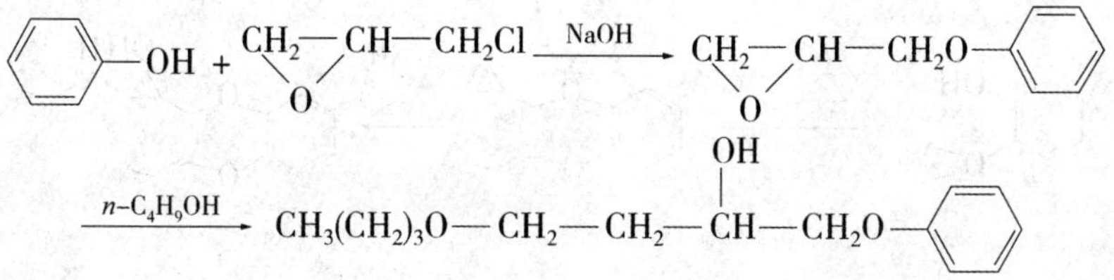

[反应式：苯酚 + 环氧氯丙烷 在NaOH条件下生成1,2-环氧-3-苯氧基丙烷，再与 n-C_4H_9OH 作用生成 $CH_3(CH_2)_3O$—CH_2—$CH(OH)$—CH_2—O—苯基]

由正丁醇与环氧氯丙烷醚化,再与苯酚作用开环得舒胆灵:

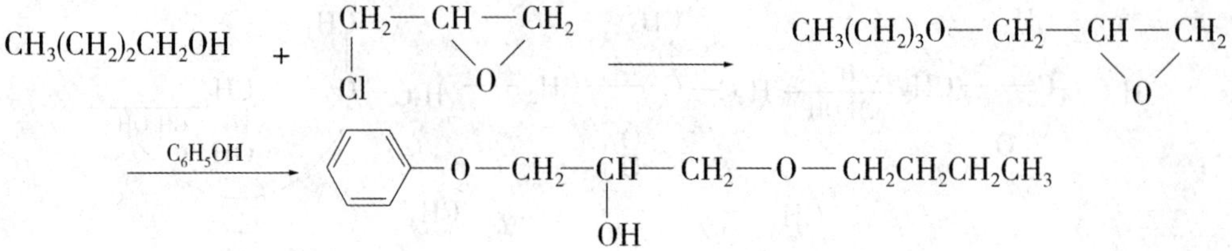

$$CH_3(CH_2)_2CH_2OH + \underset{Cl}{CH_2}-\underset{O}{CH}-CH_2 \longrightarrow CH_3(CH_2)_3O-CH_2-\underset{O}{CH}-CH_2$$

$$\xrightarrow{C_6H_5OH} C_6H_5-O-CH_2-\underset{OH}{CH}-CH_2-O-CH_2CH_2CH_3$$

其生产工艺[3-5]如下。

(1) 醚化

正丁醇74g和三氟化硼乙醚物0.4mL混合后,于75℃下搅拌,滴加环氧氯丙烷47.6g,滴加完毕,继续保温搅拌0.5h,冷至20℃以下,反应液用20%氨水调节pH值至5,减压蒸出过量的正丁醇,回收,残液中加入50%氢氧化钠水溶液60g至中性,于25℃±5℃搅拌4~5h,滤除氯化钠。静置分层,有机相用无水硫酸钠干燥过夜,减压蒸馏收集56~58℃/2.4kPa的馏分,得正丁基缩水甘油醚47.5~48.6g,收率83%~85%,n_D^{20} 1.4172~1.4176。

(2) 开环

将研细的氢氧化钠1.6g于异丙醇250mL中搅匀,在搅拌下加入正丁基缩水甘油醚46.8g和苯酚28.2g,于氮气保护下回流搅拌反应7~8h。反应毕,在氮气保护下减压回收异丙醇,剩余物冷却后溶于水约35mL中,以乙醚提取。有机相水洗后用无水硫酸钠干燥,回收溶剂后减压蒸馏收集164~165℃/1.46kPa的馏分,得舒胆灵63g,收率92%~95%,n_D^{20} 1.5002~1.5006。

7.1.3 心得平制备技术

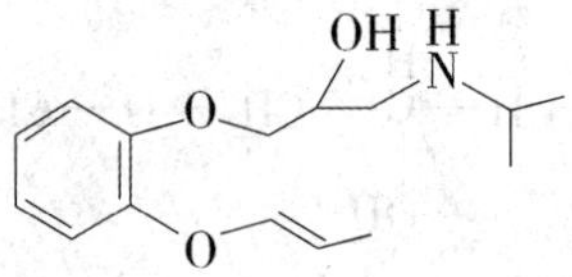

1. 概述

心得平,又称氧烯洛尔、烯丙氧心得,化学名称为1-(异丙氨基)-2-羟基-3-(邻丙烯氧苯氧)丙烷盐酸盐,分子式为$C_{15}H_{23}NO_3 \cdot HCl$,相对分子质量为301.8。本品为白色结晶性粉末,无臭,有苦味。极易溶于水,易溶于冰醋酸、甲醇、乙醇及氯仿,难溶于异丙醇,极难溶于苯及乙醚。水溶液(1%)pH值5.1~6.1,熔点106~109℃。用于治疗心绞痛及心律不齐、窦性心动过速、室上性心动过速、室性期前收缩[6]。

2. 制备技术

邻苯二酚单丙烯基醚与环氧氯丙烷在碳酸钾存在下,以丙酮为溶剂,发生醚化反应得3-(邻丙烯氧苯氧)-1,2-环氧丙烷,然后与异丙胺发生开环加成,最后成盐得心得平。

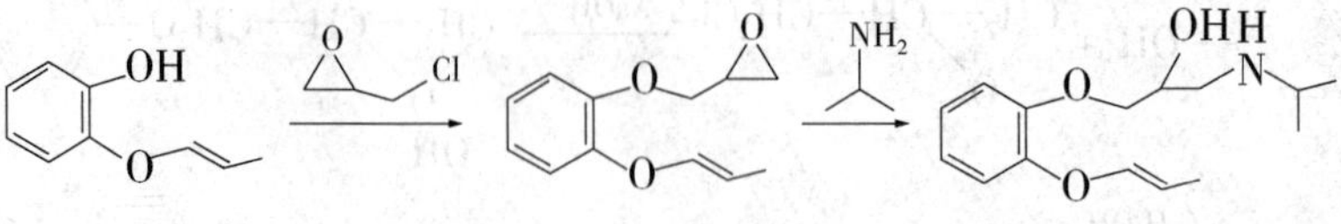

其生产工艺[7]如下。

将丙酮400mL和邻苯二酚单丙烯基醚75g、环氧氯丙烷75g、碳酸钾75g混合,回流反应12h后过滤,滤液减压浓缩,残留物溶于乙醚,用80g氢氧化钠水溶液洗净,干燥蒸去乙醚后,可得3-(邻丙烯氧苯氧)-1,2-环氧丙烷,沸点145~157℃(11×133.3 Pa)。

取3-(邻丙烯氧苯氧)-1,2-环氧丙烷15g、异丙胺15g溶于乙醇20mL中,回流反应5h后,减压浓缩,得1-(异丙氨基)-2-羟基-3-(邻丙烯氧苯氧)丙烷。熔点75~80℃(用己烷重结晶)。再按常法制成盐酸盐即为产品,熔点10.7~10.9℃。

参 考 文 献

[1] 孔祥文. 有机化学[M]. 2版. 北京:化学工业出版社,2018:273-276.
[2] 孔祥文. 有机化学反应和机理[M]. 北京:中国石化出版社,2018:91-95.
[3] Miguel I. S., Maria L. L. De P., Ulpiano M. -E. P. Procedimiento De Obtencion De Un Derivado De Fenilglicidil Eter:西班牙,490269[P]. 1981-05-16.
[4] Hoffmann H, Grill H, Wagner J, et al. Method For Effecting Increased Bile Flow Comprising Orally Administering Choleretic Medicaments Containing 1-Phenoxy-3-Alkoxy-Propanols:US,3839587[P]. 1974-10-01.
[5] 李瑞英,王京昆,李祥杰,等. 利胆药非布丙醇的合成[J]. 中国医药工业杂志,1991,22(8):347-371.
[6] 张磊,刘佳佳,张晓平,等. 盐酸阿罗洛尔合成工艺改进[J]. 药学进展,2013,03:137-140.
[7] 陈欢生,陈宇,竺伟. 盐酸索他洛尔的合成[J]. 中国医药工业杂志,2013,03:221-223.

7.2 水解开环技术(双氯芬酸钠制备技术)

1. 概述

双氯芬酸钠,双氯灭痛(Diclofenac sodium),别名服他灵、阿米雷尔,化学名称邻-(2,6-二氯苯胺基)苯乙酸钠,英文名称为 Antine、Blesin、Dichronic、Diclac、Diclofanac Sodium、Diclofenamate Sodium、Difene、Kriplex、Luck、Novolten、Olfen、Valetan、Voltarol、Voren、Votalin。呈白色、无臭、易吸潮的结晶性粉末。它是近年来筛选出的新型强效灭酸类解热镇痛药,其消炎、镇痛、解热作用比消炎痛强2.0~2.5倍,比阿斯匹林强26~50倍,且个体差异小,口服疗效显著。自1975年第八届欧洲风湿病学会上全面报告了它的药理和临床结果后,英、法、意、日、德均已投入批量生产[1]。双氯芬酸钠(双氯灭痛)是强效消炎镇痛药,我国在20世纪80年代中期上市[2]。

2. 制备技术

双氯芬酸钠的合成路线有多种:①邻卤苯乙酸或其衍生物与2,6-二氯苯胺经缩合等步骤得到产物[3];②1-(2,6-二氯苯基)吲哚-2,3-二酮,经选择性还原,去除3位的羰基,然后碱性水解得到产物[4];③邻卤苯甲酸与2,6-二氯苯胺缩合得2-(2,6-二氯苯氨基)苯甲酸，再用重氮甲烷或氰化钠等为碳源，增加一个碳原子得到产物[5]；④2,2,6,6-四氯环己酮与邻氨基苯酸缩合形成希夫碱，经脱卤化氢、芳构化，形成产物[6]；⑤以2,6-二氯二苯胺和氯乙酰氯为主要原料，经酰化、分子内付-克烷基化，得到1-(2,6-二氯苯基)二氢吲哚-2-酮，经碱性水解开环得到产物[7,8]。

目前国内的非甾体抗炎镇痛药双氯芬酸钠(双氯灭痛)的工业合成是由N-苯基-2,6-二氯苯胺经1-(2,6-二氯苯基)-1,3-二氢吲哚-2-酮水解开环而得[9]。

生产工艺[10]如下。

(1) N-苯基-N-(2,6-二氯苯基)氯乙酰胺的合成

在250mL三颈瓶上安装电动搅拌装置、温度计、回流冷凝管、无水氯化钙干燥管和有害气体吸收装置。在干燥的反应瓶中，加入23.8g(0.100 mol) N-苯基-2,6-二氯苯胺和一定量的氯乙酰氯。搅拌、加热至一定温度后保温反应，TLC监测至N-苯基-2,6-二氯苯胺消失为止。将反应混合物缓缓倒入30mL95%乙醇中，分解过量氯乙酰氯，溶解有色杂质，在搅拌下冷却至25℃以下，使N-苯基-N-(2,6-二氯苯基)氯乙酰胺结晶完全。抽滤、洗涤、干燥得粗品，为白色粉末状固体，用TLC检验，未见杂质斑点。为了得到分析用的样品，用甲苯重结晶，得到白色晶体，熔点143~144℃(文献[11]143~144℃)。

(2) 1-(2,6-二氯苯基)二氢吲哚-2-酮的合成

实验装置同上。在干燥的反应瓶中加入31.5 g N-苯基-N-(2,6-二氯苯基)氯乙酰胺的粗品(约0.1 mol)，一定量的无水三氯化铝，油浴加热升温，待反应物熔化后开始搅拌，继续升温至一定温度后保温反应，TLC监测至N-苯基-N-(2,6-二氯苯基)氯乙酰胺消失为止。将反应混合物倒入冰水，进行水解，边倒边搅，析出1-(2,6-二氯苯基)二氢吲哚-2-酮的粗品。充分冷却，抽滤，水洗，得1-(2,6-二氯苯基)二氢吲哚-2-酮的粗品，为土黄色固体。用甲醇重结晶，活性炭脱色，得白色晶体1-(2,6-二氯苯基)二氢吲哚-2-酮，熔点124~125℃(文献[11]124~125℃)。

(3) 双氯芬酸钠的合成

在250mL三颈瓶上安装电动搅拌装置和回流冷凝管，加入27.8g(0.100 mol) 1-(2,6-二氯苯基)二氢吲哚-2-酮、一定量的氢氧化钠溶液和催化剂。搅拌回流一定时间，趁热倒入烧杯中冷却结晶。抽滤、水洗得双氯芬酸钠的粗品，为略显粉色的片状晶体。用水重结晶，活性炭脱色，得白色片状晶体双氯芬酸钠。熔点281~283℃(文献[11]：280~283℃)。

参 考 文 献

[1] 汪欧化，周兆林，魏广斌. 双氯灭痛的合成研究[J]. 徐州师范学院学报：自然科学版，1992，10(1)：32-34.

[2] 傅建龙，王克柔，曾汉维. 双氯芬酸钠合成研究[J]. 中国医药工业杂志，1995，26(3)：97-98.

[3] Nohara F. Process for preparation of o-(2,6-dichloroanilino)phenylacetic acid and novel intermediate for use in preparation of the same：US, 4283532[P]. 1981-01-11.
[4] Sallmann A., Pfister R.. Substituted derivatives of 2-anilinophenylacetic acids and a process of preparation：US, 3558690[P]. 1971-01-26.
[5] Yokogoshi K., Watanabe M., Nishimura M., et al. Preparation of substituted phenylacetic acid derivative：JP, 55108845[P]. 1980-08-21.
[6] 陈芬儿, 戴惠芳, 陈旭翔, 等. 双氯芬酸钠的合成方法：CN, 1580039A[P]. 2005-02-16.
[7] Grafe I., Schickaneder H., Ahrens K. H.. Process for the preparation of 2,6-dichlorodiphenylaminoacetic acid derivatives：US, 4978773[P]. 1990-12-18.
[8] 魏文珑, 温艳珍, 杜翠红, 等. 双氯灭痛合成新工艺的研究[J]. 太原理工大学学报, 2004, 35(6)：710-716.
[9] 陈芬儿, 万江陵, 管春生, 等. 双氯芬酸钠合成工艺研究[J]. 中国医药工业杂志, 1995, 26(4)：145-146.
[10] 秦丙昌, 陈静, 廖新成, 等. 双氯芬酸钠合成工艺研究[J]. 应用化工, 2008, 37(3)：275-278, 297.
[11] Moser P., Sallmann A., Wiesenberg I. Synthesis and quantitative structure-activity relationships of diclofenac analogues[J]. JMedChem, 1990, 33(9)：2358-2368.

7.3 吲哚醌开环反应

7.3.1 4-氨基喹啉的 Friedländer 合成法

邻氨基芳香腈是一类非常有用的双官能团化合物，相邻的氨基、氰基的推、拉电子效应赋予整个体系特有的化学性质，由此可以合成一系列含氮杂环化合物。这类物质的典型转化是它与羰基底物经由 Friedländer 缩合制备 4-氨基吡啶及其相关衍生物。有意思的是当用 2-氨基-5-硝基苯甲腈(1)与环己酮(2)在氯化锌催化下回流制备抗老年痴呆药物他克林的 7-硝基衍生物时，除了得到预期的目标物 3 外，还得到一种浅黄色的固体。当改变底物结构时，依然可以得到除预期目标物外的相似结构的浅黄色固体。这类新产物的骨架结构早期被认为是 2H-3,1-苯并噁嗪(4)，但随后将该物质的骨架结构调整为喹唑啉酮 5[1]。

由邻氨基腈类化合物与酮反应合成喹啉是 Friedländer 反应中重要的一类。采用常规加热方法，不但需要较高的反应温度，而且耗时较长。采用微波促进该类 Friedländer 环化反应，可以显著降低反应温度，缩短反应时间。另外，在微波激励下，除了得到喹啉，还得到了另一杂环化合物——2,3-2H-喹唑啉-4-酮[2]。

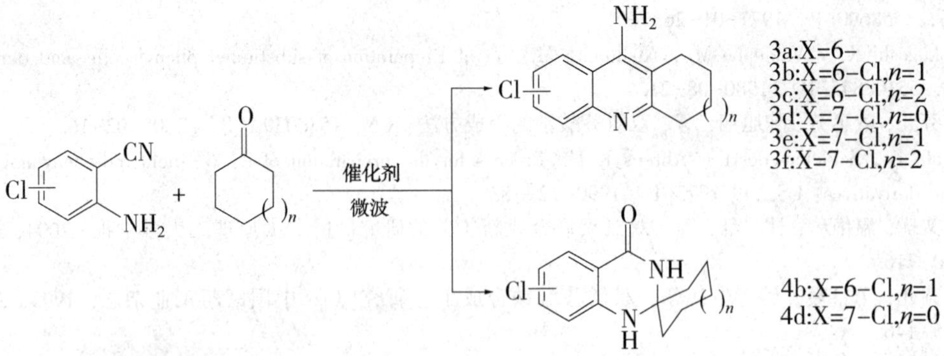

7.3.2 他克林制备技术

1. 概述

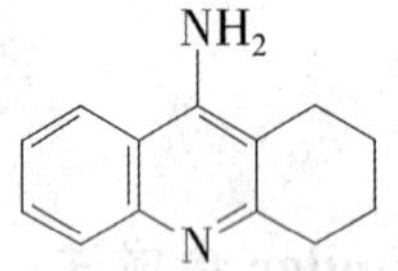

他克林(Tacrine)，又称呆克宁，单满吖啶氨，化学名称为9-氨基-1,2,3,4-四氢吖啶，英文名称为1,2,3,4-Tetrahydro-5-aminoacridine，1,2,3,4-Tetrahydro-9-acridinamin，1,2,3,4-Tetrahydro-9-amino-acridin，1,2,3,4-Tetrahydro-9-aminoacridine，5-Amino-6,7,8,9-Tetrahydroacridine。CAS No.321-64-2，分子式 $C_{13}H_{14}N_2$，相对分子质量为198.26。从烯醇得八面结晶体，熔点183~184℃。是日本盐野义制药株式会社研发的乙酰胆碱酯酶抑制剂，可抑制乙酰胆碱水解，提高脑胆碱能神经元功能，改善脑的代谢功能，增强认识能力，能够缓解早老性痴呆症。1994年首次在美国批准上市，临床用于治疗阿尔兹海默病[3]。

2. 制备技术

靛红和盐酸羟胺反应制得靛红-3-肟，靛红-3-肟在环丁砜中经氧化锌催化裂解得到邻氨基苄腈，邻氨基苄腈和环己酮在无水氯化锌及苄基四乙基氯化铵(TEBA)作用下于140℃反应0.5h，制得他克林，总收率约56%。

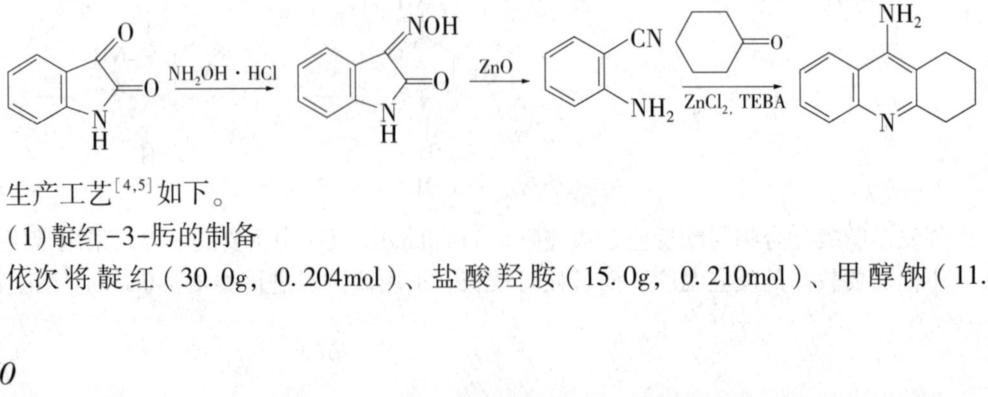

生产工艺[4,5]如下。

(1) 靛红-3-肟的制备

依次将靛红(30.0g, 0.204mol)、盐酸羟胺(15.0g, 0.210mol)、甲醇钠(11.4g,

0.210mol)和水(300mL)加至500mL三颈瓶中，搅拌下加热回流30min。冷却至室温，抽滤，滤饼用水洗涤后烘干，再经乙醇重结晶，得金黄色固体靛红-3-肟(31.4g，94.9%)，熔点222~224℃(文献[6]：收率90.7%，熔点222~224℃)。

(2)他克林的制备

靛红-3-肟(17.1g，0.105mol)、环丁砜(13.1g)和氧化锌(0.91g，0.011mol)加至500mL三颈瓶中。搅拌下加热至160℃，固体全熔后加热至180℃反应0.5h。冷却至室温，得到的邻氨基苯腈无需分离，用环己酮(210mL，2.028mol)缓慢淋洗上步反应的冷凝器(考虑到邻氨基苯腈沸点较低且较黏稠，故此淋洗冷凝器)，并加至反应瓶中。安装分水器，加热至回流0.5h。冷却至室温，加入无水氯化锌(14.4g，0.106mol)和TEBA(1.1g，0.004mol)，搅拌加热至140℃反应0.5h，冷却至室温。过滤，滤饼用无水乙醇(7mL×2)洗涤2次，加至水(270mL)中。冰水浴中加30%氢氧化钠水溶液(约64mL)调至pH值≥10。过滤，滤饼用水洗至近中性，加至无水乙醇(210mL)中，回流5~10min，趁热抽滤。滤液减压蒸干，剩余物用甲苯重结晶，得淡黄色固体他克林(12.9g，56.2%)，熔点182.9~183.1℃(文献[7]：收率41.2%，熔点180~182℃)。

参 考 文 献

[1] 杨俊娟，史大昕，刘明星，等．邻氨基芳香腈与羰基化合物的反应机理及其产物的骨架结构[J]．有机化学，2014，34：2424-2437．

[2] 史大昕．微波促进氯代邻氨基苯腈与环酮的反应研究[C]//．中国化学会第26届学术年会有机化学分会场论文集．天津：中国化学会，2008．

[3] 陈卫平，廖永卫．他克林的合成[J]．中国医药工业杂志，1995，26(2)：24-2476．

[4] Lee Thomas B. K . Method for the preparation of 9-amino-1,2,3,4-tetrahydroacridine：EP，500006[P]，1992-08-26．

[5] 张利敏，郭盈杉，张雪宁，等．他克林的合成[J]．中国医药工业杂志，2010，41(1)：4-6．

[6] 李加荣，韩方斌，杨新华，等．他克林及其衍生物的合成与表征[J]．合成化学，2005，13(2)：160-162．

[7] 张惠斌，周金培，黄文龙．他克林的合成研究[J]．中国现代应用药学杂志，2001，18(1)：44-45．

第8章 消除技术

8.1 醇脱水反应

8.1.1 醇脱水

醇在催化剂如质子酸(浓硫酸、浓磷酸)或 Lewis 酸(Al_2O_3等)的作用下,加热可以进行分子内脱水得到烯烃,也可以发生分子间脱水得到醚。以哪种脱水方式为主,决定于醇的结构和反应条件。

醇在较高温度(400~800℃)下,直接加热脱水生成烯烃。若有催化剂如 H_2SO_4、Al_2O_3 存在,则脱水可以在较低温度下进行。一般来说,在酸的作用下,仲醇和叔醇的分子内脱水是按 E1 机理进行。伯醇在浓 H_2SO_4 作用下发生的分子内脱水主要按 E2 机理进行。β-碳上含有支链的伯醇有时按 E1 机理脱水[1]。

在酸催化下,按 E1 机理进行反应的过程如下:

$$-\overset{|}{\underset{H}{C}}-\overset{|}{\underset{OH}{C}}- \xrightarrow[\text{质子化(快)}]{H^+} -\overset{|}{\underset{H}{C}}-\overset{|}{\underset{\overset{+}{O}H_2}{C}}- \xrightarrow[-H_2O]{E_1(\text{慢})} -\overset{|}{\underset{H}{C}}-\overset{|}{\underset{+}{C}}- \xrightarrow[(\text{快})]{-H^+} \diagup C=C \diagdown$$

在酸的作用下醇的氧原子与酸中的氢离子结合成𬭩盐($R\overset{+}{O}H_2$),离去基团由强碱(OH^-)转变为弱碱(H_2O),使得碳氧键易于断裂,离去基团 H_2O 易于离去。当 H_2O 离开中心碳原子后,碳正离子去掉一个 β-质子而完成消除反应,得到烯烃。在上述过程中,碳氧键异裂形成碳正离子一步是速控步,由于碳正离子的稳定性是 $3℃^+>2℃^+>1℃^+$,因此该反应的速率为 $3°ROH>2°ROH>1°ROH$。例如:

$$CH_3CH_2CH_2CH_2OH \xrightarrow[140℃]{75\%H_2SO_4} CH_3CH_2CH_2{=}CH_2+H_2O$$

$$CH_3CH_2\underset{OH}{\underset{|}{C}}HCH_3 \xrightarrow[100℃]{65\%H_2SO_4} CH_3CH{=}CHCH_3+H_2O$$

$$H_3C-\underset{OH}{\overset{CH_3}{\underset{|}{\overset{|}{C}}}}-CH_3 \xrightarrow[85\sim90℃]{H_2SO_4} H_3C-\overset{CH_3}{\underset{|}{C}}{=}CH_2+H_2O$$

当醇有两种或三种 β-氢原子时,消除反应遵循 Zaitsev 规则。例如:

$$CH_3CH_2-\underset{\underset{OH}{|}}{\overset{\overset{CH_3}{|}}{C}}-CH_3 \xrightarrow[87℃]{46\%H_2SO_4} CH_3CH=\overset{\overset{CH_3}{|}}{C}-CH_3 + CH_3CH_2-\overset{\overset{CH_3}{|}}{C}=CH_2$$

Saytzeff产物84%　　　　　　16%

醇在按 E1 机理进行脱水反应时，由于有碳正离子中间体生成，有可能发生重排，形成更稳定的碳正离子，然后再按 Zaitsev 规则脱去一个 β-氢原子而形成烯烃。例如：

$$CH_3CH_2-\overset{\overset{CH_3}{|}}{C}H-CH_2OH \xrightarrow{H^+} CH_3CH_2-\overset{\overset{CH_3}{|}}{C}H-\overset{+}{C}H_2 \xrightarrow[重排]{1,2-氢迁移} CH_3CH_2-\overset{\overset{CH_3}{|}}{\underset{+}{C}}-CH_3$$

伯碳正离子　　　　　　叔碳正离子(更稳定)

$$\downarrow -H^+ \qquad\qquad\qquad \downarrow -H^+$$

$$CH_3CH_2-\overset{\overset{CH_3}{|}}{C}=CH_2 \qquad\qquad CH_3CH=\overset{\overset{CH_3}{|}}{C}-CH_3$$

主要产物

工业上，醇脱水通常在氧化铝或硅酸盐的催化下于 350~400℃ 进行，此反应不发生重排，常用来制备共轭二烯烃。

$$H_3C-\underset{\underset{CH_3}{|}}{\overset{\overset{CH_2CH_3}{|}}{C}}-\underset{\underset{OH}{|}}{\overset{\overset{}{|}}{C}}HCH_3 \xrightarrow[约375℃]{Al_2O_3} H_3C-\underset{\underset{CH_3}{|}}{\overset{\overset{CH_2CH_3}{|}}{C}}-C=CH_2 \quad (不发生重排)$$

$$H_3C-\underset{\underset{OH}{|}}{\overset{\overset{CH_3}{|}}{C}}-\underset{\underset{OH}{|}}{\overset{\overset{CH_3}{|}}{C}}-CH_3 \xrightarrow[约400℃]{Al_2O_3} H_2C=\overset{\overset{CH_3}{|}}{C}-\overset{\overset{CH_3}{|}}{C}H=CH_2$$

8.1.2 维生素 A 制备技术

1. 概述

[维生素A结构式：反-3,7-二甲基-9-(2,6,6-三甲基环己烯-1-基)-2,4,6,8-壬四烯-1-醇醋酸酯 CH_2OCCH_3，含 O 双键]

维生素 A(Vitamin A) 又称视网醇(Retinol)维生素 A 醋酸酯。化学名称为反-3,7-二甲基-9-(2,6,6-三甲基环己烯-1-基)-2,4,6,8-壬四烯-1-醇醋酸酯。分子式为 $C_{22}H_{32}O_2$，相对分子质量为 328.48，呈淡黄色菱形结晶。遇空气和日光易氧化变质。熔点 57~58℃，易溶于氯仿、乙醚、环己烷、石油醚微溶于乙醇，不溶于水。属维生素类药物。用于防治角膜软化症、干眼症、夜盲症及皮肤粗糙等维生素 A 缺乏症。

2. 制备技术

由 β-紫罗兰酮与氯乙酸乙酯经 Darzens 缩合制得十四醛后，然后与 3-甲基-4-戊炔-2-烯-1-醇和溴化乙基镁反应生成的双溴镁化合物缩合，缩合物再经水解得羟基去氢维生素A，然后经催化氢化、乙酰化、溴代、重排、消除而制得。

其生产工艺[2-5]如下。

（1）羟基维生素 A 精制

羟基去氢维生素 A 经催化加氢后，得到羟基维生素 A 粗品，取粗品 200g，加入 3 倍用量的沸程 60~90℃石油醚中，加热溶解，室温放置，于-20℃左右放置过夜析晶。抽滤，真空干燥，得白色的羟基维生素 A 150.0g，熔点 70.3~71.5℃。

（2）羟基维生素 A 的乙酰化

取羟基维生素 A 30.0g，加二氯甲烷 60mL，吡啶 15mL，有机盐催化剂适量，在搅拌下，于-5℃缓缓加入醋酐 18mL，于-5℃搅拌 6~7h。反应毕，加水 60mL，搅拌 10min，静置，分出有机层，水层用二氯甲烷 30mL 提取。有机层合并后，在搅拌下滴加 10%H_2SO_4 至 pH 值约等于 3，搅拌 5min，静置分层。用二氯甲烷 20mL 提取分出的水层，提取液并入有机层，然后用饱和食盐水 50mL 洗涤，水层同样用二氯甲烷 30mL 提取，提取液并入有机层。酰化物的总体积控制在约 200mL。

（3）溴代、消除

将上述酰化物溶液冷至-40℃，在搅拌下加含量约 50%的氢溴酸 40mL，在-25~35℃搅拌 7min。加水 200mL，停止反应，搅拌 6min 后，静置分层。分出的水层用二氯甲烷 30mL 提取后并入有机层，在有机层中加入 10%Na_2CO_3水溶液 200mL，搅拌脱溴化氢 3h。静置分层，分出的水层用二氯甲烷 40mL×2 提取，提取液并入有机层，以无水 Na_2SO_4 干燥，蒸除二氯甲烷，得维生素 A 粗油 32.5g，含量 80.6%。

（4）维生素 A 精制

将维生素 A 粗油用无水乙醇 45mL 溶解析晶，于-20℃放置过夜。次日过滤，真空干燥得一次结晶物 22.5g，熔点 55.9~57.6℃，以无水乙醇 35mL 重结晶一次，得二次结晶物 20.8g，熔点 57.8~59.10℃。收率（以氢化物结晶计）64.3%。

参 考 文 献

[1] 孔祥文. 有机化学反应和机理[M]. 北京：中国石化出版社，2018：117-119.
[2] Donald S. J.. Process for making pentaenes：US，2610208[P]. 1952-9-9.
[3] Fridtjof J. S.，AUGUST S.. Acetylation process：US，2802863[P]. 1958-5-12.
[4] 徐勤丰，乐陶，林建华，等. 维生素 A 醋酸酯酰化工艺改进[J]. 中国医药工业杂志，1993，(1)：8.
[5] 沈润溥. 维生素 A 乙酸酯的合成研究[D]. 杭州：浙江大学，2004.

8.2 脱羧反应

8.2.1 脱羧

二元羧酸受热反应的产物和两个羧基之间的碳原子数目有关，如乙二酸和丙二酸加热，由于羧基是吸电子基团，在两个羧基的相互影响下，受热也容易发生脱羧反应，脱去二氧化碳，生成比原来羧酸少一个碳原子的一元羧酸[1]。例如：

$$HOOCCOOH \xrightarrow{160\sim180℃} CO+H_2O+CO_2\uparrow$$

$$HOOC-CH_2-COOH \xrightarrow{\Delta} CH_3COOH+CO_2\uparrow$$

丁二酸及戊二酸加热至熔点以上不发生脱羧反应，而是发生分子内脱水生成稳定的酸酐。例如：

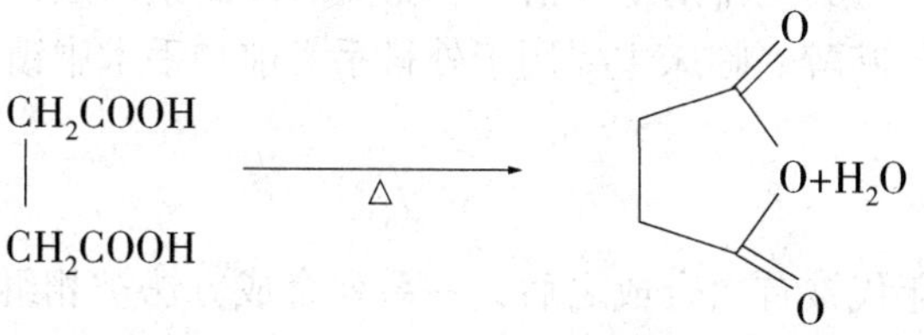

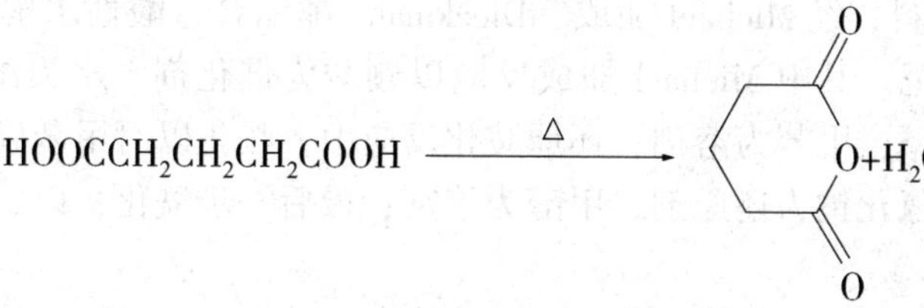

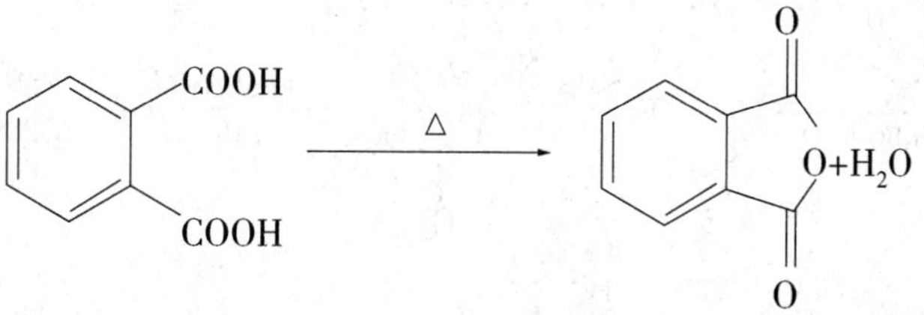

己二酸及庚二酸在氢氧化钡存在下加热，既脱羧又失水，生成环酮。例如：

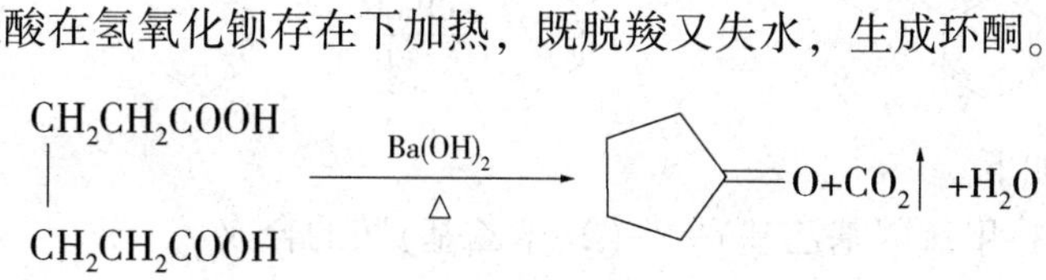

Blanc 研究发现，当反应有可能生成五元环或六元环的环状化合物时，很容易形成这类化合物，被称为 Blanc 规律。

庚二酸以上的二元羧酸在加热时发生分子间的脱水生成高分子的聚酐[2]。

$$n HOOC(CH_2)_m COOH \xrightarrow{高温} -\!\!\left[\!\!\begin{array}{c}O\\\|\\C\end{array}\!\!-(CH_2)_m-\begin{array}{c}O\\\|\\C\end{array}\!\!-O-\begin{array}{c}O\\\|\\C\end{array}\!\!-(CH_2)_m-\begin{array}{c}O\\\|\\C\end{array}\!\!-O\right]_n \quad (n\geq 6)$$

8.2.2 芬太尼制备技术

1. 概述

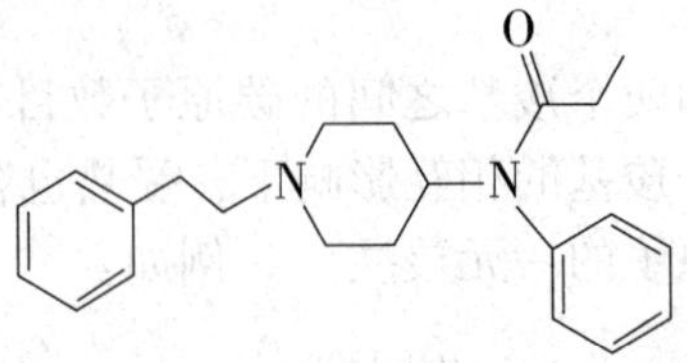

芬太尼，化学名称为 N-苯基-N-[1-(2-苯乙基)-4-哌啶基]丙酰胺，英文名称为 Fentanes, Fentanyl, n-(1-phenethyl-4-piperidinyl)propionanilide。分子式为 $C_{22}H_{28}N_2O$，相对分子质量为 336.417，常用其枸橼酸盐，为白色结晶粉末，味苦，水溶液呈酸性反应。在热异丙醇中易溶，在甲醇中溶解，在水或氯仿中略溶。熔点为 87.5℃，熔融时同时分解。本品药理作用同吗啡，镇痛效力约为吗啡的 150 倍[3]，为短时间的镇痛剂，与氟哌利多联合应用称为安定镇痛术。用于诱导麻醉。临床主要用于外科手术前和手术中镇痛，胃镜和泌尿系统检查之镇痛。

2. 制备技术

芬太尼于 20 世纪 60 年代被首次合成之后，一系列合成方法被相继报道[4-6]。本方法以 β-苯乙胺为起始原料，经 Michael 加成、Dieckmann 酯缩合、酸性水解脱酸、还原胺化和酰化等反应合成芬太尼。其中 Michael 加成反应以硼酸为催化剂、水为溶剂；Dieckmann 酯缩合反应以氢化钠为碱、甲苯为溶剂；还原胺化反应中，胺化以对甲苯磺酸为催化剂、异丙醚为溶剂，还原以硼氢化钠为还原剂、甲醇为溶剂；最后一步酰化，以二氯甲烷为溶剂。

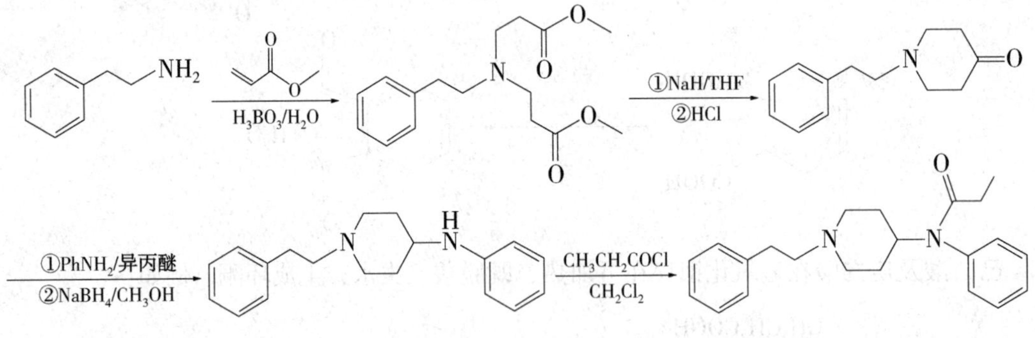

其生产工艺[7]如下。

(1) N,N-二(3-甲氧羰基乙基)-N-(2-苯乙基)胺的合成

向反应瓶中加入 5.16g(60mmol)丙烯酸甲酯、3.03g(25mmol)苯乙胺和溶有 0.15g(2.5mmol)硼酸的水溶液 25mL。室温下搅拌 7h。分出有机层，无水硫酸镁干燥，旋蒸除去剩余的丙烯酸甲酯，得淡黄色油状物 N,N-二(3-甲氧羰基乙基)-N-(2-苯乙基)胺 6.66 g，收率92%。气相色谱分析纯度为 98%。

(2) N-(2-苯乙基)哌啶酮的合成

向反应瓶中加入 3.46g(130mmol)质量分数为 90%的氢化钠(石油醚洗涤去油)和 72mL 干燥的四氢呋喃。加热至回流，滴加 14.65g(50mmol)中间体 N,N-二(3-甲氧羰基乙基)-

N-(2-苯乙基)胺溶于 18mL 干燥四氢呋喃的溶液,滴加速度以气泡平稳溢出为宜,加料完毕(约 1h)后,继续搅拌回流 2h。停止反应,旋蒸回收四氢呋喃,向反应瓶中慢慢加入 60mL 浓盐酸,有大量黄色固体析出。加热搅拌使固体全部溶解,回流 1.5h,反应完全($FeCl_3$ 不显色),停止加热。冷却至室温后,用碳酸钠溶液调 pH 值为 9~10,有大量淡黄色固体析出。抽滤,粗品干燥后为黄色固体,用正己烷重结晶,得亮黄色固体 N-(2-苯乙基)哌啶酮 8.6 g,收率 85%,熔点 57~60 ℃,气相色谱分析纯度为 98.5%。

(3) 4-苯胺基-N-(2-苯乙基)哌啶的合成

向反应瓶中加入 8.12g(40mmol)中间体 N-(2-苯乙基)哌啶酮、7.3mL(80mmol)苯胺、0.76g(4mmol)对甲苯磺酸和 200mL 异丙醚,分水器带水条件下,回流反应 4h。旋蒸回收异丙醚,向残余物中加入 100mL 甲醇,在室温下,分批加入 2.07g(56mmol)硼氢化钠,反应 2h。蒸除溶剂并加入 50mL 水,用浓盐酸调 pH 值为 1~2,加入饱和食盐水 50mL,于 0 ℃下冷却结晶,析出淡黄色固体。将滤出的固体用氨水调至碱性,用二氯甲烷萃取(20mL×3)游离的 4-苯胺基-N-(2-苯乙基)哌啶,有机层用无水硫酸钠干燥,减压蒸除溶剂,得到淡黄色固体 4-苯胺基-N-(2-苯乙基)哌啶 7.4 g,收率 66%,熔点 99~101 ℃。

(4) 芬太尼盐酸盐的合成

向反应瓶中加入 14g(50mmol)中间体 4-苯胺基-N-(2-苯乙基)哌啶、6.4g(70mmol)丙酰氯、7g(70mmol)三乙胺和 200mL 二氯甲烷,加热回流 5h。加入 200mL 水,用浓盐酸调 pH 值为 1,分出有机层,将有机层用饱和食盐水洗涤(50mL×3),无水硫酸镁干燥。旋蒸除溶剂,剩余固体再用丙酮洗涤,干燥后得白色固体芬太尼盐酸盐 14.9 g,收率 88.4%,熔点 253 ℃(分解),气相色谱分析纯度为 99%。

▶ 知识拓展8

1. Michael 加成反应

活泼亚甲基化合物在碱催化下与 α,β-不饱和醛、酮、酯、腈、硝基化合物等可以进行 1,4-共轭加成反应,该反应称为 Michael 加成反应[8]。反应的结果总是碳负离子加到 α,β-不饱和化合物的 β-碳原子上,而 α-碳原子上则加上一个氢。反应中常用的碱为醇钠、氢氧化钠、氢氧化钾、氢化钠、吡啶和季铵碱等[9]。反应通式如下:

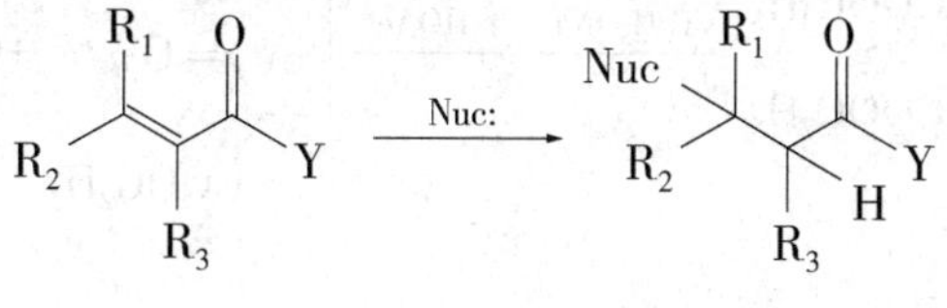

反应机理[10]:

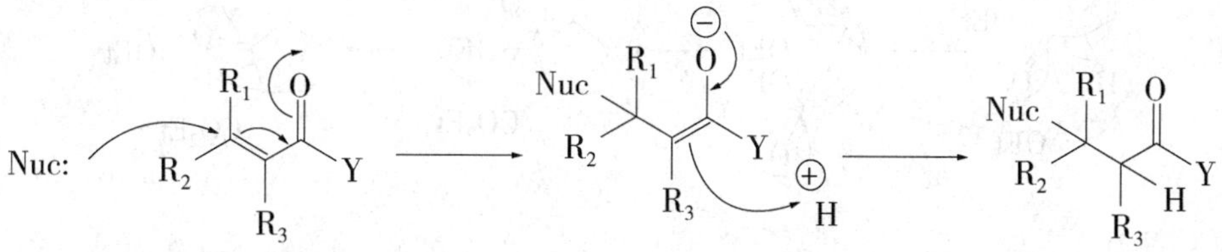

首先,亲核试剂(Nuc:)进攻 α,β-不饱和羰基化合物发生 1,4-共轭加成反应形成加

成物烯醇氧负离子，然后夺取一个质子形成烯醇，经互变异构为目标产物。

乙酰乙酸乙酯或丙二酸二乙酯和 α,β-不饱和羰基化合物进行 Michael 加成反应，加成产物经水解和加热脱羧，最后得到 1, 5-二羰基化合物。因此，Michael 加成反应是合成 1, 5-二羰基化合物最好的方法。例如：

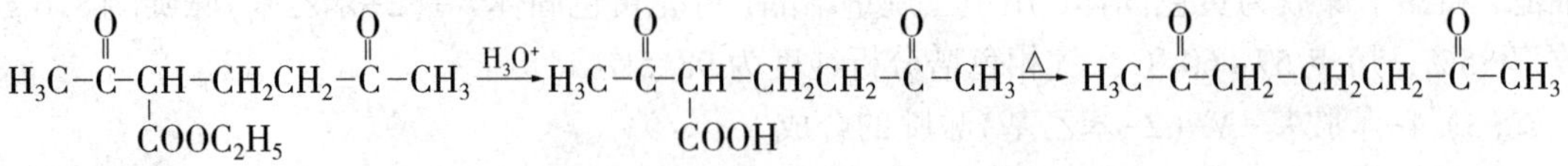

$$H_3C-\overset{O}{C}-\underset{COOC_2H_5}{CH}-CH_2CH_2-\overset{O}{C}-CH_3 \xrightarrow{H_3O^+} H_3C-\overset{O}{C}-\underset{COOH}{CH}-CH_2CH_2-\overset{O}{C}-CH_3 \xrightarrow{\triangle} H_3C-\overset{O}{C}-CH_2-CH_2CH_2-\overset{O}{C}-CH_3$$

其他 α,β-不饱和化合物也可以进行类似的 Michael 加成反应。例如：

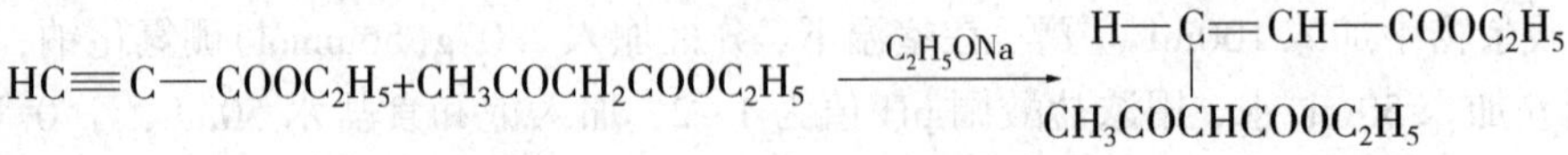

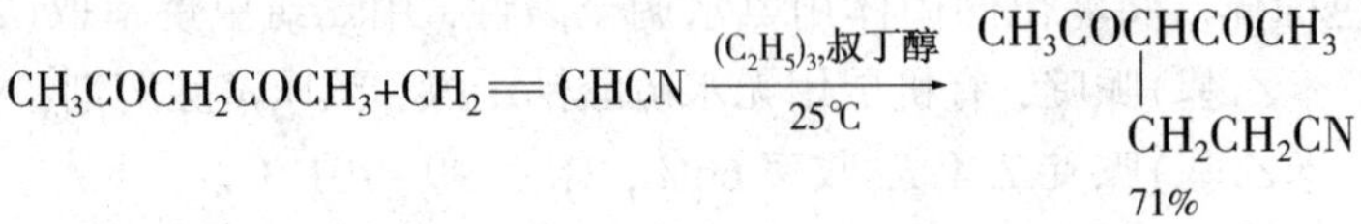

$$HC\equiv C-COOC_2H_5 + CH_3COCH_2COOC_2H_5 \xrightarrow{C_2H_5ONa} \begin{array}{c} H-C=CH-COOC_2H_5 \\ CH_3COCHCOOC_2H_5 \end{array}$$

$$CH_3COCH_2COCH_3 + CH_2=CHCN \xrightarrow[25℃]{(C_2H_5)_3N, 叔丁醇} \begin{array}{c} CH_3COCHCOCH_3 \\ | \\ CH_2CH_2CN \end{array}$$
$$71\%$$

2. Dieckmann 缩合反应

二酸酯在醇钠作用下进行的分子内酯缩合反应，称为 Dieckmann 缩合反应[1]，也称 Dieckmann 闭环反应，生成五元和六元环状 β-酮酸酯[2]。例如：

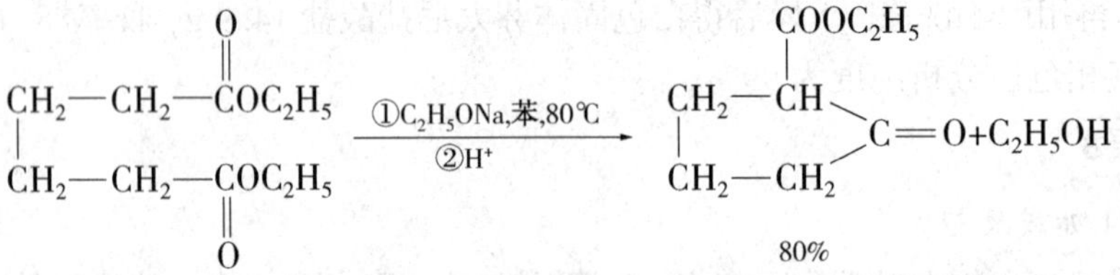

<chemical reaction>

80%

Dieckmann 缩合反应是二元羧酸酯类在金属钠、醇钠或氢化钠等碱性缩合剂作用下发生的酯缩合反应，生成 β-环状的酮酸酯。反应通常在苯、甲苯、乙醚、无水乙醇等溶剂中进行，缩合产物经水解，脱羧可得脂环酮。请写出下述反应机理。

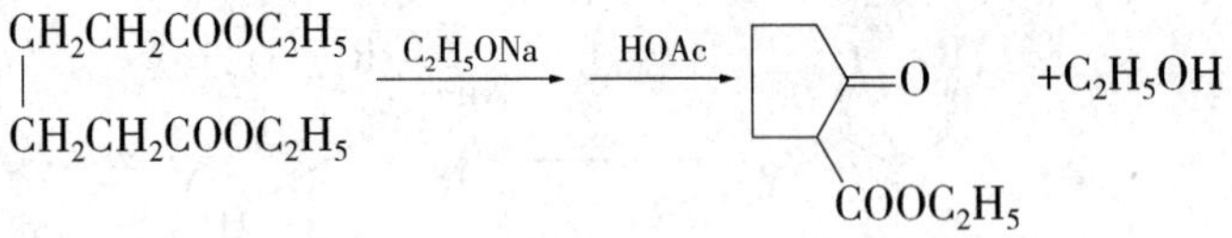

<chemical reaction>

反应机理[3,4]：

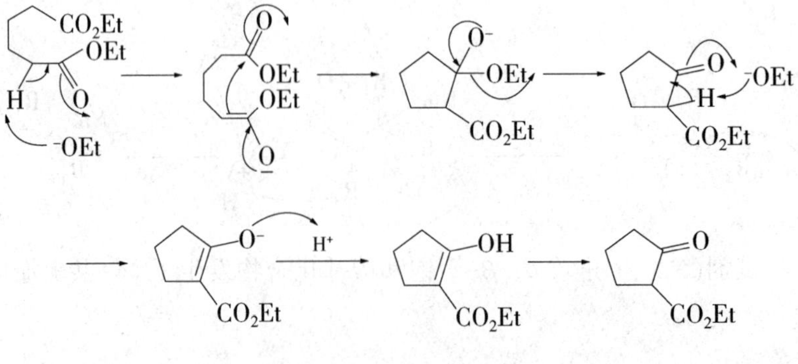

<mechanism diagram>

首先，己二酸二乙酯在乙氧负离子的作用下失去一个 α-氢形成烯醇负离子，烯醇负离子进攻分子中的另一个酯羰基碳原子发生亲核加成，形成四面体中间体烷氧负离子，再消去乙氧负离子生成 2-环戊酮甲酸乙酯。生成的 2-环戊酮甲酸乙酯立即与体系中的乙氧负离子进行质子转移生成钠盐，该钠盐经酸化处理即得到 2-环戊酮甲酸乙酯。

假若分子中的两个酯基被四个或四个以上的碳原子隔开，便会通过 Dieckmann 缩合反应，形成五元环或更大环的内酯。在该反应中 α-位取代基能影响反应速率，含有不同取代基的化合物依下列次序递减：$H>CH_3>C_2H_5$。不对称的二元羧酸酯发生分子内酯缩合时，理论上应得到两种不同的产物，但通常得到的是酸性较强的 α-碳原子与羰基缩合的产物，因为这个反应是可逆的，因此最后产物是受热力学控制的，得到的总是最稳定的烯醇负离子。

3. 还原胺化

氨或胺以与醛或酮缩合，所得的亚胺很不稳定，难以分离得到。经催化加氢或化学还原则生成相应的胺，这一过程称为还原胺化。反应通式为：

$$RNH_2 + \underset{H_3C}{\overset{O}{\underset{\|}{C}}}\!\!-\!\!H \longrightarrow \underset{H_3C}{\overset{HO}{\underset{NHR}{C}}}\!\!-\!\!H \xrightarrow{H_2O} \underset{CH_3}{\overset{H}{\underset{\|}{C}}}\!=\!NR \begin{array}{c} \xrightarrow{H_2/Ni} RNHCH_2CH_3 \\ \xrightarrow{NaBH_4} RNHCH_2CH_3 \end{array}$$

还原胺化是制备仲胺及 R_2CHNH_2 型伯胺的好方法，因为仲卤代烷氨(胺)解易发生消除副反应。另外，氨制备伯胺时，所用的氨需过量，这是因为生成的伯胺与醛或酮反应可生成仲胺副产物。

8.2.3 阳离子红 3B 制备技术

1. 概述

$$\left[\begin{array}{c} \text{HC}\underset{N}{\overset{N-CH_3}{\underset{|}{\underset{CH_3}{\overset{|}{N}}}}}\!\!\!C-N=N-\!\!\!\bigcirc\!\!\!-N(CH_3)_2 \end{array} \right]^{\oplus} ZnCl_3^{\ominus}$$

阳离子红 3B(Cationic red 3B、Synacril red 3B)，又称阳离子红 2BL(Cationic Red 2BL)、Shangdacry(Red 2BL)。染料索引号 C. I. Basic Red 22(11055)，分子式 $C_{12}H_{17}N_6 \cdot ZnCl_3$，相对分子质量 417.0。本品呈浅红色均匀粉末，配伍值为 5，F 值为 0.38，易溶于水呈蓝光红色。染色时，遇铜色泽显著变蓝；遇铁色泽有变化。属二氮杂半菁阳离子染料，染腈纶为蓝光艳红色，在钨丝灯光下较黄艳。在 120℃ 高温染色，色光不变。产品主要用于腈纶染色。在醋酸染色浴中染色，pH 值 2~8 范围内色光稳定，在硫酸浴中染色，色光较蓝；用甲酸染色，色光不变。因上染速度很慢，不宜用于拼色。也可用于改性腈纶、涤纶的染色。染毛/腈，或粘/腈混纺，对羊毛和黏胶纤维沾色少。

2. 产品标准

外观	浅红色均匀粉末
色光	与标准品近似
水分含量/%	≤7
不溶于水的杂质/%	≤0.6
细度(过80目筛余量)/%	≤20
强度(分)	为标准品100±3
在腈纶织物上染色坚牢度	符合标准品

3. 制备技术

（1）制备方法[15]

3-氨基-5-羧基-1，2，4-三氮唑与氢氧化钠成盐后，用亚硝酸钠和硫酸进行重氮化，然后与 N，N-二甲基苯胺偶合，脱羧基，再用硫酸二甲酯进行甲基化，最后盐析过滤及干燥即得成品。

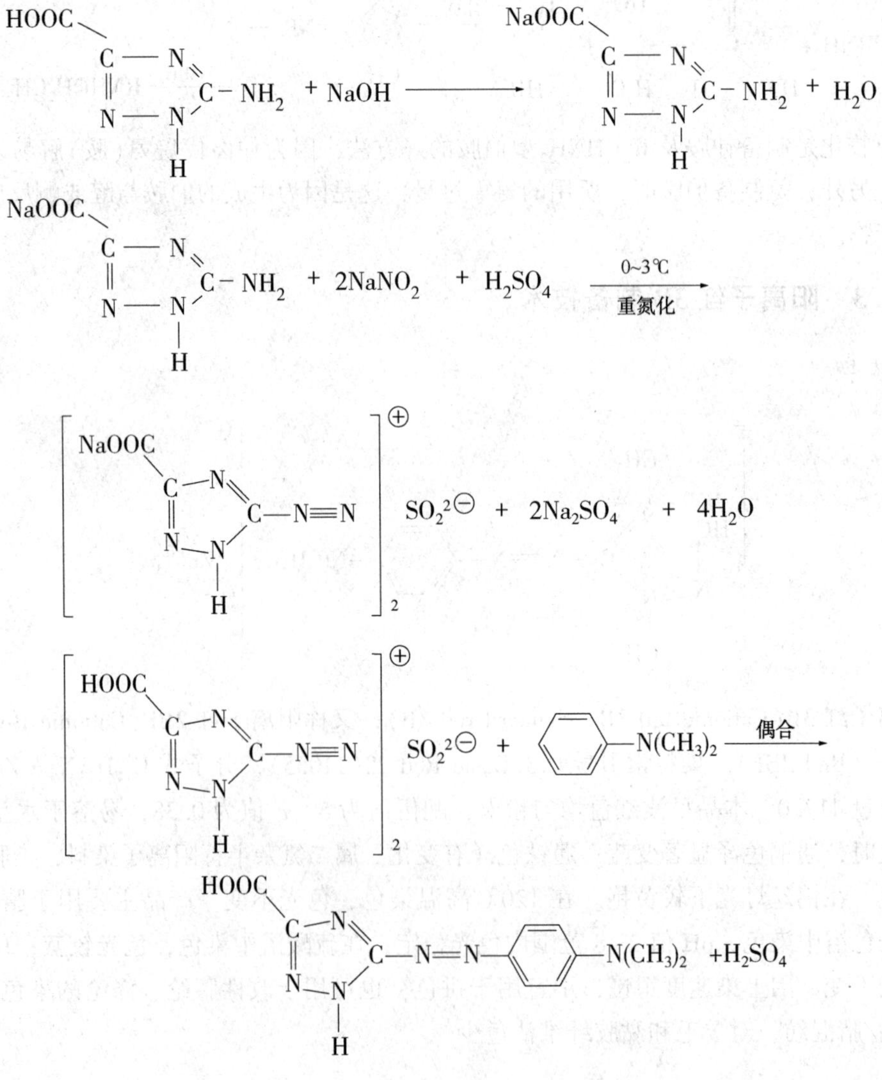

$$\text{HOOC-C}_3\text{HN}_4\text{-C-NH}_2 + \text{NaOH} \longrightarrow \text{NaOOC-C}_3\text{HN}_4\text{-C-NH}_2 + \text{H}_2\text{O}$$

$$\text{NaOOC-C}_3\text{HN}_4\text{-C-NH}_2 + 2\text{NaNO}_2 + \text{H}_2\text{SO}_4 \xrightarrow[\text{重氮化}]{0\sim3℃}$$

$$[\text{NaOOC-C}_3\text{HN}_4\text{-C-N}\equiv\text{N}]_2^{\oplus} \text{SO}_4^{2\ominus} + 2\text{Na}_2\text{SO}_4 + 4\text{H}_2\text{O}$$

$$[\text{HOOC-C}_3\text{HN}_4\text{-C-N}\equiv\text{N}]_2^{\oplus} \text{SO}_4^{2\ominus} + \text{C}_6\text{H}_5\text{N}(\text{CH}_3)_2 \xrightarrow{\text{偶合}}$$

$$\text{HOOC-C}_3\text{HN}_4\text{-C-N=N-C}_6\text{H}_4\text{-N}(\text{CH}_3)_2 + \text{H}_2\text{SO}_4$$

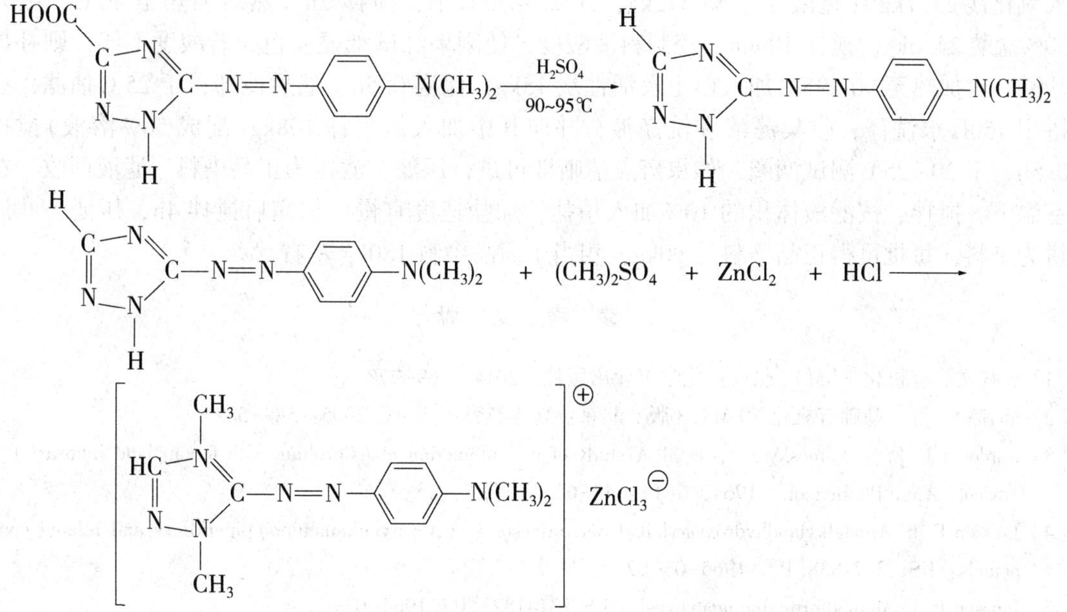

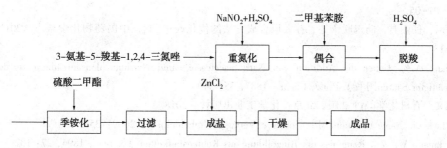

(2)生产流程

```
3-氨基-5-羧基-1,2,4-三氮唑 → 重氮化 → 偶合 → 脱羧
                    ↑NaNO₂+H₂SO₄  ↑二甲基苯胺  ↑H₂SO₄

硫酸二甲酯↓         ZnCl₂↓
季铵化 → 过滤 → 成盐 → 干燥 → 成品
```

(3)生产工艺

重氮化：在搪瓷溶解锅中，先加水450L、3-氨基-5-羧基-1,2,4-三氮唑(折100%)54.3kg、30%液碱66kg，搅拌、加热，在70~75℃温度下打浆2h，保持物料pH值为9~9.5，至三氮唑衍生物全部溶解。加水调整物料体积至1000L，冷却至室温。加入亚硝酸钠30.3kg，搅拌10min，室温下备用。在重氮化反应锅中加入水900L，93%硫酸111kg，以及冰块，在0~3℃温度下，在1~1.5h内将上述三氮唑衍生物和亚硝酸钠混合溶液均匀缓慢地加入。加完后，在0~3℃保温1.5h，然后加入尿素4.5kg，以破坏多余的亚硝酸盐，继续搅拌0.5h。

偶合、脱羧：在搪瓷偶合反应锅中加水300L，93%硫酸32.1kg，N,N-二甲基苯胺54.3kg，在室温下搅拌1h，使N,N-二甲基苯胺完全溶解。然后将此偶合组分溶液加至上述的重氮盐溶液中，加冰、控制料温在3~5℃，0.5h后不超过10℃，反应2h。终点达到后，升温至90~95℃保温0.5h。脱羧完毕后，撒入氧化镁27kg(加料时有泡沫产生，可加少量磷酸三丁酯)，并加乙酸钠90kg(配成50%溶液)，将物料中和使刚果红试纸不变蓝为止，搅拌10min，然后压滤，滤饼即为母体染料。

甲基化：在搪瓷锅中加水1200L和上述全部母液染料，打浆0.5h，至无颗粒存在。加入氧化镁 23.1kg 和硫酸二甲酯 372kg，在 25~30℃ 下，搅拌 2h。然后加热至 40℃，吸入 30% 盐酸 24.6kg，搅拌 10min，控制料液酸度，使刚果红试纸显蓝色，若酸度不够，则补加盐酸。再加热至 90~95℃ 加入白土及活性炭 15kg，保温 0.5h。然后冷却，于 25℃ 抽滤，滤饼用 150L 水洗涤，收集滤液和洗涤液，并向其中加入氯化锌 108kg（配成 50% 溶液）搅拌 0.5h，于 20~25℃ 测试润圈，如果斑点清晰即可进行压滤。滤饼为正品染料。滤液回收，在室温下，搅拌，按滤液体积的 10% 加入精盐，加盐速度宜慢，加完后搅拌 4h，压滤，此滤饼为染料，每批可得正品染料约 90kg，相当于商品染料 180kg 左右。

参 考 文 献

[1] 孔祥文. 有机化学[M]. 北京：化学工业出版社，2014：269-270.

[2] 邢其毅，等. 基础有机化学[M]. 3 版. 北京：高等教育出版社，2005：588-589

[3] Gardocki J. F., Yelnosky J., et al. A study of the interaction of nalorphine with fentanyland innovar[J]. Toxicol. Appl. Pharmacol., 1964, 6(1)：48-62.

[4] Janssen P. J. Aroylalkylandhydroxyarylalkyl derivativesof 4-(N-arylalkanamido) piperidines and related compounds：US, 3171838[P]. 1965-03-02.

[5] Janssen P. J. Methodforproducinganalgesia：US, 3141823[P]. 1964-07-21.

[6] Janssen P. J. 1-Aralkyl-4-(N-aryl-carbonylamino)-piperidinesandrelatedcompounds：US, 16400[P]. 1965-01-05.

[7] 付俊珂，任丽君，向玉联，等. 芬太尼合成方法的优化改进[J]. 中国药物化学杂志，2011, 21(2)：134-137.

[8] Michael A.. Ueber die Addition von Natriumacetessig- und Natriummalonsäureäthern zu den Aethern ungesättigter Säuren[J]. J. Prakt. Chem., 1887, 35：349.

[9] 孔祥文. 有机化学[M]. 2 版. 北京：化学工业出版社，2018.

[10] Jie Jack Li. Name Reaction[M]. Springer-Verlag Berlinheidelberg, 2009：355.

[11] Dieckmann W.. Zur Kenntniss der Ringbildung aus Kohlenstoffketten[J]. Ber., 1894, 27：102.

[12] 孔祥文. 有机化学[M]. 北京：化学工业出版社，2010：114.

[13] 〔美〕李杰. 有机人名反应及机理[M]. 荣国斌译. 上海：华东理工大学出版社，2003：110.

[14] 孔祥文. 有机化学反应和机理[M]. 北京：中国石化出版社，2018.

[15] 宋小平. 染料制造技术[M]. 北京：科学出版社，2001：208-213.

第 9 章 重排反应

9.1 [3,3] σ重排反应

9.1.1 Claisen 重排

芳基烯丙基醚在高温(200℃)的条件下可重排成邻烯丙基酚,这个反应称为 Claisen 重排[1-7]。

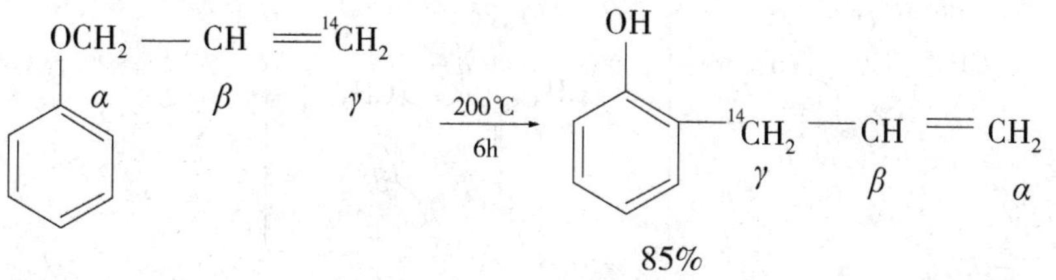

由于芳基烯丙基醚很容易从 Ar—ONa+BrCH$_2$CH=CH$_2$ 得到,因此该反应是在酚的苯环上导入烯丙基的好方法[8]。

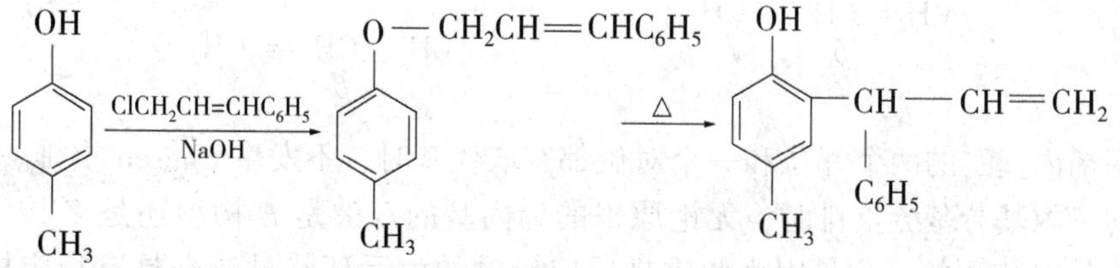

Claisen 重排反应是一个协同反应,在反应过程中通过电子迁移形成环状过渡态。反应机理如下:

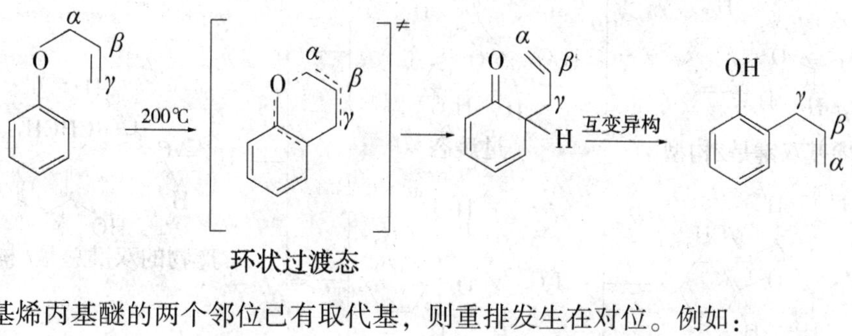

若芳基烯丙基醚的两个邻位已有取代基,则重排发生在对位。例如:

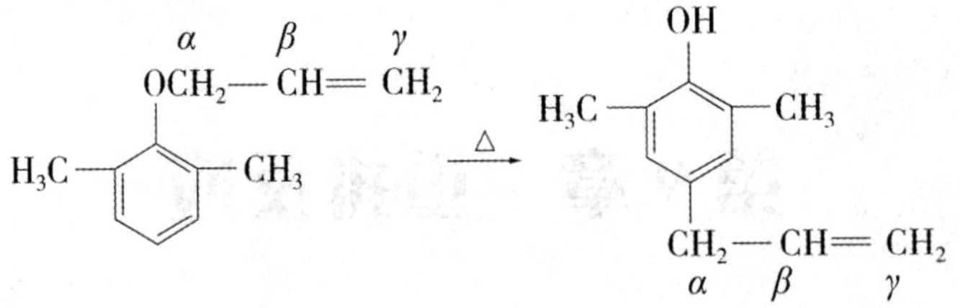

反应机理如下：

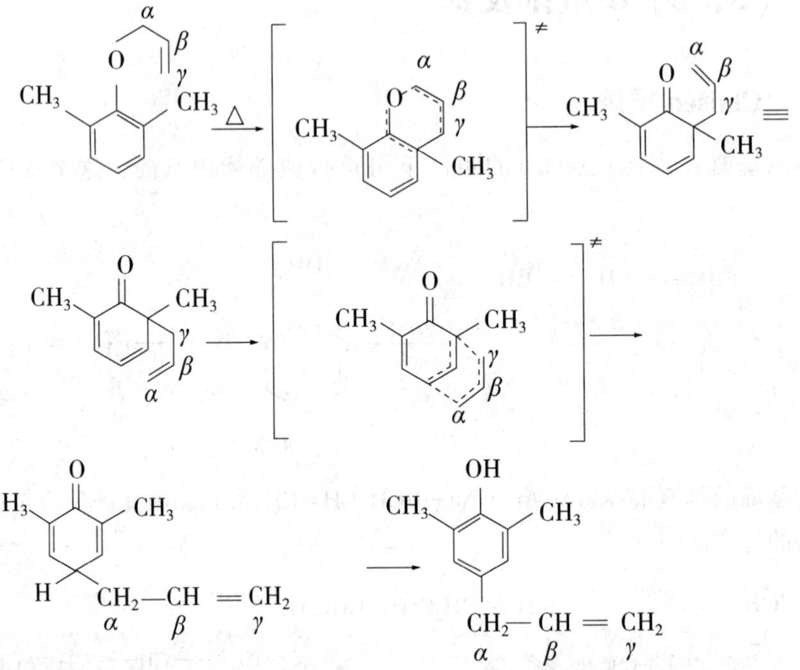

当芳基烯丙基醚的两个邻位和一个对位都有取代基时，不发生 Claisen 重排。

取代的烯丙基芳基醚重排时，无论原来的烯丙基的双键是 E 构型还是 Z 构型的，重排后的双键总是 E 构型的，这是因为此重排反应经过的六元环状过渡态具有稳定椅型构象的缘故[9]。

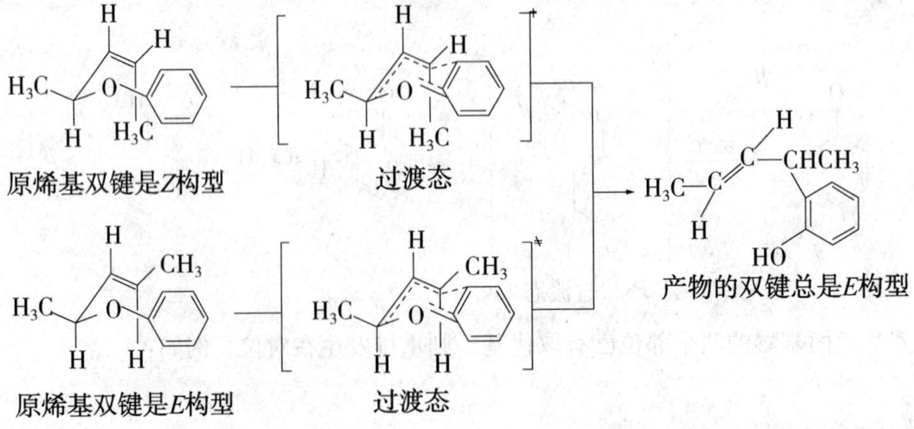

Claisen，Eschenmoser-Claisen，Johnson-Claisen，Ireland-Claisen 重排：都属于[3,3]-sigema 重排的同一类协同效应[10]。

Claisen 重排：

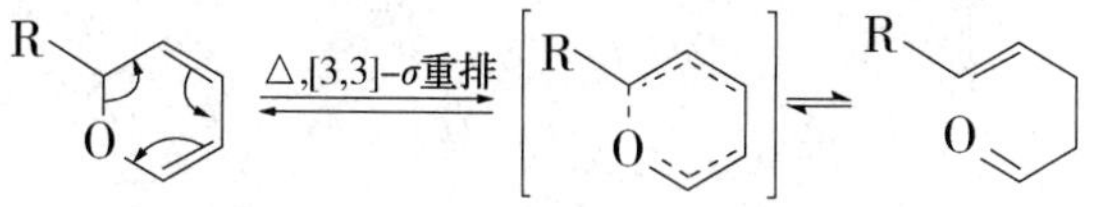

Eschenmoser-Claisen(酰胺缩醛)重排：

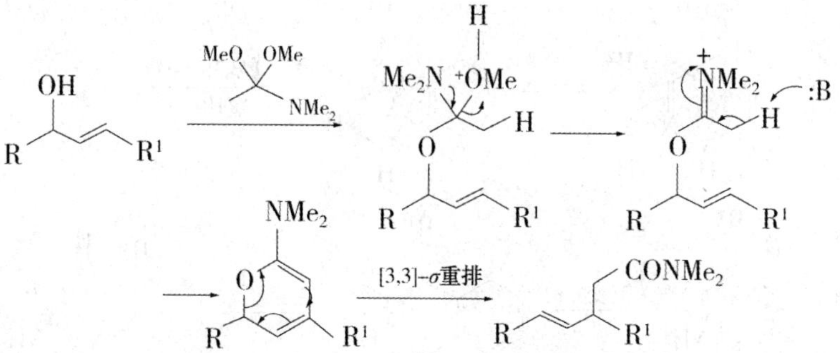

Johnson-Claisen(原酸酯)重排：

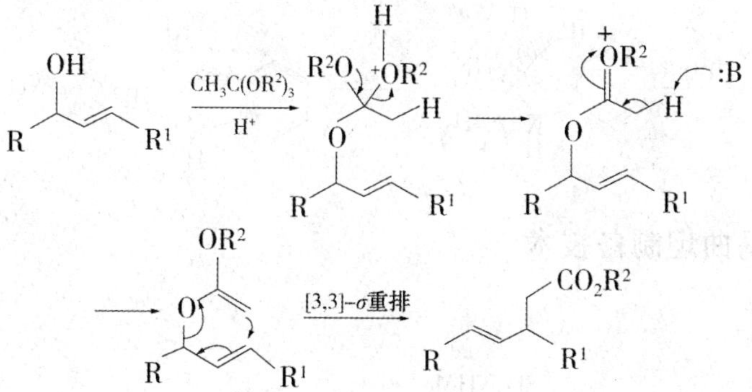

Ireland-Claisen 重排：

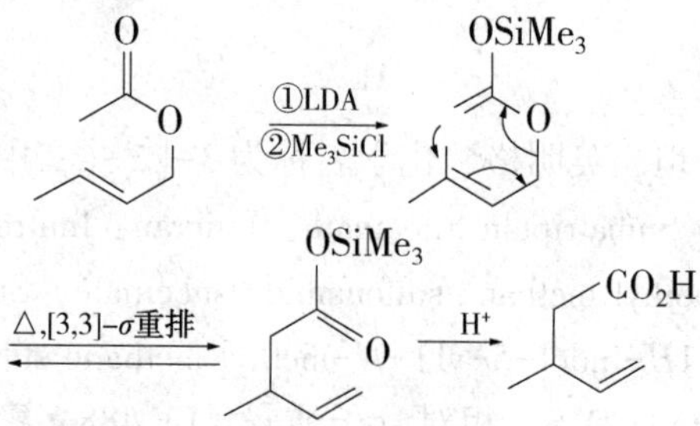

9.1.2 Fischer 吲哚合成法

苯肼及其衍生物、脂肪族醛或酮类化合物首先缩合成相应的苯腙衍生物，再在酸催化作用下经[3,3] σ 重排环化，最后生成吲哚衍生物的反应称为 Fischer 吲哚合成法[11,12]。例如：

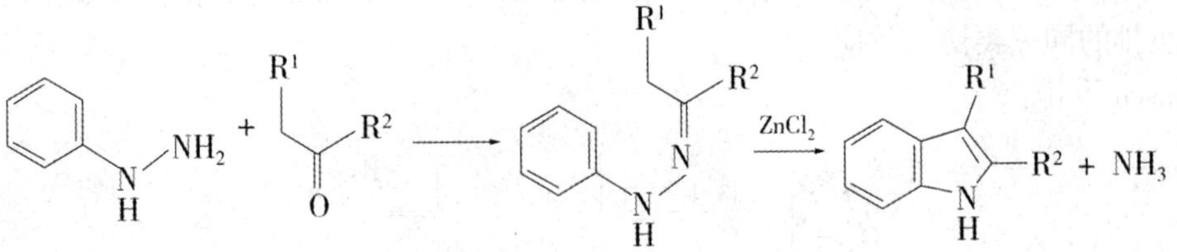

[反应机理图示]

反应机理[13,14]:

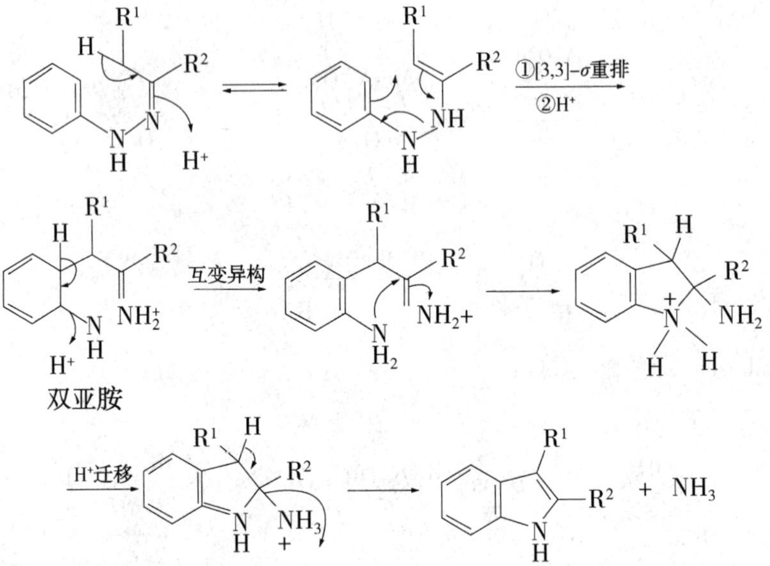

[机理图示 - 双亚胺中间体、[3,3]-σ重排、互变异构、H⁺迁移]

双亚胺

9.1.3 舒马曲坦制备技术

1. 概述

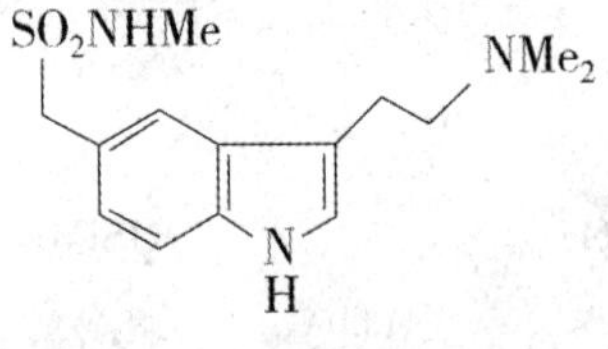

[舒马曲坦结构式]

舒马曲坦，别名舒马普坦、英明格，化学名称为3-[2-(二甲胺)乙基]-N-甲基-1H-吲哚-5-甲磺胺，英文名称为 Sumatriptan Succinate, Imigran, Imitrex, 3-[2-(Dimethylamino)ethyl]-1H-indol-5-yl-N-methyl methane sulfonamide succinate, Sumatriptan succinate, 1-(3-(2-(Dimethylamino)ethyl)-1H-indol-5-yl)-N-methyl methane sulfonamide succinate。CAS No 103628-48-4，分子式 $C_{18}H_{27}N_3O_6S$，相对分子质量 413.488。密度为 $1.243g/cm^3$，熔点为 165~166℃，沸点为 497.7℃(760mmHg)。

本品为白色结晶性粉末，易溶于水。具有高度选择性且是强力的 $5-HT_{1B/1D}$ 受体激动剂，用于治疗急性偏头痛的首个曲坦类药物。由英国葛兰素(Glaxo)公司于1984年合成，1991年首先在荷兰、瑞典等国上市[15,16]，现成为西欧国家最畅销的药物之一。

2. 制备技术

舒马曲坦的合成方法有 Fischer 吲哚合成、改进的 Grandberg 吲哚环合法和 Japp-Klingemann 合成法，其中以 Fischer 吲哚合成最为典型。舒马曲坦可由对硝基苄氯与亚硫酸钠反应生成磺酸钠盐，先后经氯化亚砜和甲胺处理得到磺酰胺后，经还原（硝基）、重氮化、还原（重氮盐）、Fischer 吲哚合成制得[17]。

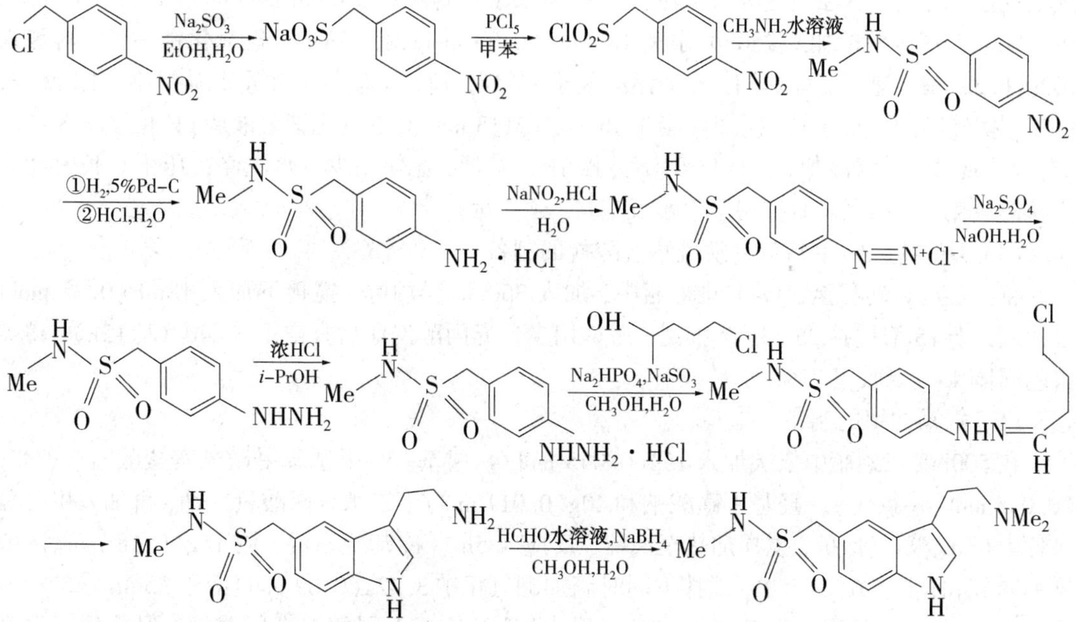

合成工艺[18]如下。

（1）4-硝基苯甲磺酸钠的制备

在 500mL 圆底烧瓶中加入 103g（0.6 mol）对硝基氯苄以及 100mL 无水乙醇和 250mL 水的混合溶液，搅拌下加入 83.5g（0.66 mol）亚硫酸钠，缓慢加热至回流（约需 0.5h），反应 5h。冷却反应液至室温，有浅黄色固体析出，在 4~5 ℃冷却放置 12h。抽滤，滤饼用 0 ℃异丙醇洗涤，60 ℃真空干燥 12h，得类白色粉末状固体 118 g，粗品收率 82%，可直接用于下步反应。

（2）N-甲基-4-硝基苯甲磺酰胺的制备

在 1000mL 圆底烧瓶中加入 4-硝基苯甲磺酸钠 118g（0.49 mol），再加入 600mL 无水甲苯，搅拌加热至回流，使用分水器，用甲苯带水 3h。冷却至室温，搅拌下加入 123g（0.59 mol）五氯化磷，安装回流冷凝管、干燥管和尾气（HCl）吸收装置，缓慢升温至回流（约需 2h），搅拌反应 4h。反应液冷却至室温，搅拌下加到 300mL 冰水中，分层，有机层用 600mL 饱和食盐水分两次洗涤，转移至 2 000mL 圆底烧瓶中。向上述溶液中滴加 130mL（1.09 mol）甲胺水溶液，反应放热，用冰水浴冷却，使反应液温度不高于 15 ℃，0.5h 加毕，此时溶液 pH 值 8.0~9.0，缓慢升至室温，反应 8h。浓缩反应液得黏稠固液混合物，置于冰箱（4~5 ℃）中冷却 3h。抽滤，滤饼用 50mL 水洗涤，再用 50mL 乙醇洗涤，自然干燥得类白色固体粉末 93 g，用无水乙醇重结晶得 87g 类白色晶体，收率 76%，熔点 152.0~153.0 ℃（文献[19]：熔点 153.0~154.0 ℃）。

(3) 4-肼基-N-甲基苯甲磺酰胺的制备

在1000mL圆底烧瓶中依次加入9.2 g质量分数为5%的钯炭、400mL水和22mL(0.26 mol)浓盐酸,搅拌下加入46g(0.20 mol)N-甲基-4-硝基苯甲磺酰胺,抽真空,常压通入氢气,于25℃剧烈搅拌反应10h。抽滤,用40mL(0.16 mol)4 mol/L盐酸洗涤,将上述溶液冷却至-5℃,搅拌下滴加13.8 g亚硝酸钠溶于24mL水的溶液,30 min内加至使淀粉碘化钾试纸变蓝,溶液由乳浊液变为澄清液,于-5~-3℃搅拌反应30 min,立即用于下一步反应。在1 000mL三颈瓶中加入150mL水和18.8mL(0.33 mol)21.3 mol/L氢氧化钠溶液,再加入102g(0.53 mol)连二亚硫酸钠,冷却该溶液至-5℃,搅拌下滴加上述重氮盐溶液,1h滴完,1.5h内缓慢升温至20℃,搅拌反应3.5h。用21.3 mol/L氢氧化钠溶液调pH值至7.8~8.0(有放热现象,外浴冷却),于15℃下搅拌1h,抽滤,滤饼用少量水洗涤,压干。长时间放置易被氧化,不用干燥直接用于下步反应。

(4) 4-肼基-N-甲基苯甲磺酰胺盐酸盐的制备

将上述滤饼转移至500mL锥形瓶中,加入350mL异丙醇,搅拌下加入18mL(0.22 mol)浓盐酸,于15℃搅拌25 min。抽滤,滤饼用少量异丙醇洗涤后真空干燥(40℃,12h),得类白色固体45 g,收率71%。

(5) 舒马曲坦的制备

在500mL三颈瓶中依次加入15g(0.045 mol)4-肼基-N-甲基苯甲磺酰胺盐酸盐、9.47g(0.045 mol)4-氯代-1-羟基丁磺酸钠和40g(0.011 mol)十二水合磷酸氢二钠,再加入甲醇和水各150mL,氩气保护,搅拌加热至回流,反应4.5h。冷却至室温,用15g(0.18 mol)碳酸氢钠调pH值至6.7~7.0,搅拌下同时滴加硼氢化钠3.42g(0.09 mol)溶于25mL水的溶液和15g(0.18 mol)质量分数35%~40%甲醛水溶液与25mL甲醇混合的溶液,保持反应温度19~23℃,1h加毕,20℃下搅拌反应3h。加入30mL(0.12 mol)4 mol/L盐酸调节pH值为6.0,减压浓缩反应液为220~230mL,加入10mL(0.04 mol)4 mol/L盐酸调节pH值为1.5,用二氯甲烷(100mL×3)提取,水层加入300mL乙酸乙酯和120g(0.87 mol)无水碳酸钾(pH值=10),充分搅拌,分层,水层再用乙酸乙酯(250mL×2)提取,有机层加入无水硫酸钠干燥,蒸干溶剂,得固体黏稠物6.4 g。加入乙酸异丙酯,搅拌,析出大量固体,抽滤,滤饼用少量乙酸异丙酯洗涤,自然干燥,得类白色固体5.8 g,收率44%,熔点168~171℃(文献[19]:熔点169~171℃)。

参 考 文 献

[1] Claisen L.. Über Umlagerung von Phenol-allyläthern inC-Allyl-phenole[J]. Ber., 1912, 45: 3157-3166.

[2] Rhoads S. J., Raulins N. R.. The Claisen and Cope Rearrangements[J]. Org. React., 1975, 22: 1-252.

[3] Wipf P.. Claisen rearrangements. In Comprehensive Organic Synthesis[J]. 1991, 5: 827-873.

[4] Ganem B.. The Mechanism of the Claisen Rearrangement: Déjà Vu All Over Again[J]. Angew. Chem., Int. Ed., 1996, 35: 937-945.

[5] Ito H., Taguchi T.. Asymmetric Claisen rearrangement[J]. Chem. Soc. Rev., 1999, 28: 43-50.

[6] Martin Castro A. M. Claisen rearrangement over the past nine decades[J]. Chem. Rev., 2004, 104: 2939-3002.

[7] Jürs S., Thiem J.. Alternative approaches towards glycosylated eight-membered ring compounds employing Claisen rearrangement of mono and disaccharide allyl vinyl ether precursors[M]. Tetrahedron: Asymmetry,

2005, 16: 1631-1638.
[8] 孔祥文. 有机化学[M]. 北京: 化学工业出版社, 2010: 114.
[9] 邢其毅, 裴伟伟, 徐瑞秋, 等. 基础有机化学[M]. 3版. 北京: 高等教育出版社, 2005: 832.
[10] 孔祥文. 基础有机合成反应[M]. 北京: 化学工业出版社, 2014: 310-315.
[11] Fischer E., Jourdan F.. Ueber die Hydrazine der Brenztraubensäure. [J]. Ber. Dtsch., Chem. Ges. 1883, 16: 2241.
[12] Robinson B. The Fischer Indoles Synthesis [M]. New York: Wiley-Interscience, 1982.
[13] 〔美〕李杰. 有机人名反应及机理[M]. 荣国斌, 译. 上海: 华东理工大学出版社, 2003: 138.
[14] 孔祥文. 有机化学反应和机理[M]. 北京: 中国石化出版社, 2018: 272.
[15] Caroline M S, Nishan S G, Carolh. Zolmitriptan [J]. Drugs, 1999, 58(2): 347-374.
[16] 王好山, 董永明. 曲坦类抗偏头痛药物的研究进展[J]. 国外医学: 药学分册, 2000, 27(3): 162-166.
[17] Glaxo Group Ltd. Preparation of indolederivatives: GB, 2165222A[P]. 1983-06-07.
[18] 王绍杰, 赵存良, 杨卓, 等. 舒马曲坦的合成[J]. 中国药物化学杂志, 2008, 18(6): 442-444.
[19] Jone E M, Davidh B, Ronald J P. The synthesis of a conformationally restricted analog of the antimigraine drug sumatriptan[J]. Tetrahedron Lett, 1992, 33(52): 8011-8014.

9.2　二苯乙醇酸重排技术

9.2.1　安息香(Benzoin)缩合

两分子苯甲醛在热的氰化钾或氰化钠的乙醇溶液中(回流)通过安息香缩合[1]得到二苯乙醇酮也称安息香(Benzoin)，又称苯偶姻、2-羟基-2-苯基苯乙酮或2-羟基-1,2-二苯基乙酮，是一种无色或白色晶体，可作为药物和润湿剂的原料，还可用作生产聚酯的催化剂。其反应机理为[2-4]:

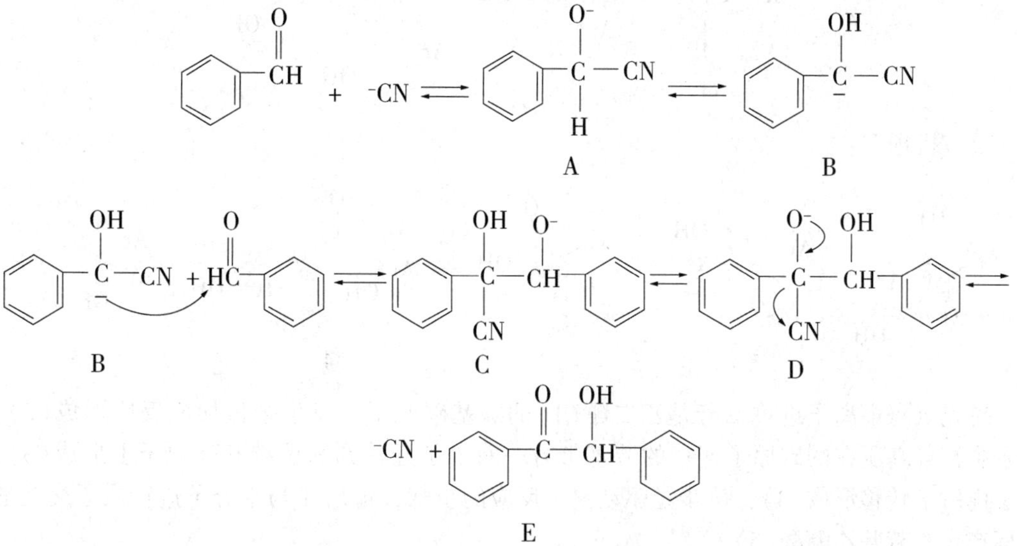

$^-$CN首先进攻一分子苯甲醛的羰基碳原子进行亲核加成反应生成α-氰基苄氧负离子

(A)，A 的 α-H 有明显的酸性，转移后得稳定的 α-碳负离子(B)，B 对另一分子苯甲醛的羰基碳原子进行亲核加成生成(C)，C 中的 α-氰醇酸性较强，质子转移后生成(D)；D 消去 $^-$CN 后，得到缩合产物(E)——二苯乙醇酮。

反应的关键是如何获得一个碳负离子，芳环上具有烷基、烷氧基、羟基、氨基等斥电子基团的芳醛较难发生对称的安息香缩合，可生成不对称的 α-羟基酮。例如：

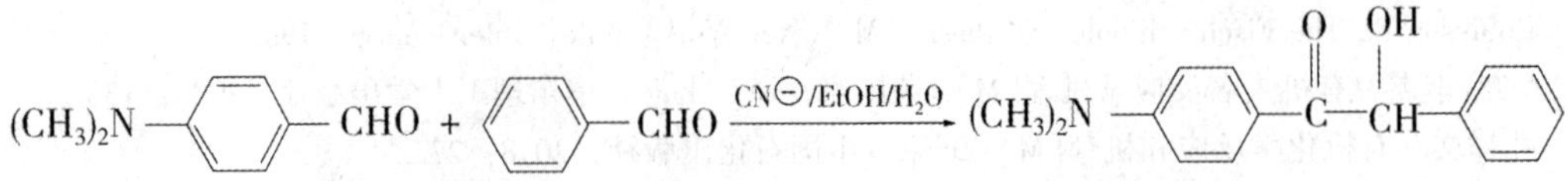

$$(CH_3)_2N-C_6H_4-CHO + C_6H_5-CHO \xrightarrow{CN^-/EtOH/H_2O} (CH_3)_2N-C_6H_4-CO-CH(OH)-C_6H_5$$

其中，具有斥电子基团的芳醛作为受体接受碳负离子的亲核进攻。

该反应的缺点是氰化物为剧毒品，易对人体产生危害，操作困难，且"三废"处理困难。采用维生素 B_1(Thiamine)盐酸盐可代替氰化物辅酶催化安息香缩合反应，其优点是无毒，反应条件温和，产率较高。亦可用 N-烷基噻吩鎓盐作为催化剂。

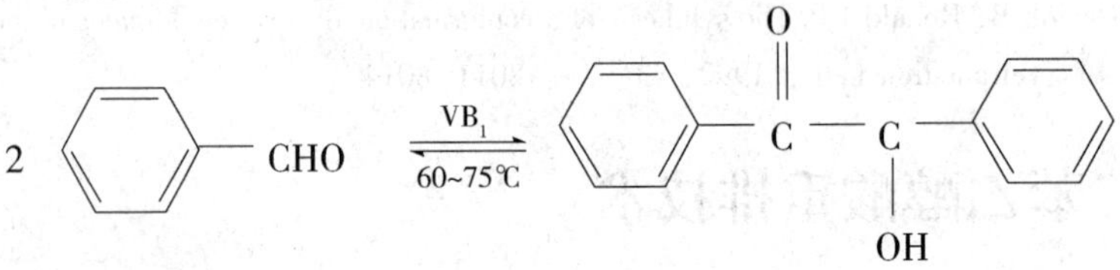

$$2\ C_6H_5CHO \xrightarrow[60\sim75\ ℃]{VB_1} C_6H_5-CO-CH(OH)-C_6H_5$$

9.2.2 二苯乙醇酸重排

Benzil-Benzilic Acid 重排[5]，即二苯乙醇酸重排，反应中二苯乙二酮迁移重排为二苯乙醇酸。反应通式：

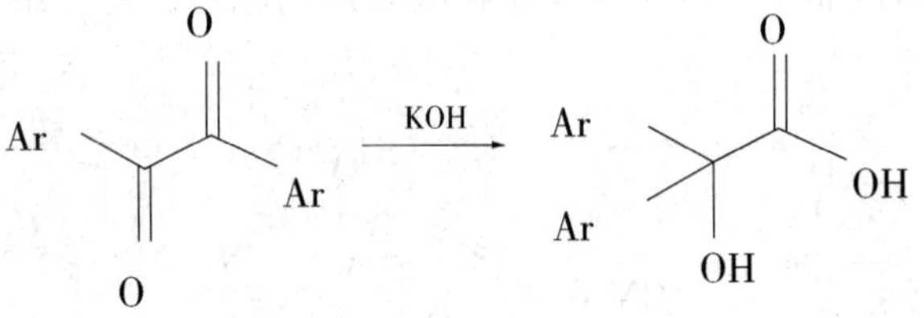

$$Ar-CO-CO-Ar \xrightarrow{KOH} Ar_2C(OH)-COOH$$

反应机理[6]：

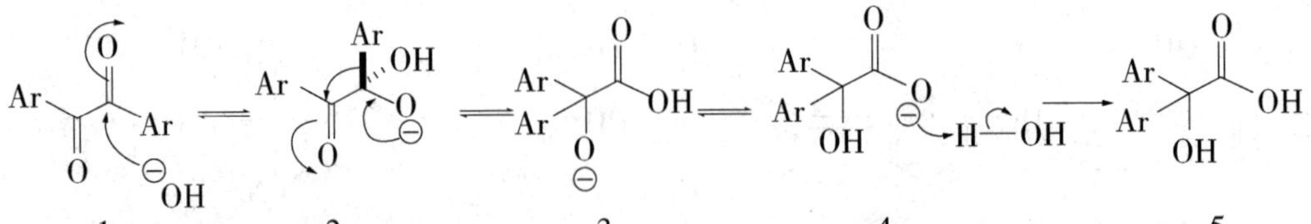

（反应机理图示，编号 1 ~ 5）

首先氢氧根离子进攻二芳基乙二酮(1)的羰基碳原子，发生亲核加成反应形成(2)，2 分子中醇羟基所在的碳原子连接的芳基带着一对电子迁移到邻位羰基碳原子上形成(3)，3 分子内质子转移形成(4)，该步是驱动整个反应的步骤，最后 4 与水分子进行质子交换形成目标产物二芳基乙醇酸(5)。

9.2.3 苯妥英钠制备技术

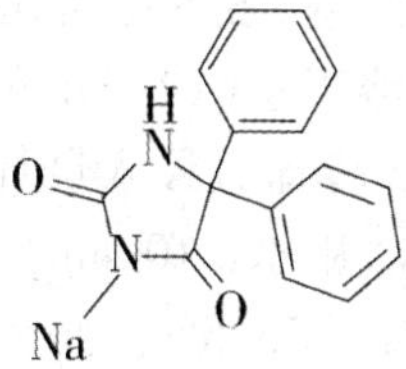

1. 概述

苯妥英钠,别名大伦丁钠,化学名称为5,5-二苯基-2,4-咪唑烷二酮钠盐,英文名称为 Phenytoin sodium, Solantoin, Solantyl, Solublephenytoin, Tacosal, 5,5-Diphenylhydatoin sodium salt, 5,5-Diphenyl-2,4-Imidazolidinedione, Monosodium salt。CAS No. 630-93-3,分子式 $C_{15}H_{11}N_2NaO_2$,相对分子质量 274.25。本品为白色粉末。易溶于水,溶于乙醇,几乎不溶于乙醚、氯仿。在空气中渐渐吸收二氧化碳而析出苯妥英。熔点 295~598℃,不溶于水,无臭,味苦。本品是抗癫痫大发作和局限性发作的首选药物,用于癫痫症发作,精神运动性发作、局限性发作。亦用于三叉神经痛和心律失常。适用于治疗全身强直-阵挛性发作、复杂部分性发作(精神运动性发作、颞叶癫痫)、单纯部分性发作(局限性发作)和癫痫持续状态[7]。

2. 制备技术

苯甲醛在 VB_1 催化下经安息香缩合得到二苯乙醇酮(安息香)、氧化得到二苯基乙二酮(联苯甲酰),然后与尿素重排、环合得到苯妥英钠[8]。

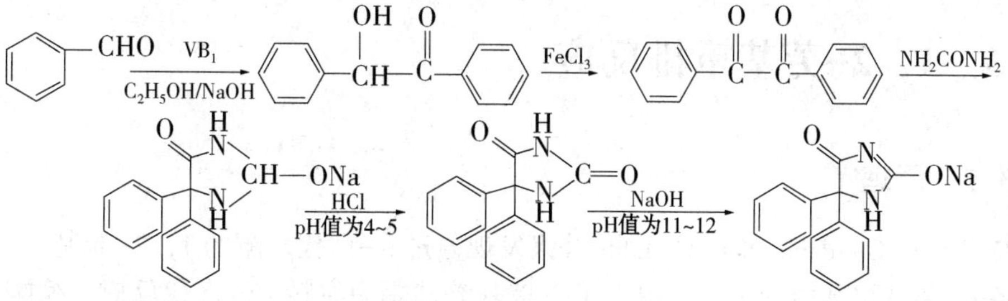

合成工艺[9,10] 如下。

(1) 安息香的制备

在 500mL 圆底烧瓶中加入含量不少于98%的维生素 B_1(17.5g, 0.05 mol)、水(35mL),溶解后加入95%乙醇(150mL)。在冰浴冷却下慢慢加入 3 mol/L NaOH(约40mL)至呈深黄色。加入新蒸馏出的苯甲醛(100mL, 104.g, 0.98 mol, CP)。于 60~70℃ 水浴中回流 90 min,停止加热。自然冷却 6h,析出白色结晶,抽滤,用冷水 500mL 洗涤,干燥后得粗产品,重 78.85g,收率 76.55%。用95%乙醇重结晶,烘干后得(73g),熔点 135~136.2℃。

(2) 二苯基乙二酮的制备

在 500mL 圆底瓶中,加入 $FeCl_3 \cdot 6H_2O$(45 g, 0.165 mol)、醋酸(50mL)、水(25mL)。石棉网上加热至沸,保持 3 min。加入安息香(10.6g, 0.05 mol),继续加热回流 50 min。冷却后加水(200mL),煮沸,冷却析出黄色固体,抽滤,粗产品用95%乙醇(70mL)重结晶,趁热过滤,冷却析出黄色长针状结晶。抽滤,让结晶自然风干,得二苯乙二酮

（10.0g），熔点 95~96℃，收率 95%以上。

（3）苯妥英钠

在 100mL 圆底烧瓶中加入二苯乙二酮（5.5g，0.026 mol）、95%乙醇（20mL），水浴温热令其溶解；在振摇下将 NaOH(4 g) 溶于水(12mL) 的溶液加入圆底烧瓶中，再加入尿素（2.0g，0.03mL）。水浴中回流 50 min，冷却，移入烧杯中，加水（250mL），用 6 mol/L HCl 调 pH 值为 4~5，析出白色沉淀。抽滤，用水（100mL）洗涤，抽干，烘干得苯妥英 4.85g。用 95%乙醇重结晶，熔点 292~296℃，收率 73.5%。将苯妥英溶解于计算量的 3 mol/L NaOH 溶液中，并减压浓缩，钠盐即结晶析出，再重结晶精制即得纯品苯妥英钠。

参 考 文 献

[1]〔美〕李杰. 有机人名反应及机理[M]. 荣国斌译. 上海：华东理工大学出版社，2003：32.

[2] Jie Jack Li. Name Reaction[M]. Springer-Verlag Berlinheidelberg，2009：39.

[3] 姜文凤，陈宏博. 有机化学学习指导及考研试题精解[M]. 3 版. 大连：大连理工出版社，2005：246.

[4] Liebig J. Ueber Laurent's Theorie der organischen Verbindungen [J]. Justus Liebigs Ann. Chem.，1838，27.

[5] Jie Jack Li. Name Reaction，[M]. Springer-Verlag Berlinheidelberg，2009：36.

[6] 尤启冬，孙铁民，李青山. 药物化学[M]. 7 版. 北京：人民卫生出版社，2011：31-32.

[7] 李公春，吴长增，郭俊伟，等. 苯妥英钠的合成[J]. 浙江化工，2015，46(8)：23-25.

[8] 杨仕豪，李莉萍，杨建文. 苯妥英钠的合成工艺改进[J]. 中国医药工业杂志，1995，26(1)：4-5.

[9] Pavia D. L.，Lampman G. M.，Kriz G S. Introduction to Organic Laboratory Techniques[M]. New York：Saunders College Publishing，1975：295-302.

[10] Lapworth A. J.. Reactions involving the addition of hydrogen cyanide to carbon compounds[J]. Chem. Soc.，1903，83：995-1005.

9.3 1，2-芳基重排反应

9.3.1 原理

1982 年，C. Giordano 和 G. Castaldi 等人发现通过 α-卤代缩酮的 1，2-芳基迁移重排方法来制备 α-芳基烷基酸的工艺，提出了以烷基芳基酮为原料，经卤代反应、缩酮化反应、1，2-芳基迁移重排、水解反应可以制得 α-芳基烷基酸[1]。反应机理如下：

α-芳基烷基酸类化合物是一类重要的非甾体抗炎药物,可由芳基酮经羰基保护、卤化、1,2-芳基重排,形成。

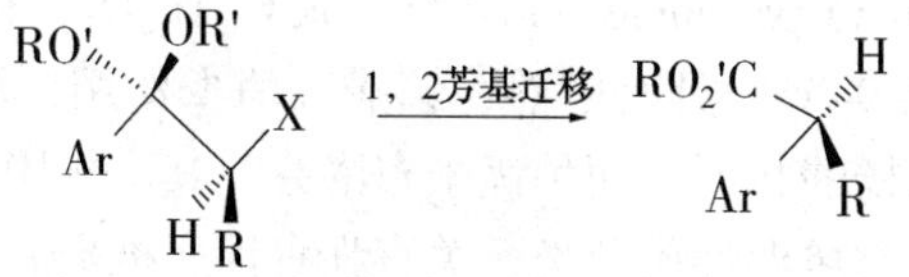

从不对称合成角度考虑,它最有用的一点是其立体专一性,1,2-重排导致构型翻转,其机理和S_N2机理一致。对于α-芳基丙酸类化合物,一般的合成方法为芳基烷基酮和L-酒石酸形成缩醛后再进行非对映选择性溴化,继之以立体专一性的1,2-芳基迁移。此法亦构成工业生产萘普生的基础,这种方法亦适用于其他含富电子基取代芳基基团的α-芳基丙酸类的合成,如4-异丁基苯基、4-甲氧基苯基、4-氯苯基等,但此方法不能应用于含缺电子芳基的α-芳基丙酸类的合成,如S-酮洛芬。若芳基上含吸电子基团取代,1,2-芳基迁移和缩醛的α-溴化都将不易进行,因为在反应过程中过早形成了苄基阳离子。但对此法进行改进仍可用于合成S-酮洛芬[2-7]。

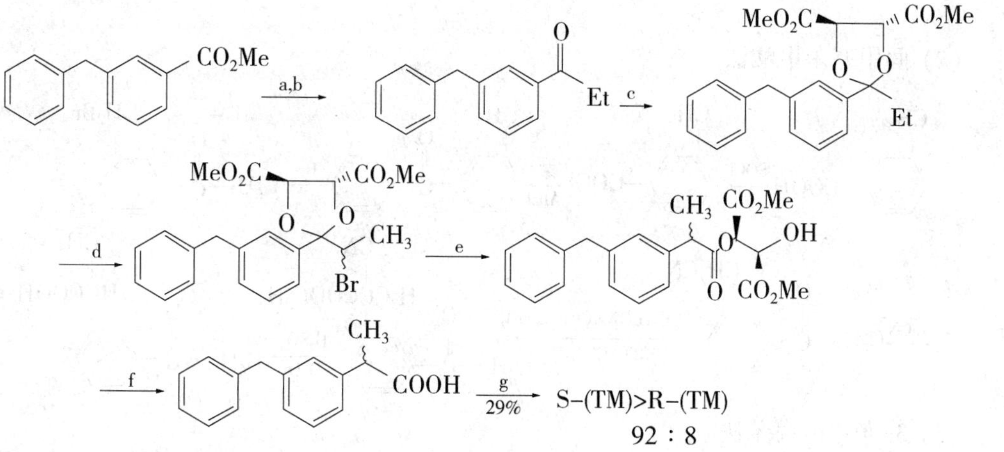

a.$EtCO_2Me$,NaH,甲苯 b.HCl/H_2O,△ c.L-酒石酸二乙酯,CH_3SO_3H,$HC(OMe)_3$,△
d.Br_2.HBr.CH_2Cl-CH_2Cl e.$AgBF_4/CH_2Cl_2/H_2O$ f.$HCl,H_2O,AcOH$ g.$KMnO_4.H_2O$,苯

此路线是将吸电子基团的苯酰基用苄基取代,经过如此改造后便可利用上述方法合成S-酮洛芬。此方法一般要依靠Lewis酸(如$ZnBr_2$、Ag盐等)来促进1,2-芳基的重排,另一重要特点的手性助剂L-酒石酸酯可以回收循环使用。

9.3.2 酮基布洛芬制备技术

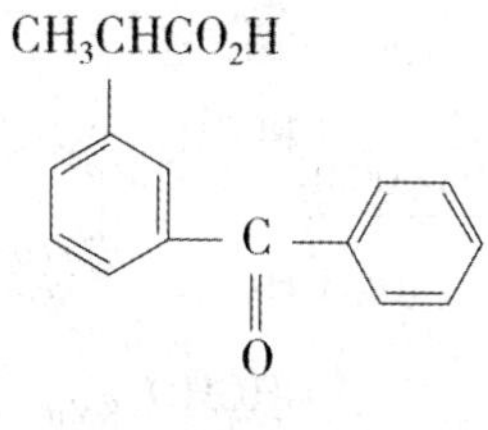

1. 概述

酮基布洛芬(Ketoprofen、Alrheumat、Orudis)，化学名称为2-(3-苯甲酰基苯基)丙酸，英文名称为(2-(3-Benzoylphenyi) propionic acid，分子式$C_{16}H_{14}O_3$，相对分子质量254.3。本品为白色至灰白色粉末。熔点为94℃。具有解热、镇痛、消炎作用，属非甾体消炎镇痛药。疗效与消炎痛、保泰松及乙酰水杨酸相同，而稍优于布洛芬，其副作用较消炎痛小。适用于风湿性关节炎、臀部的骨关节炎、类风湿性关节炎、关直强直性脊椎炎、头痛和痛风等[8]。

2. 制备方法[9]

（1）间溴苯丙酮法

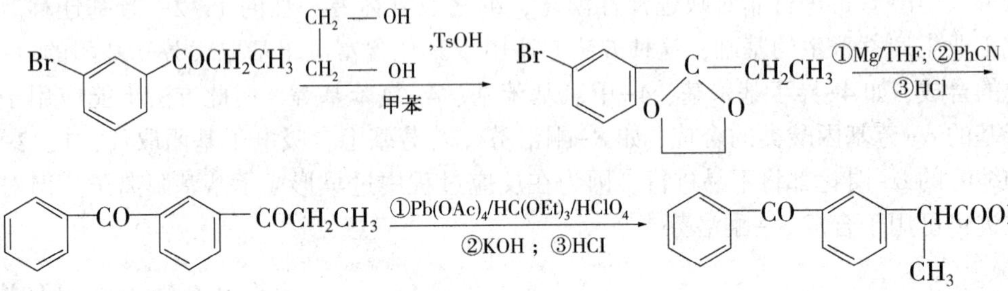

（2）间甲基苯甲酸法

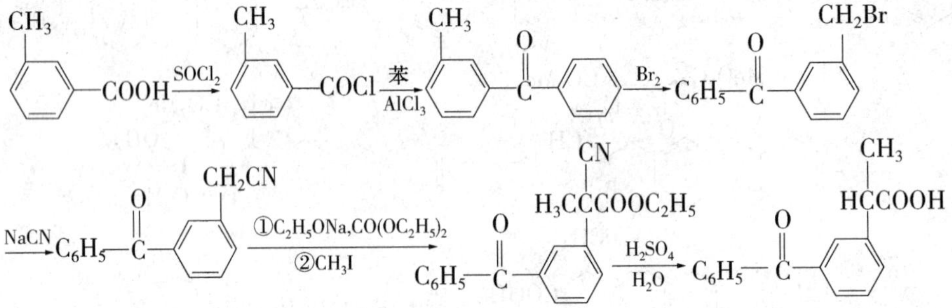

（3）3-苯甲酰卤苯法

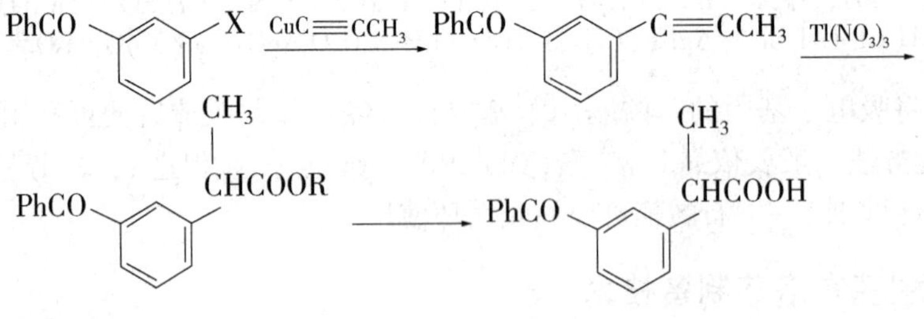

（4）3-苄基苯乙酮法

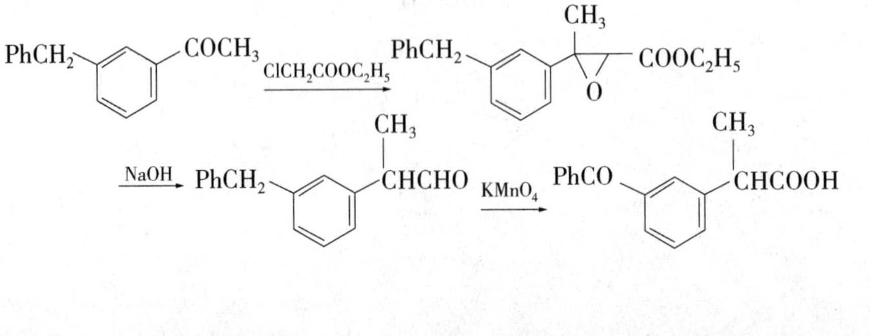

（5）3-苯甲酰基苄腈法

PhCO—C₆H₄—CH₂CN $\xrightarrow[\text{甲苯, CH}_3\text{O(CH}_2\text{CH}_2\text{O)}_2\text{CH}_3]{(CH_3)_2SO_4}$ PhCO—C₆H₄—CH(CH₃)CN $\xrightarrow{KOH}$ PhCO—C₆H₄—CH(CH₃)COOH

由上可见，酮基布洛芬的制备方法较多，本书仅介绍第(1)种方法。以3-溴苯丙酮为起始原料，经羰基保护、Gringnard反应、与苯腈缩合、水解得到3-苯甲酰苯丙酮，再经1,2-芳基重排，酮基布洛芬。

3. 制备工艺[10-12]

（1）2-乙基-2-(3-溴苯基)-1,3-二氧环戊烷的制备

将间溴苯丙酮42.6g、乙二醇36mL、甲苯200mL置装有分水器的三颈瓶中，加入催化量的TsOH搅拌回流脱水8h。冷却后，加入饱和碳酸氢钠溶液，分出有机层，水洗3次，无水硫酸镁干燥。回收甲苯后，减压蒸馏，收集94~96℃/0.4kPa馏分，得无色液体48.4g，收率94.1%。

（2）3-苯甲酰苯丙酮的制备

将镁粉8g、无水THF 160mL和碘2粒置于干燥三颈瓶中，升温至45~50℃，于搅拌下滴加86.8g上步制得的2-乙基-2-(3-溴苯基)-1,3-二氧环戊烷和无水THF 240mL的混合液。加毕，继续保温搅拌2.5h。冷至室温，滴加苯甲腈36g和无水THF 50mL的混合液。加毕，搅拌4h，回流3.5h。减压回收溶剂，加入20%盐酸300mL，回流3h，放置过夜。加入氯仿，搅拌，静置，分出有机层，依次用饱和碳酸氢钠溶液及饱和氯化钠溶液洗涤，无水硫酸镁干燥，回收溶剂，减压蒸馏收集160~164℃、0.4kPa馏分，得微黄色液体60g，收率75%。

（3）酮基布洛芬的制备

将3-苯甲酰苯酮11.9g、四乙酸铅22g、高氯酸8.5mL与原甲酸三乙酯400mL，搅拌升温至50~55℃，再搅拌4.5h，减压回收原甲酸三乙酯。加入氯仿70mL、30%氢氧化钾50mL，搅拌回流5h。冷却，过滤，滤液加活性炭脱色，减压回收甲醇。水层用20%盐酸酸化。析出油状物，放置冰箱中成固体小块，抽滤，水洗，干燥。用苯-石油醚重结晶，得酮基布洛芬精品10.2g，熔点92~94℃。

参 考 文 献

[1] 杨琨. 1,2-芳基迁移重排法合成α(4-取代苯基)异丁酸研究[D]. 青岛：青岛科技大学，2015.
[2] C. Giordano, G. Castaldi, A. Belli, et al. Esters of α-arylalkanoic acids from 'masked' α-halogenoalkyl aryl ketones and silver salts: synthetic, kinetic, and mechanistic aspects[J]. J. Chem. Soc., 1982, 1: 2575.
[3] G. Castaldi, A Belli, C. Giordano. A Lewis Acid Catalyzed 1,2-Aryl Shift in α-Haloalkyl Aryl Acetal: A Convenient Route to α-Arylalkanoic Acids[J]. Journal of Organic Chemistry, 1983, 48(24): 4658-4661.
[4] C. Giordano, G. Castaldi, L. Abis, et al Silver assisted rearrangement of primary and secondary α-bromo-alkylarylketones[J]. Tetrahedron. Lett, 1982, 23(13): 1385.
[5] N. De. Kimpe, L. De Buyck, N. Schamp, et al. Facile Synthesis of 2-Alkoxy-2-aryloxiranes[J]. Chem Ber., 1983, 116: 3631-3636.

[6] 黄毕生,陈芬儿. S—酮基布洛芬的合成研究进展[J]. 大理师专学报,2000,(3):80-87.
[7] Pelayo Camps. Alternative Syntheses of (S) - Ketoprofen Based on Dimethyl L-Tartrate[J]. Synthteic Communications,1993,23(12):1739.
[8] 宋小平. 药物生产技术[M]. 北京:科学出版社,2014:275-277.
[9] Farge D., Messer M. N.. (3-Benzoylphenyl)alkanoic acids:US,3641127[P]. 1972-02-08.
[10] Zupancic B. D. Sopcic M. D. Verfahern zurherstellung von 2-(3-benzoylphenyl)-propionsaeure:DE,2914006.[P]. 1978-04-10.
[11] 廖永卫,陈卫平. 酮洛芬的合成[J]. 中国医药工业杂志,1997,(9):3-4.
[12] 武引文,颜廷仁. 酮基布洛芬合成路线图解[J]. 中国医药工业杂志,1991,(7):330-333.
[13] 陈芬儿,张文文. 酮基布洛芬的合成[J]. 中国医药工业杂志,1991,(8):344-345.